LOCUS

LOCUS

LOCUS

LOCUS

from

vision

from 34　辦公室裡的大猴子

The Ape in the Corner Office

作者：Richard Conniff

譯者：顏湘如

責任編輯：湯皓全

美術編輯：何萍萍

法律顧問：全理法律事務所董安丹律師

出版者：大塊文化出版股份有限公司

台北市 105 南京東路四段 25 號 11 樓

www.locuspublishing.com

讀者服務專線：0800-006689

TEL：(02) 87123898　FAX：(02) 87123897

郵撥帳號：18955675　戶名：大塊文化出版股份有限公司

總經銷：大和書報圖書股份有限公司

地址：台北縣五股工業區五工五路 2 號

TEL：(02) 89902588 (代表號)　FAX：(02)22901658

排版：天翼電腦排版印刷有限公司

製版：源耕印刷事業有限公司

初版一刷：2006 年 5 月

定價：新台幣 320 元

Printed in Taiwan

The Ape in the Corner Office
辦公室裡的大猴子

Richard Conniff 著
顏湘如 譯

目次

1 好個要命的叢林

爲何展現獸性如此輕易

野生動物在殘酷的社會階級中憑靠衝動與需求度日，在此環境中，恐懼滿盈食物不足，地盤時時需要保衛，還得永久容忍寄生蟲。

——楊・馬泰爾（Yann Martel）《少年Pi的奇幻漂流》（*Life of Pi*）

聽起來不正如同日常的辦公室生活嗎？衝動、需求、殘酷的社會階級、寄生蟲……喔，還有滿盈的恐懼。那種可以感覺到腹中有蝴蝶亂飛，神經末梢有螞蟻狂舞的恐懼。我正面對著歐洲某大製造商在北美績效頂尖的通路商。我們在大特頓（Grand Tetons）的一處度假中心開會，當地依舊有北美灰熊與北美灰狼出沒，我想很快便會遇上。我受邀發表關於企業人士展現動物行爲的演說。有點緊張。

北美區名列前茅的狒狒，一個虛張聲勢的大塊頭，交叉雙臂坐在第一排，一邊是他的妻子（金髮、聰慧、迷人），另一邊是他的頂尖業務（矮短、圓胖、奔放）。前一晚的晚宴上，我才得知多數與會人士的名字。我想起有人說過，企業人士「很排斥被比喻成光屁股的猴子」，不禁倒吸一口氣。

在場人人都聽說過：人類與黑猩猩的基因相似度約爲九十九%。據估計，兩者間的差異或許不到五十個基因，而相同基因卻可能高達兩萬五千。但企業界卻似乎無人想過，這對我們的職場生活有何意義。主管們多半會盡力壓制人性元素——獸性元素相對要自由得多——致使公司猶如機器運作。而勞動個體在個人生活中也傾向於將人性視爲有待征服之物，有人將毛髮從身上去除或是加植於頭皮，有人盛裝慶功，也有人至少擺出抗壓的模樣。（我沒看錯吧？第一排某位女士好像打了肉毒桿菌似的面無表情。我的演說才剛開始，她竟已無聊至此！）

我請在座者想想，他們如何受到某些不易改變的外力影響而塑造出自己日常的職場行爲模式——例如我們從動物進化到群居人類這段漫長演化中所遺留下來的本能與傾向；例如恐懼、憤怒、對社會盟友與身分地位的原始渴望。我建議，將自己設想爲某種靈長類，下意識地遵循著三千萬年來建立尊卑、以搏鬥維持和平的慣例。想想上位者——無論是黑猩猩或高階主管——是否總是以同樣的肢體語言確立威信：昂首闊步、目光直視、怒目瞪視以壓制不馴的屬下。

坐在第一排的首腦人物對此顯得興致高昂，尤其當我提到透過黑猩猩之間的權力鬥爭運作，將更能了解董事會上的衝突，更令他眼神爲之一亮。演說結束後，他從座位蹦起，開始發表他所謂的董事會自然史。

他說公司上層開會時，會議桌是圓的不是方的，表面上維持平等的圓桌氣氛。「眞是無聊。」事實上階級分明，每個人都知道其他人屬於哪一級，圓桌形式只是讓鬥爭更公開一些。他說一兩個禮拜後，他要出國出席一個委員會，該會主席剛剛去職。「誰也不會說什麼，但每個人卻都會望著空位，心想將由誰接位，又有誰有膽量坐上去。」

「那個位子該是您的。」頭號業務鼓起勇氣說。

「不，我可能會像試圖三級跳的狒狒——我會被打倒。」他是個務實者，但也熱切期盼著終究會浮上檯面的鬥爭場面。「我愛死了。」他說：「有時候當獵殺即將展開，人們會因爲不確定而有片刻的猶豫。」

此時我逐漸睜大眼睛。

「接著他們察覺到一些蛛絲馬跡，知道不會有事，知道誰將佔上首位，誰將取走獵物。」

「就像非洲大草原。」那名業務附和道：「圓桌只是爲了讓每個人能更清楚看到宰殺獵物的過程。」

「天啊。」我說。

「放心吧。」首腦的妻子溫婉地挽著丈夫的手，插嘴道：「一切都在我的掌控之中。」大夥都笑了。

公司有如動物園

也許我不應該太驚訝，有些企業人士確實徹底準備好向光屁股猴子看齊。他們就是想成爲有掌控權的、具掠奪性的光屁股猴子。企業界向來最常被形容爲動物世界，其中八百磅級大猩猩與大狗並肩奔馳、與鯊魚一同悠游，偶爾發現自己下半身被鱷魚吞沒，而且若不似狐狸一般瘋狂，便可能像被車燈一照便嚇得手足無措的鹿。

一九九六年當李察・金德（Richard Kinder）離開安隆（Enron）另組天然氣公司時，他以常見的動物比喻來掩飾自己對肯尼・雷伊（Kenneth Lay）領導力的不信任：「如果你不是領隊狗，走的永遠是老路。」羅斯・裴洛（H. Ross Perot）也同樣以動物比喻來調侃高高在上卻十分不幸的通用公司總裁羅傑・史密斯（Roger Smith）：「欲使通用重生就像教大象跳踢踏舞（tap dance），要找到反應點然後用力戳。」（或者他說的是「脫衣舞」〔lap dance〕？總之ＩＢＭ總裁盧・葛斯納〔Lou Gerstner〕一看就知道這是句好詞，立刻盜用爲書名：《誰說大象不會跳舞？》〔*Who Says Elephants Can't Dance?*〕）即使聰明絕頂的諷刺作家史考特・亞當斯（Scott Adams），最後也幾乎將他書中的反英雄呆伯特的每個同事都類比爲黃鼠狼。

這些陳腔濫調底下隱藏的事實是，動物的生活似乎不如我們想像的簡單，職場人士的生活也不如我們想像的複雜。而且，兩者之間有許多共同點，有些或許並不明顯。例如，商場上的剽悍人物經常運用動物類比，因爲他們將此類比錯認爲另一類的《孫子兵法》。「雄性暴力」統治獸群，分配「腥牙血爪的大自然」的觀念，與某種商場生涯的看法相符：好個要命的叢林。別誤解我的意思。這是個很有趣的觀點，也是這整本書探討的重點。就像那位北美區主管，只要能保持一定距離，我們都喜歡爭鬥場面。

但這也是一種誤導的狹隘觀點。如果更仔細地觀察動物世界，可能會有驚人的發現：即使黑猩猩每天也只花大約百分之五的時間逞兇鬥狠。然而牠們一天當中，爲家人、朋友甚至下屬理毛的時間，卻高達百分之二十。牠們與群體中的對手搏鬥，經常毫不留情，一旦塵埃落定，雙方便親吻和解。職場人士爲何要在乎黑猩猩如何化解衝突呢？因爲我們與黑猩猩的社會行爲出於同源，至今也仍依循著許多相同規則。稍後我會提到一個案例，某家公司便藉由更深入了解和解的本質，省下了七千五百萬的訴訟與保險費用。即使在日常工作中，人類上司也和黑猩猩首領一樣，有時候會將部屬逼出合理界線。如果他們知道一隻笨猩猩在衝突過後，會盡多大努力求取和諧，或許他們在生活（與事業）上會更成功。

咬住那個暗喩

企業人士總愛說一些沒有意義的動物比喩。儘管他們富有冷靜實際的美名，卻顯然分不清事實與荒謬的虛構。你可以做得更好：

「鴕鳥不會將頭埋在沙中。」事實上，鴕鳥只是將頭貼近地面，避免被發現的同時亦能提高警覺。鴕鳥甚至會伸長脖子，躺到地上。某些生物學家認爲牠們是試圖將四百磅重的身軀，喬裝成白蟻丘。但在鴕鳥居住的非洲大草原上，將頭埋進沙中倒不失爲引誘獅子來咬屁股的好方法。（生物學家稱之爲「不適應行爲」。）

「旅鼠不會跳落懸崖集體自殺。」當鼠口過剩時，北極這類齧齒動物便會採取明智行動，集體遷徙尋找新家。當牠們湧進不熟悉的領域時，或許有些同伴會被擠落崖壁，但純屬意外，眞的。一九五〇年代，迪士尼電影公司爲了增長影片，想出了強迫旅鼠一一跳下懸崖的笨點子，而這個集體自殺的迷思也從深植於現代都市人心。

「黃鼠狼不會給雞拜年。」牠們大多時間都在追捕大小老鼠與其他齧齒動物，因此是英雄，不是壞蛋，與雞舍的傳說不符。所以把一個討厭的唱片公司主管叫做「黃鼠狼」是不對的，該怎麼叫他呢？就直接說「小人」吧，別牽扯無辜的小動物。

「度過一個『鮭魚日』比業務員想像的更糟。」鮭魚的確成日逆流而上，但最後並非失敗身亡。鮭魚只是將精子與卵排放在河床上，任其自行結合。此時，夫妻倆才心滿意足地翻起魚肚順流而去，進入熊的肚子。

不過，如果你喜歡拿動物作比喻，以此象徵一般業務員一天的生活，很可能更眞實些。

情緒的動物

以演化之燈照亮職場不只是爲了將惡劣行爲合理化，或是爲維持現狀尋找幼稚的藉口。其實這是在職場上求生存的有利方式，而且適用於各種工作，無論是在洛杉磯沃爾瑪商場招呼客人，或是在倫敦泰特現代美術館懸掛安迪沃荷的畫作，又或是在海爾家電（Haier）位於中國青島的工廠內貼烤麵包機標籤。了解演化的趨勢有助於解決衝突、締結盟友、避免遭人陷害、安然度過董事會謀殺企圖，並能從周遭人的臉部表情猜到他們內心的情緒。

了解演化偶爾也能幫助企業將工作場所與人自然的所作所爲相配合。例如，製造防水透氣衣物的戈爾公司（W. L. Gore & Co.），便選擇讓公司的工廠與辦公室保持令人類感到舒適的規模，亦即少於兩百人。這幾乎相當於人類社會發展中最大的部落氏族規模，有些生物學家還說人類大腦的構造最適合在這樣的社會規模中運作。大部分企業所謂的適當規模，卻並非此意。但戈爾的員工說，大家能有效地分工合作才是適當規模。

相反地，如果忽略演化趨勢與生物習性，最後總是有害無益。例如，美國軍方向來將步兵分爲與上述氏族約同樣大小的連隊，底下再以三十人左右爲一個排，一起接受訓練，培養拼死戰所需的緊密凝聚力。但到了一九六〇年代，企業風格的管理者卻試圖重新思考此一傳統結構，置人類本性於不顧。管理階層人士總喜歡將商場比喻爲戰場，但他們以爲能將商場那一套搬上戰場，卻是大錯特錯。

一貫作業流程引進後，士兵以十二個月爲期，輪番前往越南，而不再是一個緊密相連的社群。長官們調動的速度更快，他們只是爲了升遷而上前線去蓋個章，並非將自己的性命與部下的勝敗存亡連繫在一起。一名受此想法所害之人後來說道，軍方若能待兵如狗就好了：「很奇怪，我之所以和我訓練的單位一起去越南，只因爲我隸屬軍犬隊。看吧，軍方知道狗和同伴分開會沮喪，就讓牠們在一起。訓練官也要緊跟著。但其他人幾乎都是單槍匹馬，就像彈匣或迫擊砲彈等可替換的零件。軍方認爲迫擊砲手在任何單位都能做事，所以調到哪個單位或者你在該單位有無好友都不重要。想想也挺有趣的。有趣也噁心。軍方知道狗不能分離，但人獨自去死卻無所謂。」

這是專屬於我們這個時代——也可能是專屬於我們人——的錯誤：我們告訴自己人是理性的動物，不是野獸，人掌控了後生物世界。我們當然不容許自己受生理或情緒控制。「我不管感覺。」昇陽電腦的執行長史考特・麥克里尼（Scott McNealy）不久前以充滿鄙夷的口氣說：「這種事就留給情歌聖手巴瑞・曼尼洛（Barry Manilow）吧。」依此看來，工作（甚至於戰爭）純粹只是利用邏輯平衡正反意見，盡可能地增加獲利、降低損失。但事實卻不然：我們是情緒的動物，在這個似乎愈來愈帶有「適者生存」色彩的激烈競爭中，以進化與人類學角度來看待職場是生存的重要關鍵。

職場取代了部落、社區甚至家庭，成爲我們生活的重心，也成了所有由這些環境演化而來的行爲的競技場。由於工作愈來愈不穩定，了解自身的演化與人類學趨勢也益發重要。如今從生產線到客服層級再到工程師甚至高階主管，全都察覺到自己的工作隨時可能委外，交給印度邦加羅爾（Bangalore）某個願意接受低酬同工的人。（雷曼兄弟與貝爾斯登兩家證券商現在在印度雇用具有MBA學歷的金融分析師，最低月薪只要八百美元。）而邦加羅爾的勞工也高度警覺到，只要匯率一變動或政局稍有動盪，他們的工作馬上就會轉移到吉隆坡或華瑞茲城（Ciudad Juarez）。

即便保住了工作，我們現在也非得透過高科技與遠方的人分工合作。因此工作上除了克服文化差異，還必須設法重建僅兩三個世代前，存在於家庭、排上或鄰里間的信任、愉快、合作與階級關係。而且這些關係的建立，必須隔著虛擬媒介與大海。想做好這項工作，唯有了解人類行爲的本質與起源。

企業人猿

探討我們行爲的生物基礎可能會惹惱某些人。我們雖然拿八百磅的大猩猩開玩笑，卻也願意相信自己已經信心滿滿地邁入科技時代，生物限制早已拋諸腦後。我們終日守在電腦螢幕前，在e-zone裡辛勤工作著。「我們的軀體早已遭遺棄，如今只剩飢餓、不眠，以及連續數小時坐在鍵盤與滑鼠前的蹂躪。」矽谷的電腦工程師愛倫・伍曼（Ellen Ullman）在她一九九七年出版的《靠近機器》（*Close to the Machine*）中寫道：「我們已經被敲擊得不成人形。如今我們僅靠著唯一一種方法認識彼此，那就是密碼。」

從事某些工作確實難得與同事見上一面，因而有一流行詞：「face time」（照面時間）。開會時會安排「生理休息時間」，彷彿我們生活上只剩下充充飢、上上廁所這幾件事還略帶動物本色。美國某家人事已精簡不少的保險公司，甚至連充飢也不許。該公司一名離職主管表示，從前第一個在會議中離席去上廁所的一定是個「B-dog」。現在，該公司仍是會議不斷，直到入夜，卻不肯支付加班員工餐點費。公司有個不言而喻的文化，帶點心進會議室是弱者的象徵，該主管說：「需要食物已經成為另一種上廁所現象。」

此時，我們的膝蓋、我們的肚子、我們的動物心臟開始顫抖。

人類出現公司雇員頂多只是近一兩百年的事。在一八二〇年代工業革命前，約有百分之八十的勞工為自雇者，也就是說他們的生活與歷史上的先人大同小異：三五親朋好友一起工作，住在小社區，依循季節變化，隨時留意主要的獲利機會。直到威廉・懷特（William H. Whyte Jr.）於一九五六年出版《組織人》（*The Organization Man*），開發世界中的自雇勞動人口已降至百分之十八。如今再將網路、手機與電子通勤可能造成的自由效應列入考量，更只剩百分之十了。

我們的工作環境無論對人類或是對類人猿祖先都稱不上自然。然而我們待在工作崗位，卻又和黑猩猩待在動物園裡一樣自然。(在某些公司裡，甚至就像母雞待在育雛籠內遭某鳥類暴君啄個半死一樣自然。) 唯一保持不變的便是內在的獸性。

電腦工程師伍曼似乎沉浸在「工作中的我們是靈魂出殼而純粹的知識分子」的迷思中，其實她只是開玩笑。她知道潛藏的獸性根本是呼之欲出，就像她描述自己在壽司店裡，脫下淋得溼透的外衣，坐到某男同事身邊的情景：「他的頭猛然一揚，眼睛瞇了起來。他往空中嗅了——一次、兩次、三次。然後的確是噴出鼻息。雖然我這輩子從未碰過類似情形，但只要我是靈長類就能了解其中含意：布萊恩想和我上床。」數百萬年來，我們由最初的猿類到採集—狩獵人一直進化至今，但天啊，那些古老的行爲模式竟還是隨著我們進入職場。

現代的企業公民當然絕非猩猩。我們有自由意志，我們住在一個充滿電訪與「鮭魚日」(這是業務的行話，表示一整天逆流而上最後失敗身亡) 等高文化概念的世界。事實上，大自然並未強迫我們該有某某或某某行爲。即便是經過刻意培育而呈現高度焦慮的大鼠，母親的良好哺育行爲仍可大幅改變基因表現，使其下一代調適得更好，將來也較不易焦慮。假如健康的環境有助於緩解老鼠的焦躁，中階主管也必然有希望嗎？

同樣地，若再繼續忽略基因傾向對行爲的諸多影響，也未免過於天眞。就一已知特性而言——例如暴力或憂鬱傾向——科學家認爲個人的行爲可能高達半數受基因遺傳影響。有些職場行爲我們以爲只是一時衝動，細看之下卻發現已深植於我們的生理數百萬年。了解這些根源也許會有所啓發。

微笑的演化

就拿再簡單不過的微笑爲例。

奇普是紐約市某公司的新進職員，他令其他員工頗感困惑。據一名同事形容，奇普打招呼時總是「露出熱情的微笑，附帶一個聳肩和一個有點畏縮的點頭動作，舉手則像是在法院裡宣誓似的。只要他看到你，不論是你經過他辦公室或是他經過你辦公室，」都會重覆同樣的笑容與手勢，每次都同樣地由衷。這會讓人不知所措，也理該如此吧。在對的地方露出對的笑容是最能安撫人心的生物訊號，但若訊號錯誤卻可能引起無比的煩擾。

微笑是人類最古老也最自然的表情，它和其他臉部表情一樣，是爲了與周遭的人應對並影響其行爲所發展而成。靈長類學家將我們的微笑對應於猴子「恐懼的咧嘴」，演化至今至少三千萬年了。例如在獼猴群中，首領的靠近會使部下畏縮，並緊張地將嘴角往後拉，露出緊咬的牙齒。這個訊號表示「我不具威脅」。

人類也一樣——不只奇普如此——這種微笑是讓周遭的人，尤其是社會前輩，解除武裝卸下心防的方法。而且顯然是愈快愈好：降低威脅對我們的存活太重要，因此這項功能便深深嵌在容貌上。我們的微笑肌有九成的快縮肌纖維，專作迅速反應之用。相反地，皺眉的肌肉——

達爾文稱之爲「困難肌」——卻只有五成快縮肌纖維。在人類演化的非洲大草原上，表達「我不具威脅」顯然比「我不明白」更重要。（這點在許多公司依然成立。）

當然，我們距離獼猴已十分遙遠。人類已經發展出不下五十種不同的笑容，其中一部分具有極度明確的功能，如調情。這些與生俱來的表情構成了一種人類共通語言，但這不只關乎基因遺傳。

人生還要更複雜些，因爲不同的文化展現這些生物現象時各有不同規矩。例如，當日籍的左外野手松井秀喜在加入紐約洋基隊的第一場比賽中打出滿貫全壘打後，他滿臉嚴肅地跑壘。在日本，微笑表示對投手的不敬。但當他跨過本壘板投入隊友懷中時，立刻露出大大的笑容，隊友們歡天喜地的表情像是在說：「歡迎來到美國。全力轟投手就對了。」

多數人也和松井一樣，很快便能在既定情況下正確混合生物訊號與文化規則，最後安然度過一個工作天。但我們再來看看奇普，他的恐懼咧嘴，雙唇張開、嘴角緊張地往後拉，反而讓他窒礙難行。他反射性的溫順示好並未令任何人解除武裝，反而只是讓同事注意到他對工作害怕、沒有安全感。原來奇普之所以受聘是因爲老闆在健身房看見他，覺得他健美的身材與俊美的外貌「應該能爲辦公室增添一點樂趣」。但他完全不適任。他機械化的微笑招手原是企圖閃避攻擊，卻可能導致反效果。

我們再來談談微笑，再加入性別問題，將生物與文化的混合複雜化：女性比男性擅長微笑。

雖然男性因爲肌肉比女性大上百分之十五，笑容也相對較大，但女性的顴大肌——也就是從眼睛外側往下到嘴角的主要微笑肌肉——卻較厚。誰也不知道女性是否先天上便較爲擅長微笑，亦即誰也不知道那多餘的肌肉與快縮肌纖維，是否在演化過程中形成。這多餘的肌肉可能只是因爲一生要不斷對兇猛的男性微笑，減少他們暴戾之氣所產生的文化副產品。也可能是先天與後天的結合，就像天生的運動員獲得充分練習的機會。

總之，女性比男性更容易面露微笑，但通常她們並不知道這種內建的溫順或讓步，或甚至——正面一點來說——合作的性格，對自己在職場上的地位有何影響。「這的確是個窘境。」耶魯大學的心理學家拉法蘭西（Marianne LaFrance）說：「微笑顯然成了女性的預設程式。她們若是不笑，別人便會問出了什麼事。若是笑了，則是充分展現性別特性，因此別人也不當一回事。」

對此類似窘境並無快速的解決之道，只能更留意我們正在處理的素材。直到目前，我們的反應就好像人類行爲並不存在生物因素。「馬克思提到了解過去幾百年歷史的重要性，那麼數千年以至於數百萬年遭到遺忘的歷史又該如何？」紐西蘭奧克蘭大學管理暨員工關係學教授瓦德蘭（Deborah Waldron）說。我們必須察覺那段遭遺忘的久遠年代爲我們的基因所植入的傾向，然後才能將基因導向更謹愼、更人性化也更有利的方向。我們可以有意識地引導這些傾向，也可以任由內在猴性盲目地支配我們的行爲。

我在本書中，利用各種非傳統的資料來源，對職場生活提出了截然不同的觀點：

・有一部分是根據動物行爲學家與人類學家的研究，一般說來他們看待研究對象的方式十分類似，都是花數千個小時觀察並精確記錄誰對誰多常做什麼樣的事。生物學家已經開始模糊動物園與職場間的界線，最近有幾份科學報告以〈猴子的工資〉與〈黑猩猩的服務經濟〉爲題，足可證明。經濟學家對此也有貢獻，例如他們將動物覓食的行爲視爲經濟決策的典範。

同樣地，人類學家也發現精密的非洲田野調查技術，用來解開矽谷網路公司的人種之謎再適當不過。「也許你聽過關於大溪地一個阿里歐伊部落的故事。」企業人類學家凱倫・史蒂芬森（Karen Stephenson）說：「該部落的族人分爲七個階級，各有不同禁忌，層級愈高禁忌愈多。凡是想加入部落的人都必須打扮得很不尋常，舉止也得有如精神錯亂。這是否讓你想起一些類似的商業行爲呢？」

・實驗室科學家觀察研究對象做某些事或是對他們做了某些事之後的心理活動，使得整個理論更加深奧複雜。例如，目前經濟學家多半會與生物學家合作，在賽局理論實驗期間對大腦進行核磁共振攝影（ＭＲＩ）。他們有何收穫呢？最近一項類似的研究追溯到對發薪日的期待與伏隔核（nucleus accumbens）有關，這個大腦區塊也與毒癮、酒癮有所關聯。還有其他研究發現大腦對報酬有何反應，以及間續性、無預期的報酬之所以比固定薪資更能激發動力的原因。

另外也有其他實驗顯示惡上司可能導致下屬的腎上腺皮質醇——亦即所謂的壓力荷爾蒙

——分泌增加。這不稀奇，更稀奇的是長期分泌大量皮質醇會導致大腦海馬回的細胞死亡，損害健康。如果你是個備受困擾，不知是否該繼續忍耐的下屬，或者你是個專橫的老闆，想不通爲什麼那麼多下屬全都看似腦死，都請接著往下讀。

．最後，我在書中提出的觀點將會利用進化論的著述，將「誰做什麼」(who-does-what) 放到個人、公司與人類長期以來如何存亡絕續的大範疇來看。例如，對工作而言，恐懼是危險的工具。但似乎有效，至少短期內有效，對此進化論者便能闡明何時、何地與如何做。

我得承認這個觀點還有另一個重要因素：我們之所以將自己，尤其是同事，比喻爲野獸，因爲有趣，因爲生動，也因爲自嘲（或是嘲笑老闆）最能讓人勉強忍受「我們的行爲確實像大猩猩」這個壞消息。由於考慮到這點，因此書中盡可能引用各種動物，從小丑魚到紅翅黑鸝不一而足，而非僅限於與我們關係最密切的猩猩。我認爲人類行爲符合廣義的動物行爲（某些同事會更明顯），我們也可以藉由了解差異極大的動物如何進行牠們特有的激烈競爭，來重新看待我們的職場生活。

盲鰻

新上任的人事部資深副總裁該以哪種動物爲典範，來建立員工關係呢？棲身深海的盲鰻是不錯的選擇，這種魚見洞便鑽，然後住在被害者體內，吃盡其內臟直到只剩空空的魚皮。（最好小聲一點，說不定副總裁會喜歡這個點子。）

你說黃鼠狼嗎？牠們還不夠奇怪，不足以解釋我們這光怪陸離的職場生活。

2 友善的猴子

尋找不自私的基因

管理有如手中的鴿子，力道太大怕捏死，力道太小又怕飛了。

——棒球經理人湯米・賴索達（Tommy Lasorda）

對於受盡自私主管欺凌的人，動物行為研究者或許都該道個歉。（好好好，對不起。請抽號碼牌。目前隊伍只有一萬英哩長而已。）來自叢林與大草原的觀念已經對大企業的行為產生深刻影響。如果我的假設成立，自然史觀點的確有助於探討職場行為，這應該也是件好事吧？只可惜並不盡然。

問題之一，科學家也是人，他們在自然界的發現經常是受到個人理論與傾向驅使的結果。此外，即使再好的生物觀點一旦滲入董事會與主管辦公室，就算沒有被糟蹋，也多半已經殘缺不全遭人誤解。

至今對許多商場人士而言，達爾文只留下最重要的一句話「適者生存」，每當高階主管搭上快速電梯直通頂峰而下層勞工卻被送進深淵時，總會被引用。（其實「適者生存」是達爾文向哲學家賀伯・史賓塞〔Herbert Spencer〕借用的話。但他從未將反社會行為視為適者的表現，甚至予以嘲弄。「我在一份曼徹斯特的報上看到一篇很不錯的短文，」他給同事寫道：「上頭說我證實了『強權即公理』，也就是說拿破崙是公理，那些不老實的商人也都是公理。」）

二十世紀中，科學界更大力宣揚「主管如猛獸」的觀念。歷經過第二次世界大戰慘狀的生物學家，一律將早期人類祖先描述爲兇殘、嗜血的殺手。每個大學生都讀過《論攻擊》（*On Aggression*），作者康瑞．勞倫茲（Konrad Lorenz）主張人性本兇殘。若未讀過此書，也該看過描述一群被棄的男孩墮入野蠻狀態的《蒼蠅王》（*Lord of the Flies*），與書中所體現的「殺戮猿」（killer ape）概念。或者電影「二〇〇一太空漫遊」（*2001: A Space Odyssey*）第一幕也萃取了此概念的精華：一個全身毛茸茸的先人殺死敵人後，將血淋淋的武器——一根骨頭——拋向空中，骨頭翻轉過數千年，最後神奇地變成一艘太空船。由此可見，人類一切成就也許都根植於我們的殘暴本性。這個潛在信念至今仍存在於許多主管、管理講師，甚至政治人物的形象中，尤其後者總是一身殺戮猿的華麗戎裝，手臂交抱、嘴唇緊抿：不許胡鬧。我是老大。事業險惡。

憤怒的自我

過去幾十年來，對於職場行爲最具破壞力的生物概念莫過於「自私的基因」。一九七六年，牛津的進化論學者李察．達金斯（Richard Dawkins）在這本標題吸引人的書中宣稱，我們只不過是基因的產物，而這些存活下來的基因都經過和芝加哥黑幫同樣激烈的競爭。書名只是暗喻，基因顯然不自私也非不自私，它們並無動機。達金斯的意思是基因的主要任務是盡量將自己複製到下一代，且不擇手段。後來他不斷辯白，說他從未主張自私行爲是達成此目標的最佳方法。「我們要努力教導慷慨與利他主義，」他在書中寫道：「因爲我們生來就自私。」

天性自私的觀念與適者生存的觀念一樣，有種直觀邏輯，有些人便歡天喜地地緊抓住不放。自亞里斯多德時代以降，商人與其他從事交易的人便遭評論家貶爲自私的惡棍。遭否定了兩千年後的今天，商人們突然說：「喔，這樣啊。你的重點到底在哪裡？」

「過去二十多年期間，發生了一件怪事。」牛津管理學教授約翰・凱伊（John Kay）在一九九八年的演說中指出：「這種不討喜的商場特質原先只出自敵對者之口，如今連商人本身也爭相坦承不諱。他們不再感覺有必要否認自己自私的動機、狹隘的興趣與玩弄手段的行爲。他們一律堅稱利益是商業活動最明確的目標。」凱伊並未將此歸咎於牛津的同儕達金斯。其他不乏該受譴責的聲音，最著名的要算是芝加哥大學經濟學者米爾敦・傅利曼（Milton Friedman），他在一九七〇年說：「商業的社會責任便是增加收益。」然而傅利曼也只是說出一個自由市場經濟學家該說的話。

反觀達金斯是個生物學家，儘管非其本意，他卻讓商人理直氣壯地認爲自私行爲不單只是經濟考量，也是自然而然。既然是自然的行爲，又何必難爲情？

其實，何不將它推到所有可能的荒謬極點？何不讓泰科（Tyco）公司致力於爲執行長丹尼斯・柯茲洛斯基（Dennis Kozlowski）的妻子在薩丁尼亞辦個盛大的生日宴會，讓米開朗基羅的大衛像尿出最純正的伏特加？何不讓世界通訊公司變成伯尼・艾柏斯（Bernie Ebbers）的個人撲滿？最近，有個自詡爲「自由媒體之禍端」的美國廣播主持人，便以這種被蒙蔽的自私心理聲稱，自私貪婪的垃圾債券大王麥克・密爾肯（Michael Milken）對人類的貢獻比無私博愛的泰瑞莎修女更偉大。

但假如天生自私的觀念是錯誤的呢？

也或許這麼說是太樂觀了些。會不會我們天生就有許多憤怒的小小自我（凡是曾在凌晨三點試圖安撫哭鬧嬰兒的人想必都能作證），而且天生就得藉由社交、合作甚至利他行爲來滿足我們自私的需求？要接受這個觀念並不容易，尤其是商場人士，他們總覺得表現出「強硬」或「精明」，是成功以至於生存所必須付出的代價。

老實說，連我都難以接受。當我最後一次坐在主管辦公室，擔任雜誌總編輯，領導手下三十名編輯時，吹毛求疵是我的職責，我甚至經常演變到粗暴的地步，至今老同事仍常常以事過境遷的口氣提起此事。後來從事寫作，我還是傾向於報章雜誌的風格，喜歡嚴厲詞句、負面新聞與激烈爭鬥。若寫到商業，千篇一律都是不良行爲。若寫到自然史，也通常以暴力爲內涵。

爲《國家地理雜誌》撰稿時，我曾經在非洲內陸的波札那追逐野狗來到血淋淋的殺戮現場，也曾經在東非的色倫蓋提國家公園目睹印度豹在一天內撂倒六隻瞪羚。我寫的當然就是這一天，而不是前三週印度豹在太陽底下悠哉漫步、打扮自己的情景。以「腥牙血爪的大自然」來描述動物生活，也許並不正確也不具代表性，但這是讀者想看的。我和多數作家一樣，也有個憤怒的小小自我，還曾經在一本著作前面題上「你們全下地獄去吧」。因此可以說我本身的傾向並未驅使我尋求合作行爲，無論是在叢林或在職場。但在寫作本書以及就書中內容看待人類與其他動物之後，我開始覺得我們忽視了職場生活的主要事實：我們擁有友善的天性。

藍色蒸氣

友善，甚至只是策略性或操縱性的友善，似乎與商場格格不入，但應該也不至於太令人驚訝。大家都知道個人接觸，以及與工作夥伴建立聯繫的重要性。聰明的公司企業總會將這個概念具體化，儘管偶爾手法十分粗糙。

目前在Lands' End擔任採購員的威恩，最初是羅德島一家電鍍公司的菜鳥，他說：「他們第一件事就是給你的一個五加崙、貼有『藍色蒸氣』標籤的桶子，派你到會計部門去收集藍色蒸氣。會計部沒有，他們便又派你到製造部門，一路上每個人都會問你是誰，在做什麼。如此一來你認識了同事，同時也受到羞辱。如果你沒有幽默感，就不適合這家公司。」

同樣地，當茉爾剛進入馬里蘭州的戈爾公司，「他們給了我一張大約五十人的名單，跟我說：『你得到各個部門去認識這些人。』」前六個月的時間，她多半都在和人聊天、觀察工作，

「總之就是閒晃。」時效專家聽了肯定要皺眉頭。

不過茉爾有一項任務是推出一樣名爲 Pac-Lite（超輕防水透氣夾克）的新產品，賣點在於能更輕易塞進旅行袋。推出的前兩天，有人想到將競爭對手的布料樣品放入百麗（Pyrex）耐熱玻璃圓筒，然後在每個圓筒內加入重物，以展現 Pac-Lite 的壓縮力有多好。你可能會想，假如茉爾少花點時間閒扯，多花點心思工作，這個點子早就提出來了。但接下來該怎麼做？

「工廠有個修理機器的維修人員，我常和他聊天。『你這個週末在做什麼？』之類的。我需要做出一些重物，還要電鍍處理，好讓整個圓筒看起來更漂亮。我跟他說再過兩天就要展示。他瞪大了眼睛，因爲他還有其他工作，而且這需要花點功夫處理，要非常精確。他說：『好吧，就幫你這個忙。』他做到了，而我知道是因爲那份交情。」

在中國，生意與社交人脈都建立在一種十分微妙的禮物與人情交換的系統上，一般稱爲「關係」，其影響之廣上自簽署數百萬合約下至市場的活魚買賣。即使在阿諛奉承、競爭激烈的美國投資銀行界，也有人了解表現友善是有益的，而且對象不只是上層。

「好的專員從第一天就知道與影印中心維持良好關係的重要性。」羅夫與特魯伯回顧他們受雇於華爾街帝傑（DLJ）投資銀行的情形：「好的專員平時就會替輪子上油，即使不急需影印中心的快速服務也一樣。好的專員每兩三個禮拜就會訂五六個披薩，並送兩個到影印中心。好的專員每個月都會跑到轉角的雜貨店，買一箱啤酒送影印中心的人喝。好的專員每到聖誕節就會往影印中心幾名重要員工的口袋裡塞張二十元鈔票，略表善意，或者塞張五十元鈔票，表達雙倍善意。之後，一旦需要快速影印服務，好的專員的工作總會被排到最前頭，而態度惡劣尖酸刻薄的專員儘管罵得口沫橫飛，還是得在時限過後三小時才拿得到東西。單靠一隻手是洗不了手的。」

因爲自私而慷慨

友善——甚至是策略性的友善——是猴子、猩猩、投資銀行家，與其他許多所謂野蠻生物的自然行爲。猴子向來與家人、朋友群居在一起，而且絕大部分清醒時間都在爲彼此理毛。牠們會連續坐上二十分鐘，輕輕撫摸、搔抓同伴的毛，尋找著不存在的異物或塵土。另一隻備受呵護的猴子則是攤開四肢、閉上眼睛，一副陶醉模樣。牠們閒散地消磨時間，就像享受 spa ——非常高級的 spa ——的顧客。開始有點羨慕了吧。

過去四十年來，生物學家極力想找出一個說得過去的原因，來解釋爲什麼狒狒或商場人士會想對他人好、對他人慷慨，甚至使他人獲利。他們知道這種事很自然地發生了，只是無法以狹義的達爾文理論加以解釋。給予幫忙、分享食物，以及幫助扶養他人後代，都需要付出資源，而達爾文學說中典型的衝鋒者應該只會想要累積資源。或者就像你的蠢鄰居在那輛「悍馬」的保險桿上所貼的標語：「死時擁有最多寶物者勝利。」

生物學家多半都試著以自私的說法解釋利他主義，似乎有點奇怪。但除非慷慨對施行者有某種利益，否則它絕不可能成爲人性之一。也就是說，慷慨的傾向必定是幫助了我們的祖先存活，然後將更多類似基因傳給下一代，否則利他主義一定會逐漸從人類的基因池中消失。生物學家根據這些說法，針對利他主義行爲提出三種解釋：

‧「互惠性利他」主張個體間彼此行善是希望將來能獲得回報。例如，靈長類利用理毛行爲來建立社交人脈，而且確實有效：在打鬥中，理毛同伴遠比點頭之交更可能趕來援救戰敗者。至於職場中的人類，互惠性的利他通常並非從爲同事挑寄生蟲著手，而是利用親切的對話與友善的詞句，誠如茉爾在戈爾公司的做法或是分享披薩。部分生物學家認爲人類一開始便發展出語言代替理毛行爲，成爲一種新的、改良的社會連結形式。因此我們最常聽見的互惠性利他說詞是「你替我搔背，我就替你搔背。」這或許並非偶然。

‧「親屬選擇」主張個體會幫助親屬，主要是爲了讓自己的部分基因能流傳到下一代。衍生的結果是，我們樂意幫助的程度與親密的程度成正比，就像某位生物學家開的玩笑：「我會很樂意爲兩個二等親、四個四等親或是八個六等親兄弟犧牲性命。」如果你以爲這與職場無關，可別忘了共有八至九成企業是家族所擁有或掌控的。其中大約包括一八五名財星五百大富豪（例如嬌生公司、萬豪酒店、諾斯壯百貨與沃爾瑪商場），以及財星五百大企業中的BMW、SAP、Suntory、和記黃埔與J Sainsbury 集團。

當一隻雌長尾猴大家長將地位傳給孫女，或是當福特公司創辦人的曾孫小威廉福特成爲公司總裁，而三十三歲的的賈克・納瑟（Jacques Nasser）被擠下峰頂（不過配備了黃金降落傘——優渥的資遣費），這些都是親屬選擇。

・三種解釋之中，以「讓步原則」（handicap principle）最新也最反直覺。該原則認爲動物與人類從事危險行爲——也包括利他行爲在內——主要是爲了炫耀自己的能力。炫耀的動作愈大、愈危險，獲得的地位就愈高。孔雀尾便是讓步炫耀的典型例子。不僅維護極爲費力，而且十分笨重，可能致使孔雀無法逃脫猛獸追捕。可是當雄孔雀開屏，顫動著那片可笑的羽毛，便彷彿王牌大賤諜說著：「嗨，寶貝，我還在呢。」

高階主管從事危險的休閒活動，如空降式滑雪（Heli-Skiing）、賽車、空戰式飛機駕駛等等，都是讓步原則最明顯的表現。但空降式滑雪與慈善事業其實差不多。當麻州製造商艾倫・富爾斯坦（Aaron Feuerstein）在紡織工廠焚毀後，決定重建工廠並繼續支付員工薪水，使他獲得善人之美譽，這便是一種讓步表現。CNN創辦人泰德・透納（Ted Turner）也同樣展現讓步原則並贏得善人美名，因爲他宣布打算捐款十億給聯合國。（只可惜富爾斯坦不久便破產，而透納也眼看公司淨值暴跌數十億，可見利他的表現有多危險。）

結盟的本能

不過對於利他行爲還有另一種解釋，至少富爾斯坦與透納皆可適用，而且過去幾年，生物學家、人類學家與經濟學家都對此雀躍不已。專家認爲我們其實並不像自己所想像那般自私惡劣，而孤獨無依反而容易令人日漸衰頹。(這是千眞萬確：人一旦失去社會支持，會更容易罹患心臟方面、長期壓力、愛滋等等疾病。他們也許會有較多寶物，卻死得早。）我們只有在群體與人際關係中才能眞正成爲人。

當上了年紀的企業家賣掉自己一生辛苦創建的公司後，通常會驚覺自己已不再是首腦而是孤單的人。退休人員與被解雇的勞工也都會產生分離的焦慮感，一種深刻、令人不安的失落感。當合作十四年的夥伴突然轉調緝毒組，留下的刑警也會有同樣感覺。

我們和大多數的猴子猩猩一樣，是高度社會性動物。我們有一種結盟的親和本能。當我們加入群體時，儘管意志上頑固不願合群，卻仍會有些微變化，形體蛻變、心靈融合：我們的情緒會影響周遭的人，也會受他們影響，有即時的、下意識的感染力。我們會開始與同事作相同打扮，說公司的語言，爲IBM留藍色的血。耐吉公司有些年輕業務自稱是Ekin(Nike的倒寫)，並在身上以耐吉的勾勾標記刺青。就像電影《失戀排行榜》（*High Fidelity*）中的唱片行職員，原本一週只工作兩天，後來便開始天天上班。工作場所成了我們的團隊、我們的部落，我們也開始用「我們」和「他們」來區分世界。

無論是好是壞，這種連結是直覺的，甚至也是生理的：周遭人可能影響我們的血壓，我們的血清胺、多巴胺、皮質醇、睪酮等生化物質的分泌，我們的神經系統，甚至於生育能力。在此情況下，某些生物學家稱爲「溫和而友善」的反應至少和平常較熟悉的「挑戰或逃避」反應一樣自然。對我們而言，表達友善、滋養他人與受他人滋養，與呼吸新鮮空氣同等重要。

這個相反的觀念已經開始從我們大腦深處浮現。

平和的喜悅？

我們經常抱怨和同事之間就像老鼠似的，成天拼得你死我活，其實我們卻暗暗喜愛這些鼠輩同事。我們總會忘記這點，也可能從未明白過，因爲我們太沉溺於每天在工作崗位上的奮鬥、沮喪，以及愚蠢得難以置信的行爲。但一般人約有八成的清醒時間是與他人共度，因此我們天生就喜歡作伴。形成社會組織、與同事合作會帶給我們歡樂，讓我們更健康，活得更久。這並不只是因爲我們像沉迷電視的幼兒一樣，一看到羅傑斯先生（譯註：美國公共電視著名兒童節目「羅傑斯先生與左鄰右舍」的主持人）穿上羊毛衫，開口問：「想不想當我的鄰居呀？」就興奮不已。

我們知道在人類演化過程中，合作關係之所以根深蒂固，有部分原因是大腦某些最原始的情緒中樞會出現快樂的感覺。在一個以眞正老鼠爲對象的著名實驗中，科學家將電極插入老鼠的前腹側紋狀體，這是中腦一個區塊，有豐富的接收器接收腦中的自然止痛物質多巴胺。植入的電極讓老鼠在按下槓桿時會自動產生愉悅感。老鼠非常喜歡這種刺激，甚至寧願餓死也不肯停止按槓桿。

笨老鼠，對吧？但人類也有個紋狀體，友善的社會接觸會在此產生愉悅感。最近艾摩里大學進行了一項實驗，行爲科學家使用ＭＲＩ記錄女性社交互動時的大腦活動情形。她們能選擇無私地合作或是作弊。科學家採用一個典型的實驗室遊戲名爲「囚犯難題」：兩名參與遊戲者短暫碰面後，分坐在不同房間，開始透過電腦玩二十回合。每一回合，每位參與者都有自私或合作的選擇。若兩人都選擇自私，每人得一元。若一人選擇合作，另一人選擇自私，則前者無收穫，後者得三元。若兩人均選擇合作，則各得兩元。

當參與者合作時，從ＭＲＩ可以看到紋狀體活動量增加。實驗者合作時所體驗到的神經系統報償，顯然與老鼠按下槓桿時一樣。她們自己也說慷慨合作時的感覺比較好。科學作家娜妲莉‧安吉爾（Natalie Angier）總結得好：「在現今這個慾望橫流、刀光劍影的時代，也許很難相信，但科學家確實發現與另一人合作、選擇信任而不憤世嫉俗、選擇慷慨而不自私，這麼個美好的小動作便能讓大腦因平和的喜悅而清明。」

幾個小警告：科學家無法確知爲何感到愉快。多巴胺的釋放也許是因爲有意外的好事發生，而非合作行爲所致。這個結果也尚未在男性身上驗證，也許男性的大腦構造不同，對社會權勢的專注更甚於合作。他們也尚未測試中級主管。或許某個受過訓練、野心勃勃的主管已經開始謀畫，如何利用艾摩里大學的研究，將第三世界那些壓榨勞工的工廠成本降低，以便在 Ralph Lauren 開創前程：「縫紉機的晶片會縫襯衫，對嗎？所以我們就以無線電將它連上作業員紋狀體的電極，那麼它就能在同一時間刺激多巴胺接收器。科學家說了，他們寧願餓死也不肯停止工作。」截至目前大腦手術費用仍高得嚇人，這也許是件好事。

但從某些行爲跡象，我們也得出一個較有希望的結論：男人與女人都有合作、公正、甚至道德的天性。這些性格或許至少和自私貪婪一樣自然。「道德並非人類在演化末期才加入的膚淺事物，」靈長類學家法蘭斯・德・瓦爾（Frans de Waal）說：「它和我們人類自古以來便有的多情與親和傾向有關，而這些傾向各種動物都有。」

信任的化學作用

舉例來說，黃腹田鼠是生長在美國中西部草原，一種膽小的素食小動物，研究專家視之爲闡明社會連結的神經生理學的重要關鍵。牠們有助於解釋人類如何形成社會與性愛關係，或許也能解釋我們與團隊一起出賽或工作時，當事情突然成功，我們爲何會有深切的滿足感。牠們還暗示忙人應該放下要事，投入關懷與分享的活動，關於這點人力資源單位也漸漸了解了。（「現在閉上你的眼睛，往後倒，」團隊精神導師懇求道：「你的隊友會接住你的……」）就連經濟學家也開始認眞研究田鼠，認爲其行爲也許有助於解釋協商順利的原因。例如，牠們或許能解釋中東和平談判過程中，如何產生最戲劇化的突破。這個我們稍後再進一步討論。

黃腹田鼠是高度社會性動物，十至十二隻同居於洞穴中，並嚴守一夫一妻制。雄鼠與雌鼠會建立長期關係，除了偶爾有出軌的性行爲之外，一輩子不離不棄。夫妻也會共同養育孩子。反觀其近親美西山地田鼠則有如牛仔，除了交配期，牠們不太喜歡伴侶，而且不管對象地點都能交配，有時甚至還會吃掉自己的孩子。（「致人事部：在此我們見到了管理的前景。」）由於兩種田鼠的相同基因高達百分之九十九，卻有如此大的行爲差異，美國國家精神衛生研究院（NIMH）院長殷塞爾（Tom Insel）不免感到好奇。最後他追蹤到大腦產生的兩種胜肽類荷爾蒙，即催產素與血管收縮素。

婦產科醫師經常爲孕婦注射一種叫 pitocin 的合成催產素，引發劇烈的子宮收縮生下嬰兒。催產素也能刺激產婦的乳汁流出哺育嬰兒。但新生兒的父親也同樣有催產素增加與血管收縮素劇增的現象。這些荷爾蒙引發的生理影響，最後經常也會影響情緒與行爲。催產素會減緩心跳與呼吸速度、降低血壓，使人感到平靜，更加準備好去愛人。血管收縮素則似乎關係到警覺以及保護與照顧新家庭的衝動。這所有荷爾蒙的變化都讓新生兒的父母準備好與孩子建立社會連結，否則這個嬰兒可能只是個吵吵鬧鬧又會弄溼褲子的小外星人。

性愛的連結（又是吵吵鬧鬧、弄溼褲子的外星人案例）也會產生相同的荷爾蒙。求愛時會刺激男女釋放出催產素、血管收縮素與多巴胺。有了生理上的變化後，雙方都會感覺到社交恐懼逐漸消退，讓對方靠近的舒適感漸增。對黃腹田鼠而言，這些荷爾蒙便是建立長期伴侶關係的關鍵。當研究者在田鼠腦中注射更多荷爾蒙，牠們對彼此的愛便更激烈。然而在美西山地田鼠身上注射催產素與血管收縮素，對其雜交行爲毫無影響，也未能使牠們隨心所欲的牛仔性格變得較安定討喜。因此荷爾蒙並非唯一原因。

殷塞爾最後發現，這兩種田鼠的大腦構造差異極大。黃腹田鼠的大腦中，催產素與血管收縮素的神經接收器較集中在與報償、獎勵有關的區塊。因此當雄鼠與雌鼠交配，荷爾蒙急速增加，牠們就會對彼此完全著迷。見到（或者應該說是聞到）愛人田鼠時，顯然會因爲催產素與美好感覺的神經傳導素多巴胺交互影響，而產生巨大的幸福感。而山地田鼠的神經接收器卻是分布在大腦的其他區塊，因此無論對誰都不會特別興奮。哪隻田鼠都一樣，社會連結完全不存在。

那麼偶爾也號稱一夫一妻的人類呢？我們的大腦和黃腹田鼠的相似度多高？（或者我們是喬裝過的美西山地田鼠？）研究者觀察自稱熱戀中的學生的核磁共振影像，發現他們的神經活動似乎也集中在與沉迷相關的區塊。事實上，他們的大腦與吸毒者非常相像。

情緒的交易

不過你很可能並未與同事陷入熱戀。那麼這些荷爾蒙研究與職場又有何關聯？即使是陌生人之間，小小的信任舉動便會使血液中的催產素濃度以驚人速度竄升。加州克萊蒙大學的一項實驗中，研究人員利用電腦爲匿名人士隨機配對。他們給「一號決定者」（decision maker one, DM1）十元，告訴他可以將任何金額——從零到十元——分給「二號決定者」（DM2），而且後者實際上可以得到該金額的三倍。接下來 DM2 可以選擇是否歸還部分金額，決定後實驗便結束。每一組的兩人只能透過電腦溝通，不能面對面。

根據標準經濟理論——「理性經濟人」模式——預測，在此情況下，信任程度應該是零。互惠性利他與親屬選擇等進化理論，也均未提供任何慷慨與信任行爲的可能性。DM2 永遠不會見到 DM1，表達友善得不到好處，當個小氣鬼也沒有遭報復之虞。明白這一點之後，DM1 理應收起全部的錢，轉身就走。但據克萊蒙神經經濟學研究中心主任保羅・札克（Paul J. Zak）指出，在數百次測試中，有七成五的 DM1 給了錢。更值得一提的是，收到此信任訊息的 DM2 有九成予以回報。

他們爲什麼這麼友善？儘管有「交易純粹奠基於理性」的論點，札克等神經經濟學家卻認爲我們的情緒經常比事實更重要，而相關的情緒極可能是受到催產素影響。克萊蒙研究的血液測試顯示，DM2 從 DM1 獲得愈多，催產素濃度便愈高，回報也愈多。札克的結論是，當有人信任你時，催產素便會增加，而信任的行爲本身也能促使人更信賴你。因此田鼠和老鼠一樣不免暗暗猜疑，人類也許是經過演化產生信任。Fidelity（忠誠）、Mutual（共同）、Beneficial（有益）或許不該只是公司大門上充滿期許的名稱吧。其實這些可能都是人類的本性，因爲千百年來的社群與部落生活，要想存活就得信任其他成員。

這裡又有幾點須得注意。就純技術角度而言，血液中催產素濃度是否與腦中濃度相同的這個問題十分複雜，原因在於有一群名叫「血腦障壁」的細胞管制著進入大腦的物質。若想測量腦中催產素的確實濃度，就必須在頭顱鑽洞插針，或進行腰椎穿刺，而實驗對象多半沒有這麼大的信任度。不過動物實驗結果暫時顯示血液與大腦中的催產素濃度相符。專家在直接檢測自閉症患者的腦脊髓液時，也發現結果相符，而這些人無法建立社會連結或許便是催產素分泌不足所致。

比較實際的一點則是實驗畢竟不是眞實生活。克萊蒙研究中的錢只是小錢，而非五千萬之類的工程合約。而儘管金額這麼小，也只有七成五的 DM1 願意慷慨解囊。

其餘的二成五呢？這些小氣的人就是將來註定成爲中階主管的理性經濟人嗎？至於 DM2 也並非全數皆有可靠的表現，但催產素濃度卻不然。有一名 DM2——後來以「胖壞蛋」聞名整個實驗室——體重過重，技術員扎了四根針才找到血管驗血。與他面談的研究人員發現，他簡直是「太快樂了」。胖壞蛋回答時吹噓道，DM1給了他三十元，他全收了。他血液測試顯示催產素反應極大，札克說：「但他克制住，把它壓抑了下來。」因此催產素或許能增加可信任度，卻不見得能讓人信任你。

當克萊蒙研究中心發布新聞後，便有人在某經濟學者的網站上交換懷疑的玩笑話，說要等對方的催產素大漲特漲的時候才能談合約。也有人預測將來可能使用合成催產素或甚至「催產素刺激飲料」，來提升團隊的夥伴意識。（事實上，以目前的技術仍無法突破血腦障壁。）有一位投稿人略帶嘲諷地指出，其實無須等待：「有個好方法不需要高深技術就能實踐你的計畫。下次談判時，只要把一個小嬰兒推到對方面前，而你自己則面對著臭烘烘的尿布就行了。」

這當然只是玩笑。但事實上不用眞人，中東和平談判僅靠照片便成功達成協議。一九七八年，埃及總統沙達特與以色列總理比金在大衛營談判到了第十三天，比金仍拒絕簽署和平協定。大家都已失望地整裝準備打道回府。此時從中斡旋的卡特總統採取了兩個後來證實十分關鍵的步驟。

首先，他重擬一份主要文件，移除少數令人不快的細節，內容其實維持不變。然後他坐下來，在他與沙達特與比金合照的相片後簽名紀念，這是比金要送給孫子的。「蘇珊（克勞，總統祕書）知道我們與以色列人之間的問題，」卡特後來寫道：「便提議去問出比金孫子們的名字，讓照片成爲他們個人的紀念。」隨後卡特便前往小屋造訪比金。

接下來純粹是催產素引發的連結：「我將照片交給他。他拿過照片向我道謝。這時他無意間低頭看見最上面那張照片有孫女的名字。他大聲地唸出來，然後翻過一張張照片，一面唸出我寫在上面的名字。他嘴唇顫抖，熱淚盈眶。他約略向我介紹每個孩子，其中似乎有一個是他最疼愛的。我們兩人都很感動，平靜地談了幾分鐘，關於孩子與戰爭。」卡特留下他修改過的草稿。然後走回去向沙達特宣布壞消息。他二人談話之際，比金來電表示他改變了心意，現在準備要簽署協定了。

如果說只需一點點催產素便能讓人們團結，當然失於簡化。關於信任的神經生理學，現在只是探究的開端，結果必然比我們想像得更微妙而複雜。到目前爲止的重點是我們的生理將我們導向合作的程度，至少和導向衝突一樣。我們身爲社會動物的預設程式不是自私，而是策略性的利他。

這一切自然便衍生出一個問題：倘若社群對我們的身分認定，對我們的舒適感、安全感與成就感如此重要，又倘若職場已經成爲我們社會行爲的主要展現處，爲什麼我們回到家幾乎總是筋疲力盡、充滿不快，甚至痛苦不堪呢？

這是一個平凡的上午，在面積遼闊、被水覆蓋的奧卡凡戈三角洲（Okavango Delta）一座灰濛濛的島上。一群狒狒連同進行研究的自然學家已經朝水邊閒晃了一個早上，每隻狒狒都小心留神著非洲常遇到的危險，如南非水牛、大象和獅子。如果狒狒決定渡水前往另一個島，我們也得跟著涉水。只希望今天不要太倒楣，碰上鱷魚如飛彈似的從水底竄上來。我們心想最好不要驚動河馬，以免害某人慘遭踩扁。

狒狒逐漸聚集到水濱，到處鑽來晃去並低低地「呼，呼」叫著，彷彿也在考慮同樣的危險，不知該繼續往前或撤退。一兩季之前，牠們曾經眼見一名同伴在渡水時被獅子給吃了，警鈴依舊在大腦某個角落響著。有幾隻狒狒爬到非洲烏木上啃漿果，一面掃視水面是否安全。

一個狒狒執行長可能會稱之爲轉折點，一個面對快速變化的環境時必須做出決定的關鍵時刻。應該朝未知前進？冒著被獵殺的危險？或者撤退是比較明智的選擇？

事實上，當天早上狒狒在水邊所面臨的不只是做決定的關鍵時刻。這是原始的抉擇。這樣的時刻會如此頻繁地發生在遙遠的過去，在無數次已遭遺忘的涉水與渡河經驗，恐懼與屠殺如此深刻，早已牢牢刻印在腦海中。我們從前涉水洞的方式如今影響到我們一切決定，於是我們的大腦系統總會找到十個理由不前進，並不時搜尋花豹埋伏的跡象（即所謂的負向偏誤）。

在水邊，一隻曾勇敢攻擊花豹而聞名的年老的雌狒狒下水直到水深及腋下。狒狒群中響起一波波的鼓譟，就像眾議院後座的議員在抱怨否定似的。這時雄狒狒當中有一位年長的政治家挺身追隨母狒狒，不久其餘的狒狒也跟了上來。每隻都很猶豫。每隻都在想，天啊，我就要被活活咬死了。

後來，牠們一隻隻走出了平靜的水面。

3 負面思考

爲什麼事情看起來比實際情況糟

人是非常奇怪的動物——同時具有馬的神經質、驢的固執和駱駝的惡毒。

——赫胥黎（T.H. Huxley）

某日我與父親談到職場的合作行爲，他立刻說了一大串關於一九五〇年代的紐約軼事，其中有一位體型特大號的主管——爲了某些原因最好還是不必深究細節——很喜歡自稱爲「銅胸首領」。「當時我們還只喝三杯馬丁尼當午餐。」父親回憶道：「不管到哪家酒吧，也不管酒保做得多好，他都要摔金屬托盤然後嚷嚷：『叫那個白目的王八蛋把這杯酒倒滿，不然我就割掉他的老二！』」

我聽了禮貌性地笑笑，然後清清喉嚨說：「但我問的是合作行爲……」

「喔。」父親答應一聲後，首次在談話中沉默下來。最後才鼓起勇氣說：「他給小費一向很大方，所以他們才肯讓這個笨蛋再回店裡去。」

起初我將這個回答歸因於個人的精神狀態異常以及太多馬丁尼午餐所致。但當我與其他人，一些大公司裡正常的上班族，談起合作行爲，他們也經常陷入沉默。否則便是一開始談團隊合作，接著卻會不知不覺出現矛盾說法。

某家財星五百大企業的一位主管，描述她到一家科學研究機構擔任安全主任的情形。她安排了與保全組長會晤，以便商討如何在消防安全、放射安全與緊急應變方面攜手合作。

「妳想做什麼？」她一出現，保全組長便說。

「我只是想成爲團隊的一分子。」她勇敢地說。

「告訴妳吧。」他回答：「妳要不是團隊的一分子，我們就直接把你壓扁了。」

她面露微笑，或應該說是苦笑，盡量拉長時間愉快地交談，以掩飾她想奪門而出的窘迫。回到辦公室後，她關上門，盡可能不去想像自己變成煎餅的模樣。同事安慰她說保全組長是個「領薪水的瘋子」，以前當過州警，警衛室裡還放了機關槍。她聽了並未覺得好受些。

當晚回家後，她開始想方設法克服這些負面印象。她覺得這是一項緊急任務：保全組長有不少奇特行爲，他甚至固執地認爲只有從逃生門外側上鐵鍊，才能防止盜賊進入。不過我們暫且不提這個令人不快的僵局，待本章稍後再來談談這位安全主任的策略。

舒適的蒼白

我們習慣以衝突而非合作的角度來思考，這似乎是天性，就某種程度上而言，也理應如此。合作可能是日常生活的一部分，但也可能因此而顯得無趣。當公司經過三季虧損終於出現盈餘後，問問專員一天的工作情形如何，她很可能會說：「沒什麼特別。」可是如果某甲挖了某乙的客戶，大夥可就有得聊了。

賓州大學的保羅・羅詹（Paul Rozin）教授專門研究人爲什麼會專注於負面想法，他提出了「舒適蒼白的現象」，也就是說「人們通常不會因空調而感覺愉快，但一旦空調停了，便會馬上感覺不舒服。」叔本華也說過：「我們感覺到的是疼痛，而不是不痛。」

事實上，強調負面是我們的生物本性，會去注意一件不順利的蠢事，卻不去想五件或十件好事。區別負面與正面事件只需十分之一秒，而攫取到我們注意的通常是負面事件。

例如，當研究者在紙上畫方格，格內填滿許多笑臉與一張憤怒的臉，然後拿給實驗對象看，他們馬上會注意到憤怒的臉。若顛倒過來，他們卻得花較長時間才能挑出唯一的笑臉。同樣地，當老闆在員工的檢討報告中寫四個正面評語卻挑了一個毛病，下屬幾乎都只會注意到那個毛病。神經學家將此傾向稱爲「負向偏誤」（negativity bias），並視之爲一種生存機制。高度注意可能出錯之處，能幫助我們面對危險。憤怒的臉比笑臉更快引起注意，就是因爲它象徵潛在的威脅。

負向偏誤在幾百萬年的演化過程中建入我們的心理，因爲沒有負向偏誤的動物與早期人類，已經在天擇中得到短暫而血淋淋的教訓。天真的小瞪羚愉快地四處低頭吃草，遲早有一天抬起頭會發現身邊圍著一群獅子：「各位早啊，你們好大的牙……」

過度的無憂無慮通常很快便會結束，也因此在後代子孫中愈來愈罕見，誠如羅詹的巧妙解釋：「猛獸的威脅是終結的威脅。」想要活命就得睜大眼睛、豎起耳朵，不斷抬頭掃描高大草叢中的魅影——躡手躡腳的花豹，三隻成行、飢腸轆轆的印度豹，躲躲藏藏的證管會審查員。容易受到驚嚇——或稱爲負向偏誤——便成了存活者的明顯特徵。

其實說到逃避危險，我們至少發展出了三種不同的神經系統。脊椎方面，一遇痛我們會反射性地抽離。邊緣系統方面，我們記錄了動物逃命與防衛的所有反應。大腦皮質方面，對於似乎不斷包圍在週邊的可怕而危險的機會，我們會再三思考。

話說回來，如果我們老是怕東怕西，就永遠下不了床，永遠無法開展新事業，永遠無法去上班。就算去了，也會關起門來躲在桌子底下，逃避一切問題，菜鳥主管對此行爲應該不陌生。因此神經學家推論，演化過程也賦予我們大腦正面的傾向，即「正向補償」(positivity offset)，鼓勵我們去接近而非退縮，於是我們才有勇氣提出約會的請求，或申請重要工作，或在酒吧內擠過人群。

據芝加哥大學研究專家約翰・卡休波（John C. Cacioppo）指出，接近與退縮顯然是獨立系統，有如大腦中掌管視覺與聽覺的不同區塊。而且兩個系統會同時運作。負向偏誤與正向補償的「相互催化作用」是演化的副產品，因爲我們每天都必須爲事業奔忙並不斷面臨危險。「例如在非洲大草原上，儘管有強食者可能前來獵食，動物們仍得到水邊喝水。」卡休波寫道。

一個人若能同時而不是先後想到令人垂涎與恐懼的可能性，便愈能夠在細微的差異中作出應該偷偷靠近或是拔腿狂奔的決定。眞正成功的瞪羚除了具備足夠的負向偏誤，在獅子確實造成威脅時能立即反應之外，也必須有足夠的正向補償，那麼當牠發現原來不是獅子而只是一隻大腹便便的動物在水洞邊晃蕩，才能靠近喝水。牠便是如此在恐懼的地景中繁衍。

爲何負面思考如此重要

負向偏誤的觀念首先於一九六〇年代出現在學術界，但羅詹卻指出負面思考的巨大力量早已成爲現實，從莎士比亞（「人做壞事會流傳後世，好事卻往往隨同屍骨埋葬」）到俄國俗諺（「一匙黑油能壞一桶蜂蜜，一匙蜂蜜對一桶黑油卻毫無影響。」）均可爲證。近來由於神經學家與實驗經濟學家都試圖對人類某些明顯不理性的行爲追根究底，負向偏誤於是再度引起關注。愈來愈多證據顯示，這個進化的傾向對我們現代人的生活與工作方式依舊有巨大影響。

例如，民調與市調的致命傷就是焦點訪談時，民眾總是說一套做一套。在一九九三年一項蓋洛普民調中，有百分之八十五的美國人贊成器官捐贈，但只有百分之二十八確實登記爲捐贈者。爲何有此落差？卡休波歸咎於負向偏誤——在此案例中，死亡的恐懼摻雜了不理性的懷疑，捐贈者擔心急診室的醫師可能在倉卒中割除自己其他器官。就某種原始層面而言，這個場景中醫生的威脅性便相當於水洞邊的土狼。

卡休波指出，一旦知道有負向偏誤，我們便能藉此加強教育民眾，強調醫護人員不會做這種事，他們甚至幾乎不知道活著的病患是否為器官捐贈者。或者也可以將捐贈設為預定模式，那麼人們就必須選擇退出而非加入。美國採用加入的方法，因此──在負向偏誤作用下──導致每年移植名單上有六千五百人死亡。全世界每年死亡人數為兩萬人。十來個歐洲國家──包括西班牙與法國──反其道而行，因缺乏捐贈器官的死亡人數便少了許多。

此外，我們極度恐懼金錢損失，獲利時的情緒卻相對緩和許多，原因也在於負向偏誤。我們還記得美國股市一九八七年的黑色星期一，甚至一九二九年的黑色星期四。可是，快說，何時有過白色星期三或亮麗星期五？顯然是消失在一團被蒼白現象所包圍、洋洋得意的證券商迷霧當中了。

正因為人們對損失的誇大聚焦，所以美國總統大選時，經濟不景氣的損失會對執政黨造成衝擊，而景氣復甦卻無明顯助益。這同時也說明了，為什麼即使員工原本並不想要工作獎金，但一旦獲得後再要他們歸還便會引發憤恨。研究專家表示，如果隨意送東西給人，幾個月後又要求買回此物，對方的估價會比未曾擁有此物的情況高出一倍。實驗經濟學家指出，對於損失的高度厭惡是一種基本心理傾向，常常會讓人做出不理性的經濟決定。

舉例來說，面對基礎相同的經濟提議，我們會完全根據提議針對的是獲利或損失而有截然不同的選擇。比方說研究人員提議讓你選擇直接得到一千元或是賭五成機率獲得二千五百元。

如果你和大多數人一樣，就會選擇沒有風險的一千元。但如果研究人員提出的建議是直接損失一千元或賭五成機率損失二千五百元，多數人會選擇風險較大的一方。也就是說，對於增加收益我們似乎比較保守，但對於損失的憂慮卻足以使我們願意冒相當的風險去避免。

了解這個與生俱來的偏誤，可能是事業生死存亡的關鍵所在。例如，由於一名員工寧可冒極高風險企圖隱匿損失而未成，終於導致霸菱銀行崩解。一九九五年，該銀行在新加坡的衍生性金融商品明星交易員尼克·李森（Nick Leeson）爲了試圖彌補自己造成的三億一千七百萬美元損失，反而損失了十二億二千萬美元。霸菱因此宣告破產，結束二百五十年的營運。

奇怪的是，實驗顯示負向偏誤並不影響我們的智能，因此公司高層才可能對李森這種人產生誤判，也才會有某些以高智慧著稱的機構，偶爾卻因過度自信而犯下無比愚蠢的錯誤。「一個在某件事展現高度智慧卻愚蠢地搞砸三件事的人，還是會被視爲聰明人。」羅詹說。他的解釋是因爲智慧少見：某人可能一年有一個好點子和五個壞點子，但好點子少有，又能讓你賺錢，所以你會盯住他。「若以能力論，你會以一個人最好的表現來評斷他。」

反之若以道德論，我們又會立刻產生負向偏誤，以最壞的表現評斷他人。對我們這種社會動物而言，一個人的不可靠幾乎有如猛獸的威脅，因此惡行的污名會被誇張放大，並流傳許久。在企業醜聞與重大產品瑕疵的後續發展中，了解大眾此一心理趨勢十分重要。即使醜聞只涉及一兩名主管，甚至即使產品瑕疵只佔銷售商品極小部分，仍可能對公司信譽造成巨大傷害。「民衆將這些視爲非常重大的事件，如同謀殺。」羅詹說。

即使犯了一模一樣的錯誤，企業如何處理大衆傾向注重負面新聞的本性，卻可能對公司聲譽造成迥然不同的結果。例如二〇〇〇年，軟體公司甲骨文（Oracle）被發現雇用調查公司，翻檢由微軟資助並聲援微軟的公司團體的垃圾。甲骨文不平地說他們叮囑過調查公司不得做「任何違法的事」，而執行長賴瑞・艾利森（Larry Ellison）也說他調查該公司所謂的「微軟前鋒團體」是爲了盡「公民義務」。甲骨文這番否定與自衛的說辭，遭《華爾街日報》編輯評爲「可恥又可笑」。

不到一年，寶鹼（P&G）董事長約翰・派柏（John Pepper）發現他們公司也在做一樣的事。但與甲骨文雇用的間諜不同的是，P&G的間諜在搜索對手英荷商聯合利華髮品部門的垃圾時，確實找到了東西。裴柏立刻明確表態，這不是P&G的一貫作風。他不但將三名涉案主管解雇，並將此事告知聯合利華。最後P&G同意付給聯合利華一千萬美元的補償金，並保證絕不使用任何不法取得的資訊。除此之外，P&G在當時股價暴跌，淨值下跌了數百億美元。

雖然記住惡劣行爲是消費者的天性，但P&G卻也保住了美國頂尖企業的正直形象，《財星》雜誌還在〈二〇〇一年的最好與最壞〉一文中予以褒揚。然而當P&G事件快速遭人遺忘之際，「企業間諜」等字眼卻仍會讓人聯想到穿著Armani的艾利森搜尋垃圾的景象。

負向偏誤也可能致使個人或企業執著於「競爭即敵對」的觀念，進而造成傷害。例如艾利森便說：「我們挑選敵人非常小心。如此可以讓我們專注。我們只有比較別人不同的做法，才能解釋自己爲什麼這麼做。我們只有不斷與競爭對手比較，才能知道自己是贏是輸。」但他針對微軟卻是個人因素；垃圾事件發生時，兩家公司幾乎並無競爭重疊的情況。再者，在現實世界中，敵人有時也是盟友，而企業就像水邊的瞪羚，若能敏銳地判斷何時趨前何時退避，業務便能蒸蒸日上。

商學教授亞當・布蘭登伯格（Adam Brandenburger）與貝瑞・那爾波夫（Barry Nalebuff）在他們一九九六年完成、影響深遠的著作《競合》（*Co-opetition*）中指出，人們經常太投入割喉戰的競爭，以致於看不見對彼此有利的部分（或甚至看不見割了誰的喉）。例如，花旗銀行在一九七八年率先推廣自動櫃員機。「當其他銀行也發展出自己的ATM系統後，便希望花旗加入他們的網路，」兩名作者寫道：「這麼做將能使每家ATM卡的功能更多元。當眾家銀行連線後，每架機器便能與其他所有機器配合。但花旗拒絕加入。他們不想做任何可能有利於對手的事。如果可能幫助到邪惡的海德先生，那他們連善良的傑柯醫師也不想幫。」其他銀行連線系統很快便主導了市場，最後花旗迫於對客戶造成極大不便，也不得不於一九九一年加入。

做生意畢竟不是爲了打倒敵人，而是爲了賺錢，也就是要在合作與競爭變幻莫測的情勢中，找到最佳出路。布蘭登伯格與那爾波夫認爲一般人之所以執著地將競爭對手視爲敵人，主要在於「商場即戰場的心態」。不過負面思考的根源恐怕更深得多。

利用敵人爲盟友

在以色列的內蓋夫沙漠（Negev Desert），各塊土壤中所含可食用種子的密度，可能相差十二倍之多。所以聰明的沙鼠應該到種子最多的沙地去覓食，對嗎？但如果那塊土壤在空曠的沙漠中，沙鼠便可能成爲倉鴞的晚餐。但假如那塊土壤藏在樹叢底下，又可能有沙蝰潛伏。神經質的沙鼠必須憑靠不充分的資訊，在一個異常複雜而險惡的市場中選擇到哪裡謀取生計，一旦抉擇錯誤就會立刻面臨死亡。聽起來熟悉嗎？伊利諾大學研究專家喬爾・布朗（Joel Brown）稱之爲「恐懼的生態」。

但若從掠食者的角度來看：鴞與蛇表面上雖是競爭者，事實上卻是盟友：「蛇將驚嚇的沙鼠趕到鴞的利爪下，鴞將驚嚇的沙鼠趕到蛇的毒牙下。」就像沃爾瑪和目標百貨(Target)聯手，與一名飢餓的製造商玩貓捉老鼠的遊戲。

競爭對手在動物學家所謂的「親敵」（dear enemy）效應中也有助益。在許多物種當中——從鳴禽到狐狸——地盤佔領者都會避免與鄰居發生衝突。牠們似乎明白與鄰居爭奪地盤，會讓第三者趁虛而入。因此若有哪個狂妄自大的傢伙打算闖進來，這些「親密敵人」其實可能連成一氣，共同驅敵。就像愛德蒙公司（Archer Daniels Midland）——所謂的世界超市——在一九九〇年代中期，與五大洲的對手共謀哄抬超市部分基本商品的價格。該公司私下有句標語說：「競爭對手是我們的朋友，顧客是我們的敵人。」

爲什麼大家就不能和平共處？

現代人無論是出現在水邊，或是在一流公司的走廊上，通常都是在抱怨。無論他們的生活在外人眼中有多美好都一樣。在《國家地理雜誌》，作家與攝影師出差到地球上最美的土地上去，閒暇時便互相抱怨位於華盛頓DC，M街上總部裡的人幹過哪些蠢事，要不就是起爭執。而M街上的職員也會叨念那些在野地裡，傲慢自大的作家與攝影師幹過哪些蠢事。而且他們也會起爭執。

組織機構常常期望能像個快樂的大家庭，但真正像家庭的地方卻在於員工大多數時間都在吵嘴。這是最核心層面、日復一日的負向偏誤，它渲染了其他所有人的所有應對。（咦，怎麼不把我們自己也算進去？我們全都有過那種灰暗時刻，獨自站在浴室裡，盯著鏡子想：「我不了解這個人。」就連動物有時候也會追著自己的尾巴跑。）壓力則使我們乖僻的性格更形複雜。即便我們無意卻還是會與人爲敵，因爲我們似乎總是有太多地方要去、有太多事情要做，時間又太少。或者誠如百事可樂某位主管的生動描述：「我們都太忙了，忙得像企圖將骨頭埋進大理石地板的吉娃娃。」

怎麼辦呢？如何才能減少煩惱與爭執？如何才能活得稍微正面一點？答案有好有壞。對鐵面無私的經理級人物的壞消息是，取代吵嘴與爭執的方法最初聽起來像極了某齣百老匯音樂劇裡的旋律，說穿了就是羅哲斯（Rodgers）與海默斯坦（Hammerstein）的《南太平洋》（*South Pacific*）中的〈愉快談天〉（Happy Talk）。好消息是至少有「可以量化」的愉快談天。做相關研究的人對於成功的職場該有多少比例的正面與負面互動，幾乎都有共識。若與此神奇比例相等或相當，該團體便能克服負向偏誤，合作產能也高。低於此比例，成員便會吵鬧多慮，難以成事。

組織心理學家馬修爾・羅薩達（Marcial Losada）在電資系統公司（Electronic Data Systems, EDS）花費十年，密切觀察各個管理團隊每年如何開發自己的策略計畫。EDS投入兩千萬美元購買高科技設備，建立配備單面鏡的會議廳以協助羅薩達進行觀察。羅薩達完全像個靈長類學家，旁觀危險的大型動物，並將其複雜的互動濃縮成龐大的行爲數位資料庫。

觀察者會重複觀看會議錄影帶，計算正面行爲（例如說「這是個好主意」）與負面行爲（例如說「我從來沒聽過這麼蠢的事。」），另外則有獨立作業的研究人員以上中下等，來評定各團隊在收益、客戶滿意度與同儕認同度方面的實際表現。最後羅薩達的團隊再結合這兩組結果。

結果顯示，十五個表現上等的團隊平均每五點六次正面互動才有一次負面互動，而十九個表現下等的團隊的正負比例則只有零點三六三，亦即每三次負面互動才有一次正面互動。

由此可得明顯結論：因爲人們會特別注意他人的挑剔、輕蔑的言行舉止、侮辱中傷、懷疑的表情與威脅的蛛絲馬跡，因此需要大量的安撫才能放心並建立信心。某個家族企業的副總裁兼法定繼承人是個很有魅力的女性，一雙海藍色的大眼睛、一頭往後梳得整整齊齊的金髮，還戴著珍珠項鍊。她對於尖銳言詞可能使下屬變成縮頭烏龜的感覺十分敏銳，幾乎有如母親一般。

「如果我看到類似的肢體語言，就會非常努力地將烏龜拉出殼外。他們會整個軀殼封閉起來。」她小聲地做著音效：「喀嗒！通常他們會低頭垂肩，躺靠在椅背上，讓你知道他們不玩了。你就得立刻察覺自己做了什麼，要說：『咦，其實這裡有些很好的點子，一定要發展下去。』要提供一個安全的環境。」接著她壓低聲音用滑稽的口氣說：「那麼烏龜的小頭才會重新……伸……出來。很慢很慢地。」

在冷靜理性的商業背景中聽到這些話，有點難以適應，然而就感性層面而言卻也令人難以抗拒。也許是那雙藍色大眼睛的緣故。

「身爲家族的一分子，」她又說：「每個人都在看你。無所謂，通常都是這樣。所以應該利用這難能可貴的機會創造一個非常正面的環境。咻！這是最好的，也是最好玩的地方。」

然而光強調正面是不夠的。事實上，羅薩達發現當正面互動比例大大超出五比一時，團隊又會變得效率不彰。負面互動可作爲基本的事實檢定，對於事務的正常運作是必要的，只不過「所以我認爲這樣可能行不通」顯然比「唉，你眞是沒大腦」要好得多。

因此絕不能只因爲成員起爭執便認定該團隊註定失敗。衝突與意見分歧通常能帶動進步。或者誠如奧森·威爾斯（Orson Welles）執導的《黑獄亡魂》（*The Third Man*）中的對白：「在義大利，博爾吉亞家族統治的三十年間，戰爭、恐懼、謀殺與流血事件不斷，但卻出現了米開朗基羅、達文西與文藝復興。在瑞士，眾人彼此友愛，歷經五百年的民主與和平。結果出現了什麼？咕咕鐘！」其他研究人員則發現，衝突若發生於決定的階段有利，執行階段則不利；對於必須動腦筋的新任務有利，對於例行公事則不利。

無論何種情況，比例關係勝於一切。羅薩達強調，一群人共同合作的成功關鍵在於正負之間的比例，良性震盪與靜態之間的比例。

取得正確比例之所以重要，不只因爲負向偏誤之故，也因爲我們是如此典型的社會與感情動物。儘管我們不斷提醒自己，仍無法只是單純地完成工作、領薪水。例如有其他研究人員指出，單靠回饋便能提升百分之十的產能。這似乎十分合理，因爲回饋能淸楚闡明工作內容與期望。但成果獲得肯定後能提升百分之十七的表現能力，顯然純粹是因爲這種做法使個人與團隊間建立了信任、加強了聯繫。

根據內布拉斯加大學組織行爲大師佛瑞·魯森斯（Fred Luthans）教授的說法，肯定與讚許之類的社會工具，「即使對於給予管理階級與一般員工大量金錢獎勵的高薪機構」，也有所助益。單靠金錢獎勵能提高百分之二十三的表現能力，倘若主管再加上回饋與社會認可，則生產力可躍升百分之四十五。

對一般公司而言，五比一的比例似乎仍有點嚇人。這得要有好多好多正面互動。更可怕的是當你回到家，集中精力想要經營成功的婚姻生活，羅薩達的五比一比例似乎也很重要。華盛頓大學的約翰·戈特曼（John Gottman）發現，夫妻之間若不到五個正面互動便有一個負面互動，終究會走上離婚一途。奇怪的是，這個神奇數字似乎和猴子猩猩之間的正面行爲（理毛、分食、同坐）與負面行爲（咬對手的陰囊）的比例也有密切而一致的關係。因此這個五比一比例看起來，開始有點像是靈長類的基本需求。

給企業動物更好的獸籠

自一九六〇年代起，各地動物園便開始設法讓關在牢籠裡的動物不至於悶得發瘋。多半也就是讓動物離開狹窄的獸籠，進入擁有更多陽光、植物與其他自然生態元素的棲境。

那麼我們呢？一般的辦公室猴子都被關在螢光燈底下，窗戶緊閉或是根本沒有窗戶，所在的市郊辦公園區則顯然與公園無關。這已足以讓我們內心的野獸蜷縮在角落裡吸吮大拇指。企業動物和動物園的動物一樣，天生需要與大自然有所聯繫。這個希望或許便寄託在所謂的綠建築運動。

通常綠色建築與其他建築並無不同，至少外觀上如此。例如，當訪客來到麻州劍橋的健臻（Genzyme）總部，便絲毫看不出綠色建築的跡象。你可以在此推銷業務、進行面談、簽訂合約、啜飲滿是泡沫的咖啡、匆忙趕赴下一個約會，而且再也不可能做得更高明。那只是一個漂亮的玻璃盒，有著十二樓高的中庭、許多植物，和供九百人辦公的空間。

只要站得夠久，你就會發現百葉窗會自動微幅調整爲你遮蔽強光。當你進入洗手間，燈會啪一聲亮起，一張紙巾自動送出以供使用。屋頂上的定日鏡利用鏡面群與無澤面反光屋瓦系統追蹤日光，並將自然光線散播到建築內絕大部分的角落。日光較強時，頭頂上的燈光便會自動變暗，日光減弱時則再度變亮。

但你並不需要知道這些，甚至無須在乎。

而這個眾人不予理會的事實，實際上卻是綠建築現象的大事。短短幾年前，順應環境並以節約能源與居住動物的舒適爲第一考量的建築概念，仍受多數人忽視或公開嘲弄，如今卻瞬間成爲主流。在費城，Comcast 公司正在建造一棟九百七十五英呎高的綠色摩天樓。在中曼哈頓，美國銀行也正在打造一棟具有空氣清淨系統的大樓，可過濾掉空氣中九成五的粉塵微粒進入建築。在芝加哥，市政府也宣布從此只建造綠色建築。甚至連沃爾瑪和目標也都在建造號稱綠色大型商場。

那麼何謂綠色呢？在這樣的環境中平均工作十二小時比較容易嗎？可能有高九百七十五英呎的綠色大樓嗎？市郊的辦公園區又如何？「綠色建築」一詞本身是否便有矛盾？

這一波綠建築新浪潮並未遵循特定的綠色美學，但從一九七〇年代與一九八〇年代初期那些彷彿醜小鴨般的第一代綠色建築看來，這或許是件好事。現代綠建築多半不採用掩蔽式小徑、迎面日光或其他浮誇的環境技術，也盡量避免第一代將不舒適正當化的傾向，其秉持的理論是：如果人們不喜歡待在裡頭，就不是眞正的綠色建築。

現代綠色建築只是做得更有效、更聰明，現在對於如何才有資格號稱綠建築更有明確規定。由建築師與環境專家共同組成的美國綠建築委員會，便以能源環境設計指標（或稱LEED）設定標準。LEED的評分項目眾多，重點包括通風較佳、採用更多自然光線與景觀、熱度更爲舒適且控制得更好，以及使用散發最少毒氣的油漆、密封劑等物質。建築物以總分多寡可分別獲得基本、銀、金與白金四個等級的認證。過去四年來，受綠建築委員會核發綠色認證的建築共一百八十八棟，另有一千八百棟仍在評定中。據估計，美國在未來十年內將有一萬棟LEED認證建築。至於國際間，由於能源價格提高加上京都議定書對於溫室氣體排放量的共識，歐洲人已加快腳步移入綠色建築。就連印度也已經有兩棟LEED白金等級的辦公大樓。

這類建築曾一度被認爲和 Clivus Multrum 堆肥廁所一樣死路一條，卻爲什麼死灰復燃？最近能源價格高漲無疑是原因之一。如今環保投資報酬回收之快，就連只注重季度業績的公司也不得不予以關注。但復甦情形早在原油價格每桶超過五十五美元之前便已開始，並受到更廣大的社會與經濟力量所驅使。

「這些建築的功能十分驚人——平均節省百分之三十至七十的能源，與百分之五十的用水，」綠建築委員會創會主席瑞克·費德里奇（Rick Fedrizzi）說：「爲所有人帶來極大的獲利價值，也向使用者展現敬意。喔，對了，還對環境有益。」成本與收益的實際言詞顯然比環保說法更具說服力。因此現在委員會強調：「建構綠意，眾人獲利。」

不過促使這項運動如此興盛的最大功臣，莫過於「綠色建築能提升生活與工作產能」的概念。研究顯示病患在綠色醫院復原較快，購物者在綠色零售店會花更多錢，學生在綠色教室考試成績較好，勞工在綠色工廠受傷機率較低，而且根據不同研究，整體產能會提升六至十六個百分點。人們在綠建築中表現較好的觀念是有根據的，費德里奇說，因爲他們不再終日困在空調密封箱中，呼吸著毒氣。根據某研究統計，未做環境考量的傳統建築法每年只因所謂的病態建築症候群，便要使國家遭受「六百億美元左右」的產能損失。

部分提倡綠建築運動的人士表示，到目前爲止類似的研究都太不正式。「沒有什麼精密的東西能讓你帶到公司去說：『因爲這個，所以最好這樣做。』」一位工程師說。另一名專攻綠建築的建築師補充道，我們眞正需要的是提出以下問題的研究：「如果你在綠建築中生活與工作，健保花費是否較少？」（若想參考現有的研究，可上 www.usgbc.org 網站。）儘管如此，一般人對綠建築的印象只是感覺較好。

「這是我第一次進入眞正爲人打造的建築物。」健臻公司環境事務主任瑞克・馬提拉(Rick Matilla) 坐在種滿植物的中庭陽臺上說：「感覺不像在建築物裡面。空氣比較新鮮，自然光充足，有一種透明的、接觸到大自然的感覺。我們竟然沒有老早發現這個概念——脫離洞穴走出戶外。」

大腦的負面反應

在威斯康辛大學麥迪遜校區的實驗室內，有一名志願者平躺著，頭置於有如甜甜圈般的核磁共振攝影儀器（magnetic resonamce imaging machine, MRI）的開口內。當隱藏的磁圈旋轉時，機器發出乒乒砰砰、吱吱嘎嘎的聲音，一面拍攝三十張大腦切面圖。活生生的病患身體在玻璃牆的一邊，大腦影像在另一邊，在操作者的指揮下三百六十度旋轉或上下傾斜，看著讓人有些膽怯。

MRI正在記錄患者的心智活動情況。更確切地說，就是記錄血流與其他代謝資料以測量大腦不同區塊在任一時間的活動情形，理論上這些活動區塊需要更多血液來輸送氧氣。MRI可以讓神經科學專家找出大腦中負向偏誤的區塊。

當人情緒低落——焦慮、生氣、沮喪——大腦主要的活動都發生在右前額葉皮質區，以及位於中腦、可謂「恐懼中樞」的杏仁核。相反地，當人處於正面情緒——開朗、熱情與活力充沛——這些區域便很平靜，劇烈活動則主要發生在左前額葉皮質。

威斯康辛大學神經科學家李察・達維森（Richard Davidson）認爲左側前額葉皮質的活動與「一連串的行爲」有關，其中包括我們指著某樣物體、朝物體移動、操作它，然後爲它取名。我們在大草原上的演化期間，左前額葉皮質便掌控著這些接近的行爲，這對於朝水邊前進或進入新地盤的決定至爲關鍵。而右側掌控的則是撤退行爲，尤其是偵測與遠離威脅。

據達維森的說法，每個個體都有一個「情緒臨界點」，這是個體接近或退卻的傾向，可藉由MRI測知。在一端，右側大腦活動明顯較爲旺盛的人，一生中比較容易罹患臨床憂鬱症或焦慮症。在另一端，左側大腦活動旺盛許多的人則鮮少有煩惱情緒，就算有也會很快恢復。而大多數人則落於兩端之間，好壞心情交雜的情況十分常見。

根據昔日傳說，成人的大腦除了因爲神經老化而無情地衰退之外，基本上不會改變。但達維森卻發現人的情緒臨界點不一定是恆久固定的。當老闆對某些問題反應過度，並不代表她會一輩子對下屬嘮嘮叨叨。當電腦工程師對於衝突甚至與人接觸顯得畏縮，並不代表他只能與自己的三星液晶螢幕保持良好關係。科學家最近發現，即使老年人的海馬回——掌管學習與記憶的大腦區——也可能生出全新細胞。因此達維森形容大腦是「人體內對於經驗最有反應的器官」。在我們的控制下能產生生理變化的元素包括運動、認知治療、百憂解等藥物，以及達維森最喜愛的心靈改變技巧——冥想。

猴急之心的咒語？

在一個人人都想成爲八百磅級大猩猩的世界裡，乍看之下冥想似乎特別不合時宜，或者如我略帶否定地對達維森所說：「奉一事無成的佛教徒爲典範的人，眞會有公司願意雇用他們嗎？」

「你認爲達賴喇嘛是個一事無成的人嗎？」達維森立即反駁。他辦公室牆上掛著一幀他與達賴喇嘛握手的合照，兩人都弓著腰，達維森彎得更低些。所以我忍住沒說達賴喇嘛閣下恐怕已經進化過度，無法適應像本田（Honda）汽車這種公司，據說該公司會讓員工呼口號：「我們要打倒、壓垮、大敗山葉（Yamaha）。」

然而，達維森曾在一個競爭激烈的工作場所測試過冥想的功效。他在威斯康辛一家名叫Promega的大規模化學試藥公司徵求志願者，每星期訓練半天的傳統冥想技巧：靜坐，手置於大腿上，深呼吸，平靜下來。這些人也會每天在家自行冥想四十五分鐘。

「我們的文化只注重某些運動，上健身房讓身體達到可以展現的成果。」達維森說：「但卻有明確的證據顯示，如果我們照顧心靈也像照顧身體一樣用心，就能訓練出慷慨、快樂、同情等等正面情緒。這些都是技巧，而非固有的性格。」

在Promega進行八週的實驗後，MRI測試顯示實施冥想的測試對象有十至十五個百分比的大腦活動，從右側消極退縮的堡壘移向正面與積極思考的左側。養生飲食似乎也改善了測試者的身體健康。大腦活動情形改變最大的人，測量抗體製造量後顯示免疫系統的改善也最明顯，達維森並未試圖衡量冥想能否提升一般職場上所謂的產能，不過商場人士的冥想經驗至少富有暗示意義。

達維森測試的對象中有一位 Promega 的資深科學家名叫史萊特，他說這項計畫一開始其實增加了他的壓力，因爲突然要從忙碌的一天找出四十五分鐘來冥想。而這個過程不僅讓他們多留意到自己的想法，最後甚至有人因此離職。「有些人發現自己生活走了調，或許一直在爲別人而活吧。」史萊特說。

反觀他自己的經驗，冥想倒是改善了他的健康。他形容自己是多愁善感的A型人，外加尋求刺激的T型個性；他很喜歡玩風浪板、超速騎機車。他說自從冥想之後，自己比較能夠沉穩做決定，開會時也比較能夠「主動傾聽」。「我不會再像從前一樣反應急躁。相反地，我會自問爲什麼煩心，然後才決定該怎麼做。大約只要半秒鐘時間，無須冗長的心靈對話。」他形容這就像是「不讓猴急之心讓你陷入騷動不安的狀態，那種嘰嘰喳喳的煩擾不時都會出現在多數人的腦海中。」

史萊特認爲心靈更平靜便會更有信心，他以接近與撤退的基本選擇加以解釋：「我想不在衝突中畏縮、撤退，其實將失敗視爲擴展領域的機會，絕對是有益的。若試圖擴張事業版圖，怎有人不認爲『接近』是較好的方式，我實在不明白。」

好吧，或許果眞如此。但當達維森推崇慷慨、愉快與同情之際，抱持懷疑態度者自然會問：現今有哪些工作用得上這些字眼，充其量只是不必然要具備的特質罷了。冥想還是顯得過於夢幻。

所以我們得再將另一處工作場所的研究案例列入考量。比爾·喬治（Bill George）於一九八九年進入美敦力（Medtronics）時，這家位於明尼亞波利的公司只是一個市值十億美元的心律調節器製造商。而當他於二〇〇一年退下執行長之位時，該公司的生產線已大幅擴增，並被廣泛視爲在競爭激烈的醫療器材業界——引述《經濟學人雜誌》的話說——「最創新也最熟悉市場的公司」。其公司市值已經增加到六百三十億美元，成長率可媲美全盛時期的IBM。《商業週刊》將比爾·喬治名列二十五大經理人之一，華頓學院（Wharton School）也將他列爲二十五年來頂尖企業領袖之一。

如今身兼董事並從事各種公益活動的喬治，顯然依舊異常忙碌。但他總會找時間冥想，通常一天兩次。他會在早餐過後雙手放在大腿上筆直坐著，有時在家裡，有時在飛機起飛前的二十分鐘。第二次在傍晚時分，他說這麼做能提振精神，晚上還能重新投入工作熬到半夜。他有一句咒語，不過只是在高度緊張的情況下作爲倚靠的後盾。

喬治從一九七五年開始冥想，當時他只是年輕的公司負責人，有一長串的目標想要達成，也有過度逼迫下屬的傾向。據他自己形容，當時的他「缺乏耐心、令人生畏、不夠圓融」，如今的他毫不遲疑地說這些特性對一個組織而言有正負兩面。冥想只是讓他「擁有」這個強有力的方法，「然後加以調節，使其緩和」。冥想讓他有感覺清明，能專注於重要事物，因此達成目標的過程中才不會有過度的壓力。

他在美敦力設定的目標是讓前兩年間上市的產品，佔公司銷售額的七成，而且公司多年來沒有重大合併案，他竟在一年內，以九十億美元主導併購另外六家公司。

這聽起來壓力夠不夠大？喬治說，為了保持放鬆，他還會每週跑步四五天並定期按摩。不過冥想的放鬆效果較大。按摩雖能放鬆身體，冥想卻能放鬆大腦。「不知道為什麼，媒體似乎有意為冥想塑造怪異的形象。」他說：「對我來說，這是件非常自然的事。如果這是毒品，不努力推廣恐怕才是處置失當。」

接近正面

有許多關於自然界的愚蠢觀念，向來為商界人士所津津樂道，其中一則故事如下：「在非洲，每天早上都有一隻瞪羚醒來，牠知道自己得跑得比獅子快否則就會被殺。在非洲，每天早上都有一隻獅子醒來，牠知道自己得跑得比瞪羚快否則就會餓肚子。不管你是獅子或瞪羚，只要太陽一升起，你就得跑。」

這則激勵的故事出處已不可考，很可能是在困窘之際產生的靈感。作者八成從未去過非洲，那裡的掠食者與獵物住得非常靠近，而且不斷進行對話，顯然就是爲了避免無謂的奔跑。有時候，一群羚羊會四下交錯站著吃草，同時保持警覺，身體則全都像指南針似的指向遠方樹叢中休息的獵食者。假如獵食動物起身，牠們便全數退離到掠食者的攻擊距離之外，以避免遭到襲擊，然後繼續再吃草。

有時候，羚羊群會朝掠食者大叫，彷彿在說：「我們看到你了，大塊頭。別想和我們玩『砰！黃鼠狼來了』的遊戲。」其中甚至可能會有一兩隻走上前去觀察敵人，像是要證明牠的意圖。當獵捕行動開始，某隻羚羊會當著獵食者的面躍到高空中，這種誇張的動作稱爲「彈跳」。這個行爲傳達給掠食者的訊息是「拜託！別費力了。我比你快得太多了。」掠食者通常會接收到訊息，改而追逐沒有彈跳本領的羚羊。

重點就是凡是花一整天不停奔跑者便是恐懼與負向偏誤的犧牲者，遲早會被能力更強的人生吞活剝。（他要是能自動送進敵人的虎口，也算是幫大家一個忙。）生存的方式不是活在恐懼中，而是鎮定地觀察四周環境，要警覺但冷靜。要想冷靜地洞察一切，也許需要運動或冥想；也許只要中午離開辦公室吃午餐，只要在合理的時間放下工作，只要在辦公室之外好好過生活。（生理學家羅伯・薩波斯基〔Robert Sapolsky〕發現狒狒和孩子玩耍時，生理上的壓力跡象會減弱。）那麼當你回到工作崗位，一旦有危險產生，便自有迎戰之方。

領薪水的瘋子解除心防

前面提到的安全主管正是抱此心態，坐在新工作的辦公室裡，想著自己多希望成爲團隊的一分子，又多盼望自己不會被團隊給直接壓扁。和在任何職場一樣，她面臨著向負向偏誤投降、忽略問題的誘惑，只希望問題會自動消失。她不想挑起保全組長不必要的敵意。但她負責的建築物內全是進行著危險實驗的實驗室，她無法不想到萬一發生火災，緊急逃生門的鐵鍊將使他們受困。其實鐵鍊又不是絕對必要。因爲各棟建築都處於獨立密閉的空間，有鋼網圍籬、站崗守衛，也許還有機關槍的層層戒護。

當晚，安全主管與丈夫演練了她與保全組長的對話。「我想我們一定會雞同鴨講。」她坦承。但她也知道「達成某件事要比了解對方的觀點容易多了。即使面對的是專靠衝突茁壯的人，只要有同理心就能攜手合作。」於是他們想出一個開場白策略。

第二天，與保全組長面對面坐下來之後，她說：「你是由外往內考量建築的安全，我卻是由內往外看。」

這句話竟能引發如此徹底而令人滿意的轉變，儘管事隔多年，她依然感到驚奇不已。「開會的氣氛整個都變了。我操控著他讓他明白我的觀點，因爲我知道他的觀點。他說：『有一種新技術。逃生門可以從外面上鎖，但有一個閘板連接外側的警鈴。我們可以這麼做。』」

於是這位安全主管成了團隊的一分子，沒有被壓扁。她不僅面對了問題，也導正了問題。安全門的鐵鍊撤掉了，這是合作精神的一次甜美勝利。

接著每個人又繼續為另一天爭吵、抱怨。

之所以有這麼多物種會在盲目焦躁的熱情之下出現從眾行為，負向偏誤乃是原因之一。例如，史圭普斯海洋研究所（Scripps Institution of Oceanography）的彼得·布魯格曼（Peter Brueggeman）曾在南極洲的某次訪程中，坐在一群停滯不前的阿德利企鵝群中，看著企鵝在水邊不知所措。「牠們要如何才能跳進水中呢？」布魯格曼在線上日記中寫道：「牠們盯著水看，當一大群企鵝游進鄰近地區，阿德利企鵝便開始變得非常聒噪。」牠們彼此推擠、搶佔位置、爭吵、來回叼啄、用翅膀拍打同伴、嘎然刺耳地商討著，接著「隨即產生連鎖反應，每隻企鵝在同一時間、毫不猶豫地跳入水池。」

為何如此騷動不安？企鵝的負面心理是有理由的：因為飢餓的豹斑海豹與虎鯨常沿著海岸搜尋企鵝果腹。但企鵝也得進食，也就是說——如果能鼓起正向補償的勇氣——牠們遲早都得下水。如果水裡已經有許多企鵝，很可能海岸並無危險。因此原本在岸邊猶豫不決的企鵝群，才會全體一致行動，在同一時間跳入。其中有些企鵝還是可能被吃。但社會順從有其報酬：死的可能是別人。

4 兇猛野獸

摩爾定律遇上猴子定律

安迪會叫不會咬人，而我是不會叫會咬人。

——前英特爾執行長巴瑞特提及前一任執行長安迪・葛洛夫

當安迪・葛洛夫（Andy Grove）掌理英特爾時，素有聰明、有條理、有紀律之美譽。前英特爾主管凱希・鮑爾（Casey Powell）曾是葛洛夫在管理上所犯最大過錯的犧牲者，但仍形容這位昔日老闆「效率之高令人難以置信，聰明絕頂……他這個人無論與誰面對面，都能深入你的胸腔，掏出你的心來和它對話。」但若遇上壞日子，葛洛夫也可能掏出你的心，千刀萬剮棄之於地。

葛洛夫曾自負地說過，他是以恐懼與偏執餵養英特爾，「恐懼犯錯，恐懼失敗」，恐懼於「不能自滿」。他說這份鬥志原本打算用來對付外面的競爭者，但他後來提出警告，不要讓中階主管過度恐懼以致於不敢傳達壞消息。然而英特爾的「建設性衝突」文化卻也可能使公司內部受到傷害。一心想要重創競爭對手的葛洛夫，有時候反而分裂了自己的手下。

一九八〇年代初期，他推出一項「殲滅作戰」計畫，企圖——據某職員的說法——「消滅摩托羅拉」。由於摩托羅拉奇蹟似的存活下來，一年後葛洛夫又再度推出「擒王計畫」。負責微處理器業務的鮑爾每週已經投入八十至一百個小時工作，如今還得負責「擒王」的運作。但鮑爾很快便發現葛洛夫對「擒王」的進度並不滿意。之前的「殲滅」計畫是公司全面性的生存作戰，應用、行銷與工程部門人員組成精英團隊，部署於世界各地推廣銷路。但儘管摩托羅拉正捲土重來，針對英特爾最新的二八六晶片產品進行反攻，仍難以凝聚同等的恐懼與衝勁。

鮑爾回憶道，他最後必須向介於他與葛洛夫之間的傑克・卡斯登（Jack Carsten）報告，卡斯登很討厭他，似乎也有意影響葛洛夫對他的觀感。雖已經過數十年，鮑爾對卡斯登仍心存芥蒂：「他對手下的人完全不留情面，公然地侮辱人。如果你拍他馬屁，他會照顧你。但他仍照罵不誤，就只爲了提醒你。」至於卡斯登則說他和鮑爾「仍是朋友」，關於他們爭執的報導「純屬子虛烏有」。

總之，鮑爾說卡斯登不久便召開「擒王」計畫的主管檢討會。一週前，另一名資深主管警告鮑爾：「葛洛夫會整你。」當鮑爾走進會議室時，其他圍坐在馬蹄形桌旁的主管們顯然也都知情。鮑爾站在中間，開始提出「擒王」所遇到的一些問題。

記者提姆・傑克森（Tim Jackson）在未經認證授權的公司祕辛《英特爾三十年風雲》（*Inside Intel*）中寫道，鮑爾報告時聲音發抖，卡斯登則立刻出擊：「你不正是問題所在嗎？」「卡斯登——砰！——從旁邊射出第一發子彈。」鮑爾回想：「這點燃了葛洛夫的怒火，他便向我開砲：『我可以讓你坐上這個位置，也可以把你拉下來……』」

「感覺壞透了……我是美國商船學校畢業的，好像一下子又變成低年級生。我只能站在那裡，鐵青著臉，立正聽訓。我眞的是怒火中燒。」

葛洛夫很快展開一連串的砲轟，怒斥他的無能，甚至有更難聽的話。儘管英特爾向來有戰鬥文化（經常有另一名主管在開會時揮舞球棒，以便「有效地導引討論內容」），但這番突發的暴力言語仍使在場人士震驚不已。有一名資深副總裁起身說：「眞是亂來。安迪，你要想這麼修理他，就帶他到其他地方去，別當著大夥的面。」又有一名主管丟下筆，正打算往外走，葛洛夫才說：「好吧，我不罵了。」接著又轉向鮑爾說：「你說你要怎麼解決這個問題。」

鮑爾平復心情之後，繼續做完報告，其中包括他正在著手進行的解決方案。

「好，很好。」葛洛夫說。

「這樣你滿意了嗎？」鮑爾問。

「我們得等著瞧。」葛洛夫說。

「好，那現在來談談我的問題。」鮑爾說，他可以感覺到室內的緊張氣氛呼地一聲衝上天花板：「我顯然是個不及格的經理，」這是未達公司期待的人的標準說法。「對吧，傑克？」他問道，他記得卡斯登想也不想就說：「對。」

接著鮑爾又說：「我顯然也是個不及格的丈夫和父親。現在，問題就在這裡。」他費盡時間精力努力地超越公司的基本要求，但結果似乎不如預期，公司一定有什麼地方出了很大的問題。「那麼你打算如何解決我的問題？」

「你覺得我該怎麼做？」葛洛夫說。

「嗄，你要我自己解決？這個問題沒辦法這麼一下就解決掉。」他彈了一下指頭說。他怒目瞪視葛洛夫，彷彿其他人皆不存在。大家都感受到了危險的氣氛。

有人說：「散會吧。」葛洛夫很快地宣佈休息。緊接著有幾位主管圍在葛洛夫身邊，指責他處理不當。還有一些人紛紛向鮑爾表達尷尬之意。

當鮑爾繞過桌子準備離開時，葛洛夫正好站在門口，兩人正面碰上了。

「對不起，」葛洛夫說：「我真的很抱歉。」

鮑爾看著他。「我不知道該吼他還是打他。我說：『我知道你一個禮拜前就打算這麼做了。你怎麼還能跟我說抱歉？』」隨後他走出大樓，去接一個女兒，然後到附近的遊樂場玩了一整天，盡量不再去想工作的事。

六月個後，「擒王」計畫展現的結果與鮑爾的承諾絲毫不差。葛洛夫寫了一張紙條感謝他。然後鮑爾便帶著十七名員工從此離開英特爾，創立自己的電腦公司 Sequent，並很快便達到十億美元的營業規模。他最初購買晶片的對象是國家半導體公司（National Semiconductor），而不是英特爾。

「安迪以爲我這麼做是想報復。」鮑爾如今說：「其實我是要做給他看。」他沉思片刻後又補一句：「其實我以前所有的老闆裡面，他還是最令我欽佩的一個。」

黑猩猩政治學

英特爾可說是個人電腦紀元最大的高科技公司。然而當天他們所採取的每個步驟，衝突當中的每個細節，都和森林裡敵對的雄性黑猩猩遵循著相同的規則：任何一隻黑猩猩都能看出其中有首領老大用來恐嚇部下的一貫攻擊手段，有老二雄猩猩爲了削弱對手的策略運用，有部下展現軟弱而引發攻擊，有怒目瞪視，有滔滔不絕的言詞攻擊，有威嚇性的誇示而無暴力，甚至還有葛洛夫企圖和解未成，接著部下自然會離去自組團隊。

英特爾曾爲電腦世紀寫下代表性的規則：指稱電腦晶片的記憶體每十八個月便會加倍的摩爾定律，使自我實現的預言成眞。但其執行者卻依循著三千萬年前靈長類的行爲準則。

事實上，我們都遵守著這些準則。

在英特爾發生「擒王」動亂的那一年，有一位沒沒無聞的荷蘭研究學者德・瓦爾藉由黑猩猩的群居世界，爲人類職場開啓了一個全新的面貌。德・瓦爾的影響有一定程度超越了科學界，也因而後來他位於亞特蘭大艾摩里大學的實驗室，才會有全世界最富裕的男性首領之一，微軟董事長比爾・蓋茲的到訪——但效應不明。《商業週刊》以〈經理所見，經理所爲〉爲標題，專題報導德・瓦爾的研究，並另外附加一篇〈黑猩猩的管理祕訣〉。而《紐約客》雜誌與《紐約時報》也大篇幅引述德・瓦爾對於黑猩猩之間公平待遇的研究，來解釋紐約證交所董事長李察・葛拉索（Richard Grasso）爆發酬勞過高的醜聞而於二〇〇三年被迫下臺的原因。

這些報導多半帶有調皮、諷刺的調調。但德・瓦爾的研究卻也有更深一層的迴響。哈佛大學的生物學家威爾森（E. O. Wilson）認爲德・瓦爾「使大猿更接近人類的水準，其接近之程度無論是近幾年或二十年前都是無法想像的。」在研究過程中，德・瓦爾也無意間證明了人類本身的行爲比起同源的猿類行爲，竟然幾乎毫無進步。

德・瓦爾最初是荷蘭的安恆（Arnhem）動物園裡一名年輕的生物學家，當時一九七〇年代的研究專家都還小心翼翼地避免將感情、思想或甚至個體特性加諸於動物身上。這種神人同性論之所以遭禁，主要是基於一種天真的想法，不許將人類的心境投射到其他物種之上。但是對德・瓦爾而言，徹底分隔動物與人類的行爲是行不通的，是一種對人類的否定。這麼做等於將動物機器化，就像「一齣（只有我們看得懂的）戲裡的盲目演員」。

當德・瓦爾坐定觀察並詳細記錄黑猩猩的行爲數千個小時之後，他覺得動物在實際生活中並非如此。例如，他最喜愛的一隻黑猩猩是已遭罷免的首領耶洛恩，牠那些企圖支配的恫嚇表現已經不具威力，因爲牠事後還得坐下來「閉上眼睛，重重喘氣」。儘管年紀老耄，耶洛恩卻依然足智多謀，懂得挑弄較年輕的雄猩猩互相爭鬥，進而成爲新王的擁立者。牠與較年輕的雄猩猩尼奇聯手，幫助牠成爲首領。尼奇爲了回報，只得容忍這隻老狐狸與隊群中的雌猩猩亂搞性關係，這通常是首領才能享有的特權。

耶洛恩或許應該感激才是。但爲了將老大邊緣化，牠偶爾也會靠向尼奇的對手魯特。牠絕不是這齣戲中的盲目演員。（不用說也看得出耶洛恩的策略在商界十分普遍，連性關係的牽扯也不例外。例如，波音公司請出已經退休的哈利・史東賽佛〔Harry C. Stonecipher〕，希望在前任執行長鬧出財務與性醜聞之後能重整公司風氣。「請史東賽佛重出江湖，」報社專欄作家柯林・麥肯若〔Colin McEnroe〕事後評論道：「董事會一定是這麼想的：『他年紀大了。他就像康柏鎮〔Cooperstown〕棒球名人堂中收藏的赫那斯・華格納〔Honus Wagner〕的手套。他不會扯下褲子亂搞。』」不幸的是史東賽佛也無法克制耶洛恩的衝動，在二〇〇五年初因一件小小的性醜聞而下臺。不過我們暫時再多談談毛髮較濃密的猩猩吧。）

起初，德・瓦爾和大多數二十世紀的生物學家一樣，將黑猩猩的生活視爲循環不盡的權力與特權鬥爭。但他很快便發現勝利並不一定屬於強者。觀察耶洛恩之輩使他察覺到黑猩猩會利用爲彼此理毛、施予恩惠、與家人朋友建立有用的同盟關係，以及其他或多或少有利的社會行爲來謀取權力。猩猩們打鬥過後，通常很快便會和解以便維持和平。成爲首領的要素不僅止於體型與力量，還需要社交技巧。「馬基維里著作中有大篇內容似乎都能適用黑猩猩。」德・瓦爾在《黑猩猩政治學》〔*Chimpanzee Politics*〕一書中寫道。

此書詳述了他在安恆多年的研究。當初書名是《裸猿》（*Naked Ape*）的作者，也是德・瓦爾的良師益友戴斯蒙・莫里斯（Desmond Morris）所提議。莫里斯記得當時「政治學」一詞在動物研究中屬於異端，德・瓦爾起初很抗拒，但「最後卻不得不承認這正是他一直以來研究的內容」。如果馬基維里的《君王論》是第一部詳實描述人類階級中權力動機與操作的著作，那麼《黑猩猩政治學》便是第一部指出這些行爲已在我們動物進化過程中根深蒂固的著作。

德・瓦爾所發現「多不勝數又繁雜的社交策略」包括有：

・地位高的黑猩猩有時候會共同謀畫（就像尼奇和耶洛恩），讓可能成爲對手的黑猩猩失去眾望。牠們也會定期吸收其他猩猩盟友（就像公司職員開會後，將可能結盟的人拉到一旁）。牠們培養這些盟友關係以掌握權力，對付挑戰者。下屬也會利用結盟來制衡當權者的行爲。如果雄性首領太過粗暴，雌猩猩便可聯合起來靠向反抗的對手，強迫牠出局。

・黑猩猩有時候會以誇示來操控其他猩猩的行爲。例如，尼奇在某次打鬥中傷害了耶洛恩，後來只要尼奇出現在附近，耶洛恩就會跛行，以作爲一種安撫又或是令其內疚的手段。還有一次尼奇從背後威脅對手魯特，德・瓦爾看見魯特臉上閃過露齒的緊張恐懼神情。魯特將手放到嘴巴上，壓住嘴唇，然後才轉身面向對手——就像一名主管在加入艱難會議前先戴上遊戲面具。

・同一群黑猩猩偶爾會展開激烈搏鬥。但（如同英特爾的「擒王」計畫會議一般）其他猩猩經常會出面調停，以免打鬥場面失控而產生危險。在一九八〇年代初期的英特爾，高級主管幾乎全都是男性。在這方面，黑猩猩倒是進步一些：雌猩猩經常擔任重要的調停角色，也是有力的結盟成員。

總之，有許多我們先前列爲「辦公室策略」的行爲其實都是靈長類的策略。黑猩猩政治學的觀念吸引了廣泛的注意，尤其是記者總會問「你認爲目前哪一位政府官員是最大的黑猩猩？」之類的問題。

德・瓦爾不願做這樣的比較。「大家這麼做是爲了嘲弄政治人物，」他說：「但我卻覺得他們侮辱了我的黑猩猩。」

另一方面，政治人物本身有時候也會感受到類似之處。一九九五年，金瑞契（Newt Gingrich）當上美國眾議院議長時，便將《黑猩猩政治學》列入新科議員必讀的書單之中。金瑞契本身確實十分擅長猩猩首領激烈內鬥的本領，但他似乎並未留意德・瓦爾書中的另一部分：利用和解與其他社會行爲，來維持群體在整個衝突與策略運用過程中的完整。

相反地，他的政治行動委員會擬了一份惡名昭彰的備忘錄，建議共和黨員不分情況，一律以「病態」、「可悲」、「怪異」、「扭曲」、「叛徒」等字眼形容民主黨員。他顯然以爲黑猩猩提供的教訓是：我們不一定需要禮貌與文明，然而事實上德・瓦爾卻發現文明人的行爲之殘酷，就連野蠻的黑猩猩也望塵莫及。

金瑞契最後被迫下臺，這正是德・瓦爾所描述黑猩猩之間結盟與反叛的結果。（後來金瑞契成爲布希政府幕後的重要顧問——國防部長倫斯斐若是尼奇，他便是耶洛恩。）

近年來在黑猩猩的研究上，對於靈長類的行爲有兩種迥異的觀點，分別以德．瓦爾與哈佛生物學家李察．藍翰（Richard Wrangham）爲代表。在一九九六年出版的《雄性暴力——人類社會的亂源》（*Demonic Males: Apes and the Origins of Human Violence*）一書中，藍翰與另一名作者戴爾．皮特森（Dale Peterson）主張黑猩猩與人類都是雄性主導的族類，具領域性，天生的暴力傾向使他們會對鄰近群體進行血腥且經常是致命的大規模襲擊。（這顯然才是金瑞契看的書。）

但德．瓦爾繼《黑猩猩政治學》之後，仍持續強調靈長類的和解行爲，強調與其他群體成員打鬥後進行和解是牠們的天性。藍翰的社會體制比較威權化，建立的基礎在於不斷對部下施暴。德．瓦爾的社會體制雖然偶有暴力，卻比較平等。雌性的結盟扮演著舉足輕重的角色，而合作與共同的價值觀則是凝聚社群的關鍵。

巧的是，這兩種觀點正好符合某些管理理論專家所提出經營大企業的兩種基本方法。支持「X理論」的公司憑藉恐懼與衝突運作。支持「Y理論」的公司則比較注重合作，比較傾向於動員所有員工塑造職場形象。兩方觀點至少有兩個共通點：無論是攻擊力猛烈或是溫和到令人作嘔，所有的公司與黑猩猩隊群都會有衝突；無論自稱多麼平等，所有群體都仍有強烈的階級之分。這兩點緊密相連，但其因果關係卻不似一般所想像那麼簡單。

對衝突的不自然的恐懼

除了軍隊之外，大多數人類組織均將攻擊行爲視爲社會禁忌。人事部的職員多半都希望正面批評，希望每個人都很和善，希望所有同事都能和平共處。一旦有麻煩產生，他們就聘請諮詢專家來「協助」開會，並將評語記錄在三個簡報架上。第一個簡報架是關於「順利進行」的評語，第二個是關於「改善空間」的部分，第三個則是「暫留處」，若有不滿人士堅持要點出公司花費三千萬做這件事根本是個大敗筆，這類無法管束的評語便置於此邊緣架上。

「好——」經過短暫而苦悶的沉默之後，諮詢專家堅毅不撓地回答：「關於這點，有沒有建設性的提議？」一句話又讓我們退回到不帶批判的「改善空間」。

問題是溫和與和平共處的態度本身很少能導引出結果。或者誠如倫敦商學院教授奈傑爾．尼可森（Nigel Nicholson）在最近一期的《哈佛商業評論》中所說：「當員工設法不發表任何反對意見以求盡快離開會議室，其實是交戰失敗的跡象，但卻是又一次『是的，老闆』形式的會議。」或者下屬會發表反對意見，內容卻無關痛癢。老闆就讓員工反覆討論著枝微末節，表面上似乎讓大家盡情抒發己見，卻沒有爆發衝突的危險。

有一位倍感挫折的員工說老闆的策略「很令人痛苦卻很有效」，因爲他「不斷回答那些最愚蠢的人的提問，使得原本有意問尖銳問題的人只一心想離開會議室，回去工作。」

有人以為建立健全關係的人一定會避免衝突與攻擊，但實際生活的經驗並非如此。大多數人想必都曾目睹或親身體驗到在婚姻、友情、運動團隊與工作團隊中，當你努力展現不自然的好，關係卻變得薄弱，而在戰鬥的氣氛中則反倒有健全的關係。且看以下兩個相反的例子：

・某個政府委員會的女主席過度地禮貌，尤其是對另一位長著娃娃臉加上嗓音甜美，而難以顯出其聰明才智的女委員。在最近一次公聽會上，「娃娃臉」宣布打算將部份職責轉交另一名委員。主席便傾身向前，緩緩地說：「妳真的確定這麼做對嗎？我實在很替妳擔心呀。妳真的想這麼做嗎？」長期下來，娃娃臉早已習慣她這種以上對下的態度，原本不想計較。但她發現另一名委員張大嘴巴的驚嚇表情，才頓時體會自己壓抑的憤怒。她還是太客氣，無法做任何反應。但張大嘴巴的委員卻氣憤地送出一封電郵給主席，主席隨後也打電話給娃娃臉含淚道歉。「她流淚是因為她以為眼淚攻勢對我有效。」娃娃臉說：「如果流淚真能讓她的行為有所改變，我也會買帳。」但下一次開會時，主席又故態復萌。

・另一個工作場合的大老闆經常在會議上咆哮，有時候還會說出一般主管不該說的話。可是根據一名為這位心善的暴君工作多年的中階主管說，這些會議充滿了活潑、平等與喧鬧的氣氛，各方都有施有受。這位主管承認有時候她在自己手下面前很沒面子，這點讓她很氣惱。「因為我知道他在法國待過一年，所以我會轉頭對他說：『Je t'encule。』」籠統地說就是「操你的屁眼」的意思，不過比較針對個人。「然後我們倆都笑了，爭執也到此結束。」

人事部的協調專家恐怕很難爲此做建設性的解釋。這早已超越「改善空間」的範圍，甚至可能超越了「暫留處」。但這句話對於會議桌旁每個人腎上腺皮質醇的濃度，確實有建設性的影響。而這個團隊以其任意妄爲的方式一起工作，似乎比超級禮貌的政府委員會要快樂得多。其中差異當然在於他們彼此喜歡，他們有眞正的關係，雖然爭鬥但也會和解。說來也奇怪，人類和黑猩猩一樣都是狂妄的動物，有時候誠實的低俗言行反而比淚水或不眞誠的情緒更能搭起連結的橋樑。

主管常常因爲自己本身的弱點或不安全感而避免衝突。他們擔心倘若鼓勵手下做合理的爭辯，情勢很容易會滑過危險的界線。直言不諱便如其他所有攻擊形式，可能傷感情，就像當天葛洛夫對鮑爾大發雷霆的結果。我們可能會盡量把焦點集中在目標與議題上，而不針對個人。但我們畢竟是情緒的動物，類似的討論很容易便會涉及個人。失敗者感覺到濃度增高的皮質醇在眼球底下逐漸沸騰。而叫嚷與騷動所引發的不安與顫抖，很快便會傳遍走道與整個辦公室。

然而迴避衝突或試圖避免做困難的抉擇，只不過是行動上的負向偏誤。我們要做的是以直接的方式處理衝突，並盡可能不帶情緒性的揶揄。英特爾成功了一部分，因爲所有分歧的意見都有徹底而且通常是有效的發表管道。公司從不企圖掩飾內部不同的聲音，但一旦採取行動方針後，則確實期望同仁們能團結一致。在公司文化裡有個標準說詞：「我不同意，但我會盡力。」

這多多少少也是同一隊群的黑猩猩面對每天粗暴的生活時，對彼此所說的話。

衝突是正常的

德・瓦爾是亞特蘭大艾摩里大學的心理學教授，大學有個附屬的耶克斯國立靈長類研究中心。不久前某日，他坐在該中心露天圍場旁一棟四四方方的黃色高樓上觀察他的研究對象。那個圍場相當於一點五個籃球場，覆著泥土與草皮，四周有鐵牆與柵欄圍著。黑猩猩在散落的塑膠鼓、一節節涵管與老舊輪胎上爬來爬去。有幾堵牆將開放的空間隔開，讓黑猩猩有機會獨處，約莫像是辦公室的隔板。(德・瓦爾說，這些牆「能讓下屬交配而不被首領逮到」。)

那是南方一個暖和、懶洋洋的午後。底下有隻黑猩猩閒晃過另一隻身邊，並打了牠一個大巴掌，力道之大恐怕連足球前鋒都得送急救。忽然又有一隻黑猩猩坐到部下身上。其他黑猩猩便開始互相猛丟碎石、襲擊、虛張聲勢、搶佔位置。其中一隻發出一聲怒吼，其他猩猩紛紛加入，尖叫聲逐漸升高變得刺耳，接著又慢慢轉弱，最後猩猩們開始慵懶地為彼此理毛——就像慘澹的季末業務會議。

德・瓦爾兩鬢花白，戴著圓框金絲邊眼鏡，身穿「拯救剛果」的T恤，微笑看著黑猩猩圍場內的混亂局面。「我們家有六個男生，所以攻擊與衝突從來不會特別令我困擾。」他說：「這也許正是我和那些向來將攻擊視為卑劣、負面與惡劣行為的人不同之處。我只會聳聳肩說：『不過是打打架罷了，只要不殺死對方就好……』」

德・瓦爾發覺攻擊或敵對的行爲僅佔黑猩猩每天百分之五的時間。但他也不打算輕忽攻擊行爲對於黑猩猩在隊群中取得領袖地位的重要性。相反地，他欣然接受牠們的攻擊性。儘管其他生物學家與社會學家一成不變地將攻擊行爲形容爲反社會與具毀滅性，並視之爲個體精神病態的表現，德・瓦爾卻認爲這是「社會生活中十分融洽的部分……只有在最好的關係中才會發生。」

事實上，德・瓦爾將斷奶時爭奪母奶的舉動視爲「年幼的哺乳動物進入社會生活的第一次妥協」。當幼兒發現自己不再能享受乳房的舒適，可能會鬧彆扭、啜泣或哭喊，這全是攻擊行爲。母親可能會將他推離胸口，或者必須反覆怒聲責備。就像我們一生中的每一段關係，難免會產生利害關係的衝突，而攻擊只是試圖解決的一項工具。

但是母子間共同的利害關係遠比衝突來得多，因此他們也會和解。黑猩猩母親可能允許孩子吮牠的嘴唇或耳垂，正如同人類母親給斷奶的孩子奶嘴一樣。她們會輕聲細語、抓撓、擁抱，而這個「歷經正面與負面互動的循環」終究會在彼此關係的條件上達成協議。德・瓦爾稱之爲社會行爲的「關係模式」或「衝突解決模式」，這與人類職場之間的關聯十分明顯：我們會起爭執，然後找到新方式繼續前進。我們不同意但會盡力。

德・瓦爾的研究顯示我們已經進化到利用攻擊作爲「競爭與妥協的一項（正常）工具」。更重要的是，這項研究也暗示我們該如何審慎地使用它，明天依然能一起工作。他發現重點不在於黑猩猩會不會打鬥，而在於「領悟到的這份關係的價值與處理衝突的方式」。亦即牠們在衝突前後如何對待彼此。

無論是黑猩猩或企業人士，情勢都會因掌控者不同而更形複雜。

手足當早餐

與同事間的爭吵若變得難以忍受，不妨自我安慰一下：至少你們比在母親子宮內便手足相殘的錐齒鯊好。在媽媽子宮內第一隻孵出的小鯊魚會吞食其他的卵與胚胎，也就是牠的兄弟姊妹。吃掉自己的手足能供給鯊魚營養，也能減少母體資源的競爭。同事的合作程度至少比錐齒鯊魚好一點，否則你便要覺悟：該找個新的子宮，換個新工作了。

5

甜甜圈權勢

階級制度爲何有用

貓會低頭看人。狗會抬頭看人。但豬會直視你的眼睛並看見牠的同儕。

——邱吉爾

在新英格蘭海岸一座小鎭上，有間名叫「海灘甜甜圈屋」的簡陋小店，每年夏天都會開店爲大眾提供油炸麵團，爲當地青少年提供打工機會。在季節性的甜甜圈店裡打工，幾乎毫無機會爲掌控世界而戰，只能努力設法讓覆盆子果醬膨脹成果醬甜甜圈，並找出最好的方法將灑了糖粉的油炸圈堆在托盤上。這是未來工作生涯的序曲。

「傑夫和迪倫會找任何藉口企圖凌駕於對方之上。」一名同事說：「前幾天我走進後間，看見他二人緊盯著一盤肉桂捲，心想事情不妙。我們的肉桂捲是渦捲狀的大型甜點，裡頭加了香草糖霜。可是盤子上有一半肉桂捲上頭鋪了層薄薄的糖霜，另一半則是中間捲著一團厚厚的糖霜。傑夫站在薄糖霜肉桂捲旁邊，迪倫站在厚糖霜這邊，彷彿待在拳擊臺角落的選手。」

「這是怎麼回事？」傑夫指著迪倫那邊問道。

「肉桂捲就應該這麼做，老兄。」迪倫說。

「我從來沒見過肉桂捲的糖霜裹成這樣。我比你資深。」

「但你顯然沒有學到太多東西。」迪倫說。

「那些玩意看起來簡直……」

「顧客才不在乎它看起來什麼樣子。他們只想吃到一堆糖霜。」

「別傻了。他們當然在乎。你不是才誇口說你的覆盆子甜甜圈有多美觀，說顧客會有多喜歡嗎？」

兩人尷尬地沉默片刻後，迪倫退到一旁，深深一鞠躬說：「說得好，老兄，說得好。我得去填些訂單了。」

目睹這一幕的人評論道：「傑夫的怒吼聲平息下來化為一絲冷笑。在他眼中，他的肉桂捲證實了他的甜甜圈權勢。但我知道這場仗還會如火如荼地繼續下去。至於我呢，倒是很樂見他們發生這樣的小衝突，因為我知道我在甜甜圈世界的優越地位是不容置疑的。」

唉呀呀！甜甜圈屋的生活不應該是這樣啊（尤其是雖然男生會起內鬨，但真正負責人卻是女生）。只可惜事實確是如此，而且絕對可以想見十年或二十年後，這三人將會在世界某大公司展開極為類似的戰爭，當然手法會細緻得多。

備好機關槍

舉例而言，一九九八年因合併案而成立花旗集團之後，必須考慮到權力分配的問題，資深高級主管傑米・戴蒙（Jamie Dimon）說道：「備好機關槍。所有的共同執行長將會滿腦子想著誰贏誰輸，派系間會彼此誹謗互毀前程。」

戴蒙說得一點也沒錯。來自旅行家保險公司的桑迪・魏爾（Sandy Weill）與花旗銀行的約翰・李德（John Reed）擔任共同執行長之後，從一開始便衝突不斷，不到兩年李德已遭魏爾驅逐出境。這番競爭過程在記者莫妮卡・蘭利（Monica Langley）所著的魏爾傳記《打造花旗帝國》（*Tearing Down the Walls*）中有所描述。

另一方面，身爲魏爾愛將的戴蒙竟不智地選擇不擢昇潔西卡・畢布里歐威茨（Jessica Bibliowicz）——她不僅是花旗旗下史密斯巴尼證券的資深主管，也是魏爾的女兒——而且當眾批評她。戴蒙是個銀行家，不是心理學家。但即便如此，他還是犯了大錯，對老闆的女兒怎能只看工作表現而不顧家庭關係？

畢布里歐威茨不久便離職。戴蒙也因此在進入花旗的前幾個月，便捲入他自己權力分配的漩渦當中。魏爾仍爲女兒的離職忿忿不平，於是靠向戴蒙的對手花旗銀行派系，雖不至於毀滅他的前程卻使他信譽受損。戴蒙於是遭到放逐，隨之成爲芝加哥第一銀行的掌門人。

這些鬥爭大概都與改進產品——如製作完美的肉桂捲——或改善公司無關。我們只是以之爲藉口，爭奪我們靈長類本心所在乎的東西。想和其他人一起工作，渴望與他們建立附屬感，這是我們的天性。但我們也想比他們有更高的階級、權勢、社會地位與力量。要說荒謬也好，但我們從出生到死亡所爭的重點之一就是「我是老大／不，你不是」的雙邊拔河。這點對我們很重要，即使明知自己不對，即使最後決定很有風度地讓步：「說得好，公子哥。你的甜甜圈贏了。」

當參與者選擇不讓步的時候，這點就更重要了。例如戴蒙在第一銀行證明自己是個幹練的領導人。《財星》雜誌形容他與荒野之狼樂團〈註定狂野〉的節奏唱和，如狂風般掃上公司激勵士氣大會的舞臺。他在臺上大喊：「你問我對競爭對手有什麼看法？我恨他們。我要他們流血。」接著在二〇〇四年，第一銀行與摩根銀行合併，組成一個足以與花旗集團匹敵的世界級重要金融公司。這項政策使戴蒙被任命爲執行長重返紐約。而戴蒙眞正想看到哪個對手流血也立刻明朗化：魏爾和花旗集團。「如果他現在還不明白，將來就會明白。」戴蒙帶著獵食者的笑容向《紐約時報》透露。

管理諮詢專家艾德華茲．戴明（W. Edwards Deming）對於公司內部無止境的派系鬥爭與爭勝奪寵的做法，一直感到遺憾。戴明總喜歡用戲劇性又低沉的聲音引述一個悲傷的故事：有一個五歲小女孩去參加萬聖節派對，原本玩得很高興，沒想到最後竟……（緊張的擂鼓聲）「頒發最佳服裝獎」。據追隨著戴明巡迴演講的記者亞特・克萊納（Art Kleiner）說，當他描述小女孩和其他落選者淚眼汪汪地回家時，聲音低得有如喃喃自語。「一週接著一週，戴明每到故事尾聲總會沙啞、痛苦地吶喊：『爲什麼非要有人贏呢？』」

顯然從未有人站起來回答戴明：

因爲我們是靈長類。

晉升C層級

約翰生（Samuel Johnson）那隻偉大博學的猿類曾說：「任何兩人在一起只要超過半小時，便能明顯分出高下。」他恐怕是低估了人類形成階級的本能。不需要半小時。史丹佛大學做過一項研究，將一群男性大學新鮮人關在室內，給他們出個問題，不到十五分鐘便會有階級產生。五歲以上的孩子，無論有無最佳服裝獎，也會自動形成社會階級，雖然標準可能有些模糊——誰最厲害，或最酷，或最有人緣——他們卻都欣然接受各自的位階。隨著年齡漸長，這些階級依然相當穩固。

長大成人後，我們當然會在職場階級中謀取更好的位置，但即使只是表面上看似更好，似乎便足以滿足單靠麵包無法滿足的渴望。在英國某項調查中，有七成的辦公室員工表示願意放棄加薪換取較好的頭銜——「資料儲存師」而非「檔案員」，「膳食主任」而非「茶水小妹」。在一九九〇年代網路勃興之際，有些新創公司裡便有一位總裁、十幾位副總裁，和一位「形象經理」——或稱為「總機」。美國某家連鎖零售店便利用這種渴求名位的天性，為店員冠上「儲備經理」的頭銜，讓他們免費在收銀臺前加班。

這些人難道瘋了嗎？如果是的話，這是會傳染的，而且自古皆然。你或許自認為沒有這種名位的渴求，當初還在紐澤西州伊莉莎白當小記者，磨練敏銳度的我也一樣。但我給自己的頭銜卻是聯合郡總編輯，雖然整個聯合郡辦公室只有我一人，年薪也只有一萬兩千美元多一點。像這種曖昧的身分象徵應該會隨著年紀增長、經濟狀況更上層樓，變得愈來愈不重要。可是我們對此象徵的慾望卻似乎與日俱增。

在大多數美國公司的高層——諮詢專家稱之為「C層級」——人人都想稱「長」，不過他們多半會小心地以縮寫來掩飾。因此一個公司的最高管理階層通常包括有CMO（行銷長）、CFO（財務長）、CIO（資訊長）、COO（營運長，又稱殺手）與CEO（神人）。有一則笑話說德意志銀行的某位董事長死後上到天堂（這顯然是一則童話），發現經濟狀況一團糟，便提議進行財務重整。結果他的計畫卻無法實行，因為上帝猶豫不肯擔任董事會的副董事長。

這一切都是甜甜圈權勢的放大。我們對身分地位的慾望太強烈，以致於下半輩子無論身在何處，似乎都會重建兒時那些高度制約的階級。我們不斷地煩惱誰分配到最好的辦公室、最多的預算、最熱門的黑莓機，還有其他職場上瑣碎的差異。

「在好萊塢世界，你就得用好萊塢的方式思考。」最近某位名監製叨叨絮絮地說出當地階級制度的細節：「首先有大製片廠出品的主流電影，接著有成功的獨立製片，接著是大手筆電視製作，接著是好的藝術電影，接著是差勁的，接著是差勁的電視節目，接著是小電影，最後墊底的是名人拳擊秀。」這番評論起因於一位遭人遺忘的電視明星羅伯・布雷克涉嫌謀殺妻子被捕，監製接著說：「這些人甚至不夠格參加名人拳擊賽，有什麼好在意的？」

這讓我想起有一次和一位生物學家到波札那去，她研究狒狒的行爲後，詳細地解說誰幫誰理毛的階級制度。最後她轉向被冷落在一旁的可憐傢伙說：「那是鮑伯。沒有人幫鮑伯理毛。」

階級在人類與其他社會動物當中無所不在，因爲這是我們與生俱來的慾望。每個孩子一開始便置身於家庭階級，在父母權威的核心中熱切探索，這個權威使我們獲得溫飽與安慰，也保護我們不受外界恐嚇。我們遲早會開始將依賴感轉移到其他看起來同樣高大威猛的成人身上，甚至於依賴與我們年紀相當的人。（高大威猛的吸引力始終存在：某項研究顯示，財星五百大企業的ＣＥＯ之中，有半數身高至少六呎。）

開始工作後，運氣好的話，便可能遇到一個像父母般在職場階級中栽培我們的上司。我們會學習如何與其他層級相當的人競爭，就像昔日與兄弟姊妹競爭一樣，也許將來終究能超越他們。像我們這種社會動物，被困在殘酷的社會階級中或被壓在最底層，有時或許看似苦難，但眞正令人恐懼的是當我們發現自己被原來的社會網絡排除在外，這種恐懼可能讓我們在一個毀滅性的階層中流連多年無法跳脫。電話不再響起。走廊上的同事掉過頭去。我們逐漸發現自己是孤獨的。

權謀的猴子

我們並非經過嘗試與錯誤才學會形成階級。我們並未說服自己這麼做，反倒是經常試圖說服自己不要這麼做：「眞的只是爲了討好老闆，就要放棄我的週末嗎？爲了指望明年升官，眞的需要加班加到孩子都上床了嗎？」我們的確不是因爲精明的謀略心思告訴我們這是一條財路，才接受階級制度。

階級制度本就存在我們的基因。

猴與猿極端注重階級問題，因此我們內心才會如此執著於階級制度。在波札那時，我得以與一群狒狒一同閒晃，並開始藉由名字認識牠們，直到此刻我才有了最驚人的認知。狒狒們不停擔心著誰佔了非洲烏木的最佳位置，或是誰有第二次敲核果的機會。牠們非常清楚每隻狒狒在隊群中的地位。牠們將彼此視爲獨立個體，視爲家庭成員，也視爲以友情或政治關係連結成的社會網絡中的一員。例如，若有人攻擊一隻小公猴，其他猴子不只會注意到這次衝突，還會觀察被害者的兄弟是否會趕去救援。生物學家將這種「社會智能」視爲人類等社會靈長類的關鍵特性。

生物學家經常使用的另一個術語是「權謀的智慧」。我跟隨的那群狒狒不時都在和其他層級相當的狒狒競爭。例如，當狒狒老大將老二驅離選定的棕櫚樹後，老二會立刻以銳利憤怒的目光趕走低牠一級的狒狒以挽回顏面（然後依此類推）。雖然掉落滿地的核果已經足夠讓每個人盡情享用到下一個會計年度，但狒狒們卻似乎特別鍾情於鄰居剛剛拾起的那顆。除了理毛等較友善的互動之外，牠們一整天都沉溺於「我是老大／不，你不是」的拔河之中。有何不可呢？狒狒首領也和人類的首腦人物一樣，總愛選擇自己喜歡的食物、住所與性愛關係。

從靈長類演化樹看來，愈接近人類，爲身份地位而耍弄的花招顯然愈多。曾在烏干達的奇巴爾樹林與坦尚尼亞研究過黑猩猩的哈佛生物學家藍翰寫道：「壯年時期的雄黑猩猩對生活的安排全都基於地位的考量。牠企圖取得並維持首領地位的手段十分狡猾，而且百折不撓、精力充沛、肯花時間，還會影響牠同行的伴侶、理毛的對象、目光的去向、抓撓的次數、出沒的地點以及早上起床的時間。（緊張型的首領會早起，並常以過度急切的誇示喚醒其他同伴。）而這一切行爲並非出自於爲暴力而暴力的驅策，而是源自一系列的情緒，若有人顯示這樣的情緒便會被貼上『自豪』或更負面的『傲慢』的標籤。」

現在把上一段重看一遍，並以「野心勃勃的主管」取代「雄黑猩猩」，以「緊張型的高階主管」取代「緊張型的首領」。這段幾乎可以一字不改地刊登在《華爾街日報》或《金融時報》的任何商業專欄中。

管理顧問通常會避免指出人類與其他靈長類之間明顯的、有教育意義的相似之處，原因之一就是不想傷害雇用他們的高階主管。即使不把猴子牽扯進來，社會權勢也始終是個敏感議題。不信的話，你不妨告訴同事們你有多渴望領導他們，至少有些人會將此話理解成「讓你們受我支配」。

支配行爲在商場上也經常受忽略，因爲這是個相當新的科學研究主題。「啄食次序」與「α雄性」（雄性首領）等用語啓用不到一個世紀，而「α雌性」更是新潮得多。「權勢趨力」（dominance drive）最早是在一九三〇年代，一位年輕的靈長類學家馬斯洛（Abraham Maslow）提出的，他當時正在研究關在籠內的猴子與黑猩猩。覺得這個名字耳熟嗎？那是因爲他後來以撰寫有關人類的動機而聞名，成爲二十世紀偉大的企業管理理論家之一。馬斯洛提出的「需求層次論」解釋了人們工作的動機，也成爲主管間普遍的共同認知。

馬斯洛也創造了「自尊」一詞來表達支配的感受，而無須明白點出「受我支配」的潛在意涵。「我對靈長類的研究是一切的基礎。」他曾經寫道。但或許出於謹慎，他從未在商業著作中提起猴子猩猩的研究如何幫助他塑造關於人類階級的觀念。

那麼我們是否眞能從其他動物身上看到我們自身的支配行爲呢？答案還是沒變，端賴我們如何去看。早期研究的動物通常是個別關在籠內，而非群體居住。因此粗暴的個人主義多少是被強迫出來的，由上而下、命令與控制的支配觀念也因此持續不墜。在曠野中，研究人員研究的多半是狒狒，主要因爲牠們大部分時間都在平地而非樹上，比較容易觀察。但狒狒之於黑猩猩的粗魯殘暴程度，就相當於黑猩猩之於人類。所以這樣的研究也傾向於強調獨裁的企業戰士型的社會權勢。

由於野生黑猩猩大部分時間都在樹上，直到一九六八年以前，生物學家根本未曾發現牠們有固定的生活同伴，有複雜的社會生活，更遑論牠們的社會生活可能隱含對我們有用的資訊了。在坦尚尼亞的馬哈勒山進行研究的日本靈長類學家西田利貞，是描述野生黑猩猩隊群行爲的第一人。西田利貞、珍古德、藍翰與其他田野研究專家不久便能以外貌與家族史辨別黑猩猩個體，也因此開始拼湊起野生黑猩猩之間如肥皀劇般的社會權勢鬥爭情況。他們的研究加上德．瓦爾對籠內黑猩猩的研究，將權勢的討論從個體轉移到群體，在這些群體當中，彼此的關係、互惠與連貫都很重要，就像人類社會一樣。

階級制度有用

無論我們看到的是群體階級中的狒狒、黑猩猩或人類，難免都要想起戴明的問題：爲什麼非要有人贏呢？我們又爲何如此在乎？傳統的達爾文說法是：地位之所以重要是因爲遲早會牽涉到性愛。但是用在一個位高權重、每星期卻要工作一百個小時的主管身上，恐怕很難成立。他們的權位慾望已經強烈到時常抹滅了性慾。

爲什麼地位、權勢與社會階級的驅力會變成我們生活中如此強大的力量？答案是甜甜圈權勢畢竟並不荒謬，我們在職場上策劃圖謀的榮譽並非微不足道。階級制度對許多階層都有用。

・階級制度甚至能讓最低階層受益。在我們猿類祖先生活演化了數百萬年的非洲大草原上，被放逐者可能慘遭獅子或鄰近猴群狙殺。因此即使像鮑伯這種被遺忘在底層的廢物，在階級制度中也會比孤軍奮鬥安全。有了隊群其他成員就等於多了幾雙眼睛提防獵食者，否則也是多了幾個可供鮑伯躲藏在後的身軀。

遵守群體規則——亦即對社會高層表達適度的服從，並結交有利的社會盟友等等——的個體通常都能待下來。如果特別善於爬向高層（或是懂得利用這樣的人），這種較擅長交際的基因可能也會傳給後代子孫。因此達爾文學說中天擇與性擇的力量，更能確保階級制度傾向存入我們染色體的密碼。

地位低者在階級制度中也能過得較好，因爲首領通常會帶頭保護領域、爭奪資源。此現象依舊存在現今的階級制度中，只不過首領多半對自己的角色懵然不知。舉例來說，某家出版社的某位部門主管創造了舒適的工作環境，也鮮少口出惡言，因此深受部屬喜愛。只可惜他也會避免各種爭執，而且他厭惡辦公室政治，因此從未想過指派一個好鬥的副手去爲部門爭取福利。公司要搬家了。其他部門較熱中於位階與特權的經理，最後得到較少的隔板、較多眞正像樣的辦公室。他們有門！他們有……窗戶！而溫和的經理的部門卻只有隔板。事實上，他深受打擊的部下還得列出原有的設備清單，以便供其他部門的人爲新辦公室挑選最好的東西。雖然我們不願意這麼想，但有時候在一個難以取悅又挑剔的主管底下做事也許比較好。

・**階級制度有助於確保內部安寧**。無休止的內部爭鬥似乎經常肇因於階級制度，就像魏爾與李德或是戴蒙與畢布里歐威茨。整個團隊最後可能會將重心放在位階議題上而忽視獲利。葛斯納便抱怨說他在一九九〇年初剛進ＩＢＭ時，克里姆林學可說是一門藝術，每回報告無論主題爲何，第一張圖表總會「畫出內部組織結構，還有一個框框顯示主講人在表中的位置（多半都在ＣＥＯ附近）」。

但打鬥就是會引起我們注意。動物研究顯示，在一個較穩固的階級制度中，爭執其實比較少。最初要確定由誰掌權時，當然有可能血淋淋又痛苦。例如在黑猩猩群中，地位尚未確立前發生打鬥的機率要高出五倍。合併後的企業也是一樣。不過一旦建立了階級，有野心的下屬就不太可能公然挑戰。原因很簡單：太危險了。有一個強有力的領導者，也能使團隊更有效地團結起來，朝明確的目標邁進。我們也許痛恨階級，但卻也從中獲得了舒適、安全與成效。同樣地，當一群雞有了固定的啄食次序，母雞便會減少打鬥並下更多蛋。

生物學家漸漸不再將社會階級視爲鼓動與獎勵攻擊行爲的工具，而是控制攻擊並將之導向可爲社會所容的行爲的方式。自然界的典型例子是一九八〇年代，非洲象由於象牙的盜獵而成爲孤兒。小公象沒有大公象在一旁安撫（或威嚇），因而變成「不良少年」。幼象很早便進入不尋常的狂暴狀態，在這個荷爾蒙變化的循環期間，公象會發動攻擊、爭奪交配機會。

在南非一座野生動物園裡，孤兒象會狂暴地橫衝直撞，殺死大量白犀牛。生物學家想到了引進成象的解決之道。遇到這些體型較大、社會階級較高的公象之後，幼象很快就變得較爲溫文有禮。成象的出現確實壓制了幼象的狂暴跡象，牠們也不再橫衝直撞。一九九〇年代末期那些二十多歲的無禮的網路新貴，與這些幼象的相似處，應該不難得見。企業化的公司通常需要較年長、較成熟的人手加入才能存活。

階級制度也有反向的安撫作用。下屬給予的尊敬與地位可使首領更文明。無論再怎麼威風的CEO，若缺乏下屬堅定的支持力量，仍無法長久領導。因此聰明的上司都會設法贏得部下的心，還會仰賴幾名可靠的副手隨時提醒。傲慢的上司也許暫時不會自食惡果，但終究會像迪士尼執行長麥可・艾斯納（Michael Eisner）在不滿的股東逼迫下，辭去董事職務。也可能像德・瓦爾手下的一隻黑猩猩首領，因爲行爲過於惡劣而遭到憤怒的下屬聯手圍攻，最後逃到「樹梢上，孤單、恐懼地尖叫」。

・**地位較高的個體會設定標準以身作則**。當然了，他們有時候卻是壞榜樣。例如，在探討安隆倒閉事件的《白日夢》（*Pipe Dreams*）一書中，作者羅伯・布萊斯（Robert Bryce）計算出這家揮霍無度的能源公司，每個週末用Falcon 900噴射機搭載華裔高階主管白羅（Lou Pai音譯）往返於他位於休士頓郊區的住家與位於科羅拉多的牧場，大約要花掉四萬五千美元。白羅是個

「交易天才」，但他的部門卻虧損連連。此外，他利用公司專機節省下來的寶貴時間，大多都在辦公室看報紙或是到附近的脫衣舞酒吧吃午餐，當然還是報公司帳。安隆高級主管有這樣的行爲，造就了公司竊盜狂的文化。因此公司倒閉後，才會有白領階級的員工以 Aeron 高級辦公座椅當推車，盜走一堆他們的「私人物品」。

較爲穩健的領導典範比較不有趣，不過在最終能存活並使股東獲利的公司裡卻比較常見。例如李察・金德於一九九六年離開安隆自組天然氣公司金德摩根（Kinder Morgan），成功地建立了鐵公雞事業的模範。「我們的目標是要讓每個人都這麼想：『如果這是我的錢，我會怎麼花？』」金德最近向《華爾街日報》表示。金德擁有公司百分之二十的股份，所以大部分確實都是他的錢。

然而：「大多數的ＣＥＯ都想向手下推銷這個訊息。但如果你企圖說服員工拼命省錢，自己卻搭乘豪華禮車回到金德摩根的噴射機上，他們只會對你的話一笑置之。如果他們知道你住在 Red Roof Inn 高級飯店，就會開始產生一些效應。」金德摩根沒有公司飛機，金德說他都搭經濟艙。他也會開一年一元美金的薪水支票，或是扣稅後九十三分錢。但這節儉的典範使他成爲億萬富翁，他許多擁有股份的員工也正一步步往富翁之路前進。

捷藍航空（JetBlue）的創辦人大衛・尼爾曼（David Neeleman）也有類似的領導風格，只是較爲含蓄：所有捷藍員工搭過飛機後——即使是單純度假的乘客——都要負責打掃。尼爾曼自己也會撿拾散落的報紙、使用暈機袋與其他乘客遺留之物。機師也不例外。

・**階級制度能讓人產生動機**。近幾年由於層峰階級多有竊盜癖，奪取了不成比例的報酬，因此我們經常將注意力集中在階級制度對動機的損害。但理智的股東絕不會認爲去除階級制度是解決之道。

位階與權勢的分配不均衡——倘若操控得當——這是每天早上促使人出現在工作場所的動力之一。地位的小小象徵，如公司車、新頭銜、部下的服從，會激勵我們一層一層往上爬。「特權依舊具有強力的、正面的驅策力量，尤其是對團隊資淺的成員而言。」通用汽車（GM）副董事長羅勃・魯茲（Robert A. Lutz）說：「當我是個有雄心壯志的領導人，我就會想要一個專屬車位（並且努力去爭取）。」

同樣地，傑克・威爾契（Jack Welch）在GE待了一年後便請辭，不是因爲嫌一千美元的加薪太少，而是因爲和他同期進入公司的另外兩名年輕主管也獲得相同的加薪。直到一位聰明的上司插手，爲他多加了兩千美元，才打動他將他留下。年輕的黑猩猩盯著鄰近同伴的核果，這是正常的地位之爭。威爾許還會數辦公室的天花板磚，以確定辦公室面積隨著自己在公司的地位逐漸增大，速度也比其他人更快。這種凡事要勝人一籌的心態很容易招來嘲笑，但最後卻幫助他爬上高峰。在這個位置上，他利用明顯不平等的報酬與責任分配，驅策整個公司達到不平凡的成就。

平等的無稽之談

威爾許說他痛恨階級。但每個人都會這麼說，就好像我們全都是狂熱的平等主義者，深切地以績效爲導向。就連「電鋸」艾爾・鄧勒普（Al Dunlap）在他的事業傳記中都說，「我周遭沒有嚴峻的階級制度」。（接著還不到一頁，他便又形容自己「有如酷斯拉直搗東京」般猛闖一家倒楣的公司。）

事實上，有一系列的學術思想認爲階級是不自然的狀態，是現代人強加於崇尚自由與友愛的人性之上的負擔。人類學家將人類史上絕大多數的傳統族群形容爲狂熱的平等主義者。獵人帶著捕獲的疣豬屍骸昂首闊步回家，沒有割下精華部分留給自己，而是公平地與其他部落成員均分，若不這麼做，就會有人割下他們身上的精華部分。領導權的變動似乎大多也是根據哪個人最適合做某項工作而定。例如，最善於追蹤者便在狩獵時帶頭，部落的智者便主持儀式。每個人都享有自主權。若有人自稱領袖並企圖強迫眾人依照他的方式做事，便會令人難以忍受。

在持懷疑態度者聽來，說傳統族群是平等主義者就好像說他們是天真的野蠻人。提出平等主義理想的人類學家通常不會費力去解釋：爲什麼我們在千萬年的靈長類演化過程中那麼注重階級，接下來卻有大約十萬年極度平等的部落生活，而從一萬兩千年前，發明了農業、人類擁有財富開始，階級制度竟又變本加厲？甚至有個作家還說我們的社會演化做了一次急轉彎。

這可不是達爾文駕訓班教導的技巧，但也許很接近人類階級本質的眞相。愈來愈多證據顯示，靈長類在發展過程中，一直不斷地在平等與威權的社會支配形式間反覆不定。或許得視情況而定：作戰時，命令與控制模式似乎比較有效，命令一吼手下立刻服從。太平繁榮時期，威脅不再急迫，不高興的個體也能輕易地轉往他處，因此比較平等的作風通常會比較合理。

靈長類群中的支配形式也可能因高層的個性而異。黑猩猩群中便常見領導權由十分和善的首領轉移到粗暴無度的同伴身上，例如坦尚尼亞貢比國家公園內，珍古德取名為佛洛伊德的黑猩猩的領導權，便被牠的兄弟弗洛多所取代，接著對部眾實行高壓統治。（牠還痛毆珍古德與漫畫家蓋瑞・拉森〔Gary Larson〕等人，讓他們在受傷憤怒之餘不得不服從。）在特定的群體中，支配形式也可能視下屬的個性而定。假如他們結合起來，有時便可驅逐暴君，或是擁護較不殘暴的個體成爲首領。但即便再平等的靈長類群體仍有階級存在。

人類學家犯的錯是將平等的時刻視爲平等社會的證明（這也是我們一般人常犯的錯）。採集—狩獵者無疑與每個靈長類社群一樣，有自己的雄性與雌性首領，也就是說不管在人類學家銳利的目光下有多麼不起眼，他們依然有自己的階級制度。大多數傳統族群一定都是高度合作。但是群體分享部分資源並不一定代表平等。相反地，慷慨的行爲向來是建立社會權勢最有效的方式之一，無論是黑猩猩首領或企業高階主管都一樣。

・恩托洛基是西田利貞在馬哈勒山觀察的黑猩猩之一，牠總是利用贈送食物來結交盟友。

牠本身是個凶暴的獵者，有時候也會搶奪其他成功獵者的食物，然後分給由雌猩猩、年幼的雄猩猩和具有影響力的老猩猩組成的餵食團。你可以說這是博愛、平等。但這肯定也是聰明的領導行爲，才讓恩托洛基幾乎連續穩坐了十六年的首領地位，直到一九九五年去世才交棒。

・同樣地，在企業領導人當中，耐吉董事長菲爾・奈特（Phil Knight）答應捐款三百萬美元給母校奧勒岡大學，作爲整修足球場之用，這無疑是合作而慈善之舉。但是當校方加入一個專門監督第三世界壓榨勞力的工廠（就像耐吉製造運動衫的工廠）的團體後，他卻食言了。該校校長大衛・弗隆梅爾（Dave Frohnmayer）捍衛學術完整性的熱忱顯然有限，他立刻斷絕與工廠監督團體的關係。校方持續向耐吉卑躬屈膝，足球場計畫懸宕了十七個月後，校長和歡天喜地的首席足球教練才終於挺起腰桿，宣布奈特重新「發威」。

對奈特就如對恩托洛基一樣，分享財富的平等舉動其實是維持獨裁權勢的工具。類似的例子不勝枚舉，在在暗示我們應該廢除「回報」這個字眼。因爲慈善行爲通常只是做得比較漂亮的取得行爲。

部落的獵人也一樣，將煙薰豬肉帶回家與族人分享，只是爲了爭取潛在盟友，贏得族裡婦女的讚嘆。傳統部落男首領的配偶比別人多出許多，這也可以說是他最重要的資源。首領的政策意見也會受到尊重與一定程度的服從。當採集—狩獵部落安定下來展開農業生活後，有了儲存食物與累積財富的機會，原本不明顯的階級制度也隨之蓬勃發展。就連美國西南部的霍皮印第安人，儘管平等的生活方式長期受人類學家所稱頌，卻仍有依據家庭擁有土地的大小、良莠以及家族神話來區分的明顯階級。乾旱時期，主要的氏族可以留在原地繼續存活，低階層的人卻得餓死或有如縮編部落似的移往他處，而這些人通常會遭鄰近部落殺害。

「沒有所謂平等的社會，」某位現代人類學家坦承：「也沒有……任何簡單的社會，」只有「平等的背景或場面或狀況」。

平等的雇主

現代公司和古代部落一樣，經常提出平等的理想。例如英特爾便喜歡稱揚公司的開放文化，沒有專屬車位，沒有高級主管用餐室，所有員工都用隔板的小辦公座位，同事間都直呼名字。不過大家稱呼安迪這個名字時還是會語帶顫抖。

據英特爾某前任主管說，身爲執行長的安迪・葛洛夫「擔心他的錢白花了」，經常要求八點以後到公司的職員簽署遲到名單。還有一次他發出通知，建議全公司員工在耶誕除夕上全天班，這份通知馬上被取了「小氣財神備忘錄」的綽號。（他沒說是多數員工經常上的十到十二小時的班，或者八小時就夠了。）英特爾另一名高階主管曾經爲「恐懼」下此定義：當你正在查看郵件時，突然發現漏看了一封「安迪快訊」——葛洛夫經常讓下屬神經緊張的電郵的綽號——主題標示著「AR」（action required，亦即「任務待辦」），而且已經一天了，就在此時電話鈴響，而你知道那是安迪。「你就是知道。」

階級是人類無法避免的狀態。階級制度可能造成冷酷的衝突卻又非常成功，就像在英特爾。階級制度可能造成冷酷的衝突而且爆發醜聞，就像在波士頓重要的共同基金公司普特南（Putnam，長期擔任執行長的羅倫斯・萊瑟〔Lawrence J. Lasser〕也曾以簡潔的「萊瑟快訊」威逼部屬）。階級制度可能多半十分民主並具培育功能。但無論抱持何種平等理想，就算再好的老闆通常也會找到微妙的方式來維護自己的地位。有時候並無害處。在康乃狄克州某家以培育環境聞名的公司，所有員工的電郵地址一律是 JaneDoe@widget.com。而創辦人的地址則是 IAMMEＥ@widget.com（可能是 IAMWHOAM@widget.com 的縮寫）。

這些無意間瞥見的赤裸裸的力量有時候也可能露骨得令人意想不到。思科（Cisco）執行長約翰・錢伯斯（John T. Chambers）一向塑造的是友善而平易近人的形象。他的辦公室是一個十二呎見方、開放式的工作站，他盡量不在辦公桌前與人會面以免讓自己處於「權力位置」。他喜歡使用圓形會議桌，據說是爲了強調「我們同在一起」。

但有評論家提到錢伯斯不肯聘請資深經理人是因爲擔心自己的地位受威脅。幾年前，有一位資深副總裁錯讓自己以確定繼承人的身分在《財星》雜誌上曝光之後，錢伯斯立刻安排這位副總裁和他的妻子（公關部主管）離開思科，爲事業尋求光明的第二春。被判死刑的副總裁當著員工宣布離職的消息，公司各高階主管則在他身後排排站。在傑佛瑞・楊（Jeffrey S. Young）

所著的《未獲授權的思科》(*Cisco Unauthorized*) 中，某位在場人士形容那場面「有如黑手黨的集體謀殺」。

假使這些聽起來像平等的公司，你很可能也相信沃爾瑪的員工其實是「合作夥伴」而非零售業佃農，而共產社會的人民也的確是肩並肩的同志。(這無疑是他們被拋入集體墳墓前，最後一個珍貴的友愛時刻。)

祕密的階級制度

我們似乎演進到即使全心全意追求社會權勢，也要否認它的存在。結果，我們工作生涯中的這個核心事實便經常隱匿起來，不只外人就連我們自己也看不見。《哈佛商業評論》最近有篇文章提到階級制度的難以捉摸：「權力在哪裡？誰的車停在誰的車旁邊嗎？會議中誰接著執行長說話嗎？高階主管可能因爲忽略這些階級暗示，而付出慘痛代價。置身於階級中有收穫也要有付出……要隨時承受著警覺的壓力，以免不小心誤踩了腳。」

密西根有家公司內部謠傳著高層要求某位資深副總裁另謀高就。但那年在當地最高級的鄉村俱樂部舉行的耶誕宴會上，有個顯然十分警覺的下屬發現這位資深副總裁的置物櫃就在總裁兼執行長的櫃子隔壁。「我研判(至今仍是正確的)謠言只是某人一廂情願的想法。如果每次去打高爾夫消遣一下，都得坐在剛剛被你炒魷魚的人身邊，那種情形你能想像嗎？」(這裡唯一令人懷疑的說法是：打高爾夫是爲了消遣一下。）

對人類而言，對社會權勢的沉迷通常看不見、感覺不到卻又持續不斷，就像呼吸一樣。階級可能令人沮喪，可能讓人離開工作崗位，尋找一個戴明的問題——「爲什麼非要有人贏呢？」——不適用的地方。但這種地方並不存在。

例如當靈長類動物學家泰瑞・梅柏（Terry Maple）研究所畢業找到第一份教職時，他以爲大學的教職員應該不會受到企業界那些麻煩又無聊的階級制度束縛。畢竟教授是個享有永久任職權的穩定工作。後來他第一次參加系務會議，不到二十個人——全是崇尚自由思想者——卻要散坐在可容納兩百人的禮堂。梅柏這個熱切過度的菜鳥第一個到達，在第三排坐了下來。「接著來了另一個同仁，我跟他不太熟。」梅柏回想：「他就站著附近，盯著自己的鞋子，似乎有點膽怯。情況很尷尬。我坐在第三個位置，他站在走道上。我便說：『怎麼了，湯姆？』他說：『你坐的是我的位子。』我笑了笑，然後起身移到隔壁的座位，他又說：『你現在坐的是史密斯教授的位子。』於是我說：『那也沒辦法。史密斯教授得另外去找位子坐。』」

梅柏並未弄丟工作，身爲靈長類動物專家的他還想到對此現象做筆記，就算是爲系務會議增添些許樂趣。接下來的幾年當中，他記錄道：「即使遷到新的會議室，對座位的偏好依舊固執且不斷重覆。」這是無形的階級制度。直到系上來了第一批女性教職員，制度才有明顯的破裂。在較原始的靈長類衝動受政治正確主張駕馭之前的灰暗時期，首領當然會允許這些年輕女性坐到自己旁邊，而當男性新人在階級當中尋找自己的位置時，他卻無法容忍這種親密關係。（至少他沒有翻眼、噴氣。）

梅柏研究過動物行爲，他知道其他物種也會利用行爲策略，在無形中守護自己的地盤，並針對身旁可能成爲敵手的對象建立穩固的位置。狼會以氣味標示來界定空間。鳥利用鳴唱。這些微小的領土標記與權勢，在動物界有很直接的功能。標記宣示著：「我住在這裡，滾開。」也因而將面對面的衝突機會降到最低。若非如此，大夥就得隨時戰鬥，動物們聰明得很不會這麼做，這太花力氣，會耽誤牠們準備食物的重要任務，也會讓牠們暴露在遭割喉的莫大風險中。

我們的工作情況也一樣，而我們遵守無形階級原則的方式也絕不僅止於座位順序。後面幾個章節中會討論到，我們總會不經意地宣示我們的權勢或服從，不只透過肢體語言或臉部表情，還有我們每次開口以及當我們有自知之明閉口不語的時候。

那麼底線究竟在哪裡？一家公司究竟需要多少階級制度或權勢，才能讓員工發揮最大能力？這得視情況而定。狒狒和財星五百大企業都可能會，有時候也確實會因情況或個性，在支配作風上來個急轉彎。重點是無論情況爲何，員工都喜歡有清楚的階級界線。他們需要的上司必須能夠明快作出決定（即使是錯誤的決定），而不是讓他們閒著沒事做，如一位財務分析師所說：「活像一群誰也不想射殺的三腳馬。」他們只是不希望有人太公開或太常提醒他們這個階級制度。

梅柏後來成爲亞特蘭大動物園園長，因爲工作的關係，他必須時常與亞特蘭大繁榮商界中的許多大人物開會。他發現這些會議上也會出現同樣的座位偏好，而且運作方式與狒狒群中的支配順序大同小異。最後他將會議室行爲當作「初級狒狒學」課程，但他很小心，沒有將這個想法告訴他的靈長類同伴。「我認爲被拿來和非常成功而精明的狒狒比較，是一種讚譽。」梅柏說：「不過我擔心商界同仁沒有我這種熱忱。」

他們多數人從未看出——事實上也從不想看出——他們依照本能選定座位時所顯現的階級制度。

小丑魚是一種色彩鮮豔的珊瑚礁魚，小群地生活在海葵觸手之間。這些觸手對其他魚類是有毒的，卻能爲六七隻小丑魚提供庇護，小丑魚便靠著漂浮其間的微生物與海葵的排泄物維生。若進入開闊的水域則連帶要冒著被獵殺的高度風險。

所以新生的小丑魚只能寄望被生活在鄰近海葵的小丑魚階級所接納，成爲牠們的「小合夥人」。新加入者要盡量顯得低調不具威脅，原來的魚群才不會趕牠走。這招十分管用，因此小丑魚把它當成生涯策略。在每個階層，每隻魚都會謹愼地將體型維持在高牠一層的魚的八成左右。小丑魚從不逾越身分，從不威脅頂頭上司，藉此得以再多活一天（也再多吃一天屎）。

6 張牙舞爪

我們如何進行職場上的權勢競賽

在你找到石頭以前先說「乖狗狗」，這就是外交藝術。

——威爾・羅傑斯

一九九○年代，威爾・韋艾特（Will Wyatt）在ＢＢＣ電視臺擔任高級主管時，經常要和另一名層峰派翠西亞・哈吉遜（Patricia Hodgson）交涉，他回想當時哈吉遜吩咐她的個人助理「要玩個讓你比她先接電話的遊戲。『現在可以接過去了嗎？』她的助理會這麼問你的助理，依慣例——這也是一般禮節——兩人應該同時把電話轉給老闆。但是沒有。只有你的助理按了通話鍵，所以你得先和助理說話之後才能和哈吉遜本人通話。其他助理感覺被矮化，十分氣憤。我只是笑一笑。」

沒錯，韋艾特是笑了，但他也在自傳式的《趣味工廠：ＢＢＣ生涯》（*The Fun Factory: A Life in the BBC*）書中第七頁，詳細描述了這段經歷。

類似的小競爭每天，甚至每個小時，都會出現在我們的工作生活中。室內遙遙相對的兩個人眼神交會，其中一人緊盯不放。對了，這便是權勢競賽。先轉移目光的人就輸了。宣示領土主權的小動作，展示身分的小姿態，便能將對方逼至邊緣，處於不利情勢。語言則是無限擴張了這些互動當中的微妙與複雜。黑猩猩首領若想讓對手知道自己是個卑鄙下流、隨心所欲的王八蛋，能利用的聲音變化不超過二十種。

而公司主管若想表達類似的意思，卻有六萬至十萬個字彙供他使用（會不會說「今天下班前放到我桌上」？會不會說「外包」？會不會說「技能重整」？），外加肢體語言與臉部表情的豐富選擇。這能讓詛咒、警告、壓抑、扭曲、摧殘——總之是一個人尋找對手加以矮化的種種暗示——藉由低聲的一句話或純粹透過聲調立刻浮現出來。當魏爾和葛斯納都還是美國運通的主管時，在某次高層會議中，魏爾轉向葛斯納，用粗粗的手指指著報告裡的一處附註問道：「爲什麼答覆客戶來電的時間從三十八秒變成四十五秒？」這不是個嚴厲的問題，口氣也還算和善，日常業務中常見的意見交換。但只要是和魏爾工作過的人都知道，他想藉此給葛斯納一個下馬威。

人類的權勢鬥爭也可能發生在堪稱恭維的語詞上。例如，有位拉丁美洲老闆前往波多黎各視察手下一位美國人負責管理的部門。「妳今天很性感。」他當著一群同行的美國研究專家對她說。從老闆的角度，這是一句誠懇的讚美。從她的角度，這是老闆將她攬入後宮以自我膨脹的企圖。若是在另一個時期或文化，她可能也就笑一笑或垂下眼睛，默認了這個支配性的舉動。但她卻回給他一個冷笑，然後轉身對專家們說：「如果各位感受到文化衝擊，請原諒我的老闆。」

這擺明了在尊稱他爲老闆的同時，也暗罵他是隻沙文豬。專家們恐怕全未留意到剛剛那場權勢劍賽的攻防戰，也沒發現可憐的男上司在眾人面前銳氣盡挫，大家依然面帶微笑。

即使已經爭得面紅耳赤，我們也多半不會將這類小互動視爲眞正的競賽。我們更不可能察覺自己對上位者那些服從與保證的小舉動，一開始就是爲了避免權勢的競爭。在現代職場上，支配與服從通常是愈不明顯愈見成效。幾乎所有的攻擊都被轉化成象徵性的形式。這便是職稱、大辦公室、權力服裝（就像「亞曼尼盔甲〔Armani armor〕」的隱喩）、開會時的座位次序、與重要人物交往、龐大的交際費與其他權力或地位象徵的主要功能。

這就是爲什麼不管在哪家公司、哪棟建築，高層主管的辦公室幾乎一定籠罩在有如修道院般的怪異寧靜中。「如果你在裡面用正常的聲量說話，沒有壓低聲音，」一名顧問說：「或是你發出笑聲——但願不會有這種事——所有的行政助理都會抬起頭來瞪你，彷彿你違背了黑手黨的誓約。」那麼前來求見的人自然會輕聲細語、姿態謙恭，這也正是主要目的。

至少有一位美國總統注意到了——並顯得相當高興——原本在門外不斷又嚷又吼的訪客，一進入總統的橢圓形辦公室便立刻降低聲音，說一些「總統先生，您今天氣色眞好」之類無關痛癢的話。地位穩固的首領其實從來無須宣示他的權勢。他的排場裝飾自然會替他辦到。

因此人們有時候會誤以爲社會權勢根本不值一提。我們會有錯誤觀念，以爲人類只有拉高嗓門才算展開權勢競賽，動物只有透過公開搏鬥才能奪得支配權。事實上，我們只是因爲公開搏鬥比較刺激才會特別注意。公象用象牙刺得對手鮮血淋漓的電視畫面，總是比較精采。新進同事當著眾人的面被罵得狗血淋頭，總是茶水間比較有趣的閒聊話題。但公象通常也夠聰明，無需無謂的流血衝突便能選出領袖。非洲斯瓦希里的諺語有云：「大象打架時，只有草會受傷。」

儀式化

關於社會權勢的第一課是：極少涉及公開暴力。德・瓦爾曾經看到黑猩猩首領尼奇在動物園圍場內，四處追著對手魯特跑。雄性黑猩猩上半身的力量是大學足球隊員的五倍，禮貌的程度則差不多。因此當兩隻猩猩鬥得塵土飛揚之際，其他同伴便飛快地移動躲避。牠們的尖叫聲在動物園另一頭都聽得到。尼奇和魯特最後爬上一棵橡樹的枯枝，保持安全距離，一面喘息一面慢慢冷靜下來。但儘管引起如此騷動，牠們卻連碰也沒碰一下對手。

敵對的狒狒也多半會避免打鬥。牠們只會坐在樹梢，彼此怒吼，吼得大聲持久的一方便獲得最後勝利。牠們會表現出自己可能隨時變得危險，藉此為所欲為。生物學家將這種攻擊意圖的誇示稱為「儀式化」。動物可以交換儀式化的信號，而無須真的咬或打。

儀式化威脅的存在原因非常務實：因為划算。在演化過程中，動不動就粗暴攻擊的乖戾個體，生命通常又短暫又無生產力。即使牠們能保護自己不被殺害，卻也因為投注在餵食與尋找伴侶的精力不夠多，以致於難以將基因傳承下去。反觀那些憑藉虛張聲勢、高聲恫嚇與其他儀式化攻擊而成功者，卻能活到含飴弄孫。

暴力壓制的支配行爲在人類職場上之所以罕見，也是同樣原因——因爲太危險了。即便只是推擠同事都可能讓你進醫院或上法院，還丟了工作。我們也敏銳地發覺暴力的使用不只是由上而下，也可能由下而上，成爲下屬用來嚇阻某個人緣不佳的上司的工具。

以暴力作爲社會權勢工具還有一個問題，那就是它展現的不是力量而是懦弱。例如，有些主管喜歡撫摸球棒或高爾夫球桿，好讓人覺得他們的確拿著一根大棍子。據說幾年前在芝加哥，就有某個電視新聞節目的執行製作偏好此風。也許他只是小熊隊的球迷。但有一天有個緊張型的實習生加入工作團隊。他沒有地方坐，便有人好心地在新聞編輯室角落替他擺一張摺疊桌和椅子。

「這是哪個混帳放的？」稍後製作人巡視的時候問道。然後他也不管緊張的年輕人坐在桌前，便拿起球棒往桌上一砸。多年後說起這段往事，實習生依舊顯得震驚。他知道拿著球棒到處晃的行爲，是向芝加哥另一位管理天才艾爾・卡彭（Al Capone）致意。一九二九年五月七日，卡彭爲夥伴們舉辦一個豪華晚宴，席中不停地向當晚的主角槍手安塞米與史卡利茲敬酒。稍晚，卡彭的快活心情突然消失。他命手下將兩人的嘴巴堵住，綁在椅子上，揭發他們打算背叛他的計畫。然後他拿出球棒，不慌不忙地揮打他們的頭和肩膀，最後才讓保鑣一槍結束他們的性命。

暴力的展現自然會使同事們畏縮。但他們也知道有自信的首領只要眉頭一揚，便能達成心願，因此他們將攻擊詮釋為第一個致命的脆弱徵象。例如二〇〇一年四月，眼看安隆弊案就要爆發之際，執行長傑夫・史基林（Jeff Skilling）和一些重要的股市分析師與機構投資人，開了一場關鍵性的視訊會議。其中有個避險基金經理人深信安隆就快完蛋，便問了幾個重要問題。史基林的回答始終避重就輕，於是基金經理人加強了權勢挑戰的攻勢，說道：「只有你們這家金融機構無法（在視訊會議前）做出資產負債表和收入的現金流量表。」

「非常謝謝。」史基林回擊道：「感謝你提出的意見。王八蛋。」

隨後一陣驚愕的沉默。原本有如一群被妥善照顧的綿羊般喃喃說著「買進，買進」的股市分析師，頓時驚覺自己可能正被送往屠宰場。安隆的股價立刻下殺。

同樣地，卡彭的球棒毒毆事件才經過十天，他便以另一項罪名被捕，蓬勃的事業也隨之落幕。我試著查出芝加哥那個以球棒制人的新聞製作人，卻聽到略帶惡意的傳言說他已在安麗找到事業第二春，同時為耶穌傳播猶太預言。最後我透過電話連絡到他。他說當初在該電視臺擔任的是策劃，不是執行製作，他也否認曾經拿球棒敲桌子。他確實已經離開電視圈，如今是個——套他的話說——「從事多項事業的普通人」。

在動物世界裡，儀式化的誇示有各種大小與形式：傘蜥會把自己撐高，打開領圍皮膜，張大嘴巴發出嘶嘶聲。花斑臭鼬會好像倒立似的，展現牠警告性的黑白毛色與那簇大大的、會散發臭味的尾巴。螳螂蝦則只會舉起張開的螯，彷彿在說：「是嗎？有種就試試看。」

至於人類也有各式各樣的儀式化支配行為，例如當你跺腳瞪著你的狗的時候。（你的狗會夾著尾巴溜走，這是以儀式化的方式表達：「對不起，別打我。」）同樣地，開會時如果老闆身子往前傾、手用力地指著、敲打桌面，或是壓低聲音怒吼，就等於向眾人宣布他很快會變得凶暴。黑猩猩、狒狒與人類首領有時候只需一個鋒利的眼神，亦即儀式化的攻擊前奏，便可贏得權勢鬥爭。

在一個實驗中，研究人員將幼猴隔離飼養，然後讓牠們看成猴憤怒的照片。幼猴從未見過憤怒的臉，因此無從得知其含意，但牠們仍感到驚恐。對小猴子而言——很可能人類也一樣——生氣的臉是自然的警告訊號，而挑戰或逃避的反應似乎已內建於基因中。

公司行號有時會刻意在產品中設計儀式化的威脅誇示。例如，克萊斯勒的行銷顧問克羅泰·拉派爾（Clotaire Rapaille）便誇口說 Dodge Durango SUV 多功能車的設計，就是要讓其他駕駛覺得他們正與兇猛的叢林野獸同行。「猛獸都有一張大口，所以我們放了大型保險桿。」他這麼告訴柏凱斯（Keith Bradsher）——專門介紹ＳＵＶ的《趾高氣揚》（*High and Mighty*）一書作者。

Durango 是專門為具有高度「爬蟲求生本能」的人設計的，拉派爾還說：「我的理論是爬行動物一定會贏。牠們會說：『要是相撞了，我要對方死。』不過我當然不能公開說這種話。」於是他那款兇猛的叢林山貓ＳＵＶ替他說了。

很明顯地，儀式化威脅並不一定深奧難測。查理二世不僅割下造反的克倫威爾的人頭，並高掛在西敏寺長達二十年，顯然是以儀式化的方式宣告：「無須傾注心力弒君。」當初鄧勒普尚未叱吒風雲，還在 Sunbeam 擔任執行長時，便以鷹、獅等圖像振作員工的士氣，也藉此讓訪客下意識產生對獵食者的恐懼反應。鄧勒普也在佛羅里達新總部的辦公室騰出一個房間給他的狗和貼身保鑣。有人有意見嗎？

感受到相同恫嚇力量的安隆員工們便將公司總部稱為「死星」，執行長史基林則是「黑武士」。當財務長安德魯・法斯托（Andrew Fastow）投靠黑暗的一方，利用一些祕密交易獲取數百萬不法利益時，他也是以獵食者為這些交易命名——北美灰狼、美國大山貓、蒼鷹、白鷺、獵犬等等。其實他應該以寄生蟲來命名才對——像是絛蟲、蛆、水蛭——但如此一來，暗中嚇阻調查的效果便要大打折扣。當初 Kmart 有一位人事部副總裁曾擔任過直昇機駕駛，綽號偏偏正是「羅特維勒犬」。他所屬的領導團隊被公司員工稱為「公子哥」。在種種威脅誇示當中，他們最喜歡在會議室裡射飛鏢，標靶則是沃爾瑪和目標百貨的主管相片。結果 Kmart 破產了。

怒氣展示

記者歐文・艾德華茲（Owen Edwards）曾體驗過一種他稱之為「怒氣展示」的儀式化威脅的效力。一九七〇年代末他在《柯夢波丹》擔任主編時，發現編輯海倫・布朗（Helen Gurley

Brown）「大體而言是個非常認眞、公正、要求嚴格的上司……她從未在眾目睽睽下羞辱或處分下屬。」但有一天，艾德華茲聽到他和布朗辦公室間的隔牆發出轟一聲巨響。他趕去查看時，助理編輯們「已經聚在老闆門口看得目瞪口呆。海倫像發瘋似的把桌上的東西一一抓起，使盡全力往牆上扔，直到所有東西都扔光爲止，這時候所有的同事已經都上前圍觀。海倫發火原來是因爲電話錄音系統故障，使得她前一晚下班前錄好的二十幾封信全都化爲烏有。因此我們誰也不是她勃然大怒的對象。但凡是目睹這一幕的人再也、再也不敢惹她生氣。」

一位名叫葛比的工業工程師也抱著同樣卑屈服從的心理。他回想道，漢勝（Hamilton Sundstrand）航空公司曾多次進行內部重整，最後一次他遇到一個又矮又胖、「胳臂很短」、個性很惹人厭的上司。這位赫特族賈霸——他難免會被冠上這種外號——安排在辦公室與下屬一一晤談。當葛比在接待區等候時，有個同事走出來，「臉上毫無血色……好像剛接受電擊治療似的」。接下來輪到葛比，他收拾好「重要成就」的檔案夾走了進去。他才走到巨大的辦公桌前面，賈霸就抬起頭問：「葛比是嗎？葛比，你給我的印象是個好人。我最討厭好人了。現在就給我滾吧。」這種感覺就好像打開廚櫃卻看到一隻瘋狗張大了嘴巴。接下來幾年，葛比始終保持低姿態，因爲賈霸的儀式化誇示已經表現得很明白。「當時公司正在大幅裁員。我只是做好份內工作，希望能多留一天。」

利社會的表現

赫特族賈霸顯然不是模範上司。又或者他是效法美國國防部長倫斯斐的上司，倫斯斐在五角大廈的辦公桌上擺了一塊銅牌，上面刻有老羅斯福總統的格言：「爲正義展開武力攻擊乃全世界最高尚的運動。」（出自一個從無實戰經驗的前海軍飛行員之口。）曾參與越戰的美國國務卿鮑爾卻建議以另一種方式取得社會權勢，他桌上擺的是修斯狄底斯（Thucydides）的名言：「所有權力的展現當中，以克制最令人印象深刻。」

如今有許多心理學家贊同修斯狄底斯，認爲「武力攻擊」並非人類掌握社會權勢最有效的方法。公開的攻擊行爲不一定能將你拱上高峰。在許多文化中，打對手巴掌或對祕書大吼，都只會讓你冠上社會適應不良的標籤。你可以秉持「爬蟲心態」來建立自己的領導風格或生產線。但我們是靈長類，不是爬蟲類。在演化過程中，我們的大腦與社會行爲目錄均大幅擴張，若完全忽視這些就太可惜了。就連猿類也經常展現利社會（prosocial）的支配領導風格，就像恩托洛基與同伴分享食物以及耶洛恩的策略運用。

所謂利社會（與反社會成對比）權勢就是利用交友、結盟，以及運用妥協與說服等柔性手段獲得權勢，就是以謙讓玩笑來獲得你想要的東西，就是想辦法幫助屬下而非厲聲斥責。當上老闆的人時常抱怨自己必須不停地哄騙，不能命令。你必須促使不信任你、反抗你的員工改變態度。你必須避免被一些無傷大雅的破壞行爲所激怒。

例如，拉丁美洲有個美國主管手下帶領十名員工。她手下的男性行政助理私下雖然十分服從，卻喜歡在其他男性面前蔑視她的權威以證明自己的獨立。他最喜歡說的讓她沒面子的話是：「No-no-no, no me entiendes」，意思是「你怎麼老是聽不懂我的話。」或者更尖銳地說：「你的西班牙語太爛。」她試圖要他換個說法，如「我盡量再說清楚一點」或是「我換個方式說好了」，可是順從的語調正是他不想要的。更糟的是另一名男性職員也學會了這種口氣。

此時此刻，她覺得工作的的確確就像不間斷的權力競賽。雖然老闆經常要和善待人、表現機智、展現克制力，但最終還是要讓手下知道誰是老大。在這種時候，她就得將下屬叫到一旁，盡可能清楚冷靜地解釋：「這是我要求你的行爲標準。我要你知道，你如果再犯就會被炒魷魚。」

換句話說，表現出樂觀與利社會並不意謂弱者。有些好意的主管經常刻意地大加稱讚部屬，也不管他們表現如何，以爲這樣便能建立信心（當然也能在他們積極與消極互動的五比一的比例中加分）。不過部屬並不笨。他們知道你在施恩。所以不眞誠的讚美反而可能令人難爲情（結果，唉，爲消極一方加了分）。例如，當老師企圖以欺騙的方式爲少數學生「建立自尊」，他們的表現通常會更差。有可能他們信以爲眞，認爲自己的表現十分出色，最後卻以失望收場，也有可能他們識破老師的讚美，心想：「我懂了，她覺得我是黑人所以我做不到。」相反的情形，如果老師要求高標準並提供協助、給予關心，讓學生相信自己辦得到，他們便會十分傑出。

利社會的權勢通常指的是盡量緩和尊卑關係中無可避免的情緒反應，而讓人有最佳表現。例如，當社工人員試圖說服接受幫助的人停止吸毒、從事安全的性行爲時，便暗示著支配關係：我說的是對的，你做的是錯的。聽在這些人耳裡，彷彿威脅到他們的自我價值觀，因而便有了社會心理學家所謂的「自我防衛偏誤」的反應，或是忽視訊息來源，或是將它扭曲之後使原本錯誤的行爲變本加厲。同樣地，當老闆對業務說銷售成績不理想，得試試新策略時，他們很可能翻翻白眼，把業績滑落歸咎於市場不景氣或他們無法控制的原因。

但心理學家發現假如你能一開始便讓對方理直氣壯地相信自己——例如，讓他們寫下幾件他們在上一季做得特別好的事——那麼他們就比較不會覺得受威脅，也比較容易接受你的提議，思考新策略。「所謂常識法，」耶魯心理學家傑佛瑞・柯恩（Geoffrey Cohen）說：「就是認定同一領域的人皆具威脅：『你去年的業績很棒，今年未達標準。』」但這種方式卻可能招致反效果。據柯恩的說法，當談話內容涉及全然無關的領域時，刺激對方的自我價值觀以降低威脅感的做法才能起最大效用。你可以說：「你在香港會議上的演說太精采了，大家都還說著呢。」然後你才有基礎進一步針對今年業績的問題展開不具威脅的討論。

這類情緒的考量塑造了我們工作生涯中下意識的潛臺詞，而且深植於社會權勢的生物現象中。心理學家將權力定義爲：藉由控制資源（諸如食物、金錢、經濟或做決定的機會、友誼與支持等）的流動，或藉由施予懲罰（諸如肢體傷害、解職、言語攻擊或排斥等）來改變其他人生活的能力。職場本質上便兼具這兩種權力形式。即使我們只是坐在室內聊天，權力的起伏也總有辦法讓我們毛髮倒豎，戳醒我們身上的每個細胞。就算我們自以爲完全不在乎社會權勢，它依舊影響著我們行爲上的枝枝節節。

只是開玩笑

即便是完全儀式化或口頭上的競爭，也會影響生理。雪城大學工程師兼社會學家艾倫・馬澤爾（Allan Mazur）認爲，敵對的人類「通常會在定義明確的競賽中爭奪身分地位，雙方都試著以行動或言語『壓制』對方……此時感受到的壓力可能很大（例如以武力攻擊作爲競爭形式），也可能很小（例如以禮貌交談作爲競爭形式），如此一來也許雙方都不會察覺彼此正在競爭。」

在實驗中，研究者將一名強力反對墮胎的大學生與一名聲稱贊成墮胎的助手配成一組。一開始的中性談話，根據拇指血液量的標準測量法並未顯示壓力跡象。但是一轉到這個敏感話題，雙方的反應就像爭權奪勢的動物，血液從拇指衝到主要肌群，當他們各自拼命想壓制對方之際，這是挑戰或逃避反應的第一步。馬澤爾寫道：「最後有一方會『投降』，接受較低的地位，也藉此減輕競爭的壓力。」

職場上的權勢競爭也會引發同樣反應。例如，有一個實驗室在失火的辦公大樓內採集了樣本進行環保分析。有些啤酒樣本內疑似含有可能導致先天性缺陷的物質。「我們整個實驗室同仁都是已屆生產年齡的女性，多數已經結婚，而我們又沒有測試第三級毒物的設備。」安全人員說。她走進會議室打算提出這個問題，卻愕然發現自己面對著一群大頭——公司的董事長、環境檢測主管、實驗室主任與工程主管。現實的時刻到了，董事長對她說：「所以妳認為我們實驗室的設備不足以處理這些樣本？」

「是的，我的確這麼認為。」她回答。

「這是妳的特權。」

「是的。」

「而我的特權是我可以開除妳。」

「的確如此。」

「妳被開除了。」

聽到這句大多數老闆都會小心迴避的話，感覺很不眞實。（他們多半會說：「我們只好讓你走了。」好像是你拚命想滾蛋似的。）在座誰也沒有出聲，或顯現絲毫情緒。這位安全人員靜靜地收拾東西離開會議室，然後衝進女廁放聲痛哭。十分鐘後，擴音器傳來董事長叫她的聲音：「我知道妳還在大樓裡，妳現在馬上回我的辦公室來。」

她讓自己平靜下來，垂頭喪氣地回去之後，看見的還是同一批人。「我剛才只是開玩笑。」

董事長無力地笑笑說。其他人顯然已經警告過他，開除一個揭發眞相的人可能引起什麼樣的生物危害。不久，公司將所有可疑的樣本收集後送走，接著爲該名安全人員加了一大筆薪水，並暗示既然問題已經解決，她最好守口如瓶。一個月後，她找到了新工作，一兩個月後，樣本又回來了。權勢競賽結束。

權勢競賽生理學

在這類權勢競賽中發生的第一件事，就是在你察覺之前身體便已經起反應。你的感官知覺不停地掃描著危險，並自動偵測到同事具威脅性的肢體語言或臉部表情。當老闆擦身而過咆哮道：「我們得談談。馬上就談。」就在第一個威脅跡象——那不悅的表情、那憤怒不耐的舉動、那口氣——發生不到十分之一秒，杏仁核與大腦其他第一反應區便開始閃起警示信號。至於大腦內專司語言的區塊卻遲緩得多，需要一秒半左右才能意會他方才的所思所言，唉呀不妙。但你的身體早已上了發條。

的確，某些儀式化誇示之美——例如 Dodge Durango 的山貓外型——便在於它可能永遠潛藏於意識底下。但人們還是會本能地閃避。腎上腺會分泌腎上腺素輸送到主管行動的重要肌肉與器官系統。在此同時，交感神經的上萬個小經銷商會立即將一劑劑的正腎上腺素分送至胃、食道、鼻子與上顎黏膜、大小腸，以及其他肌肉與器官，尤其是此時突然緊縮的直腸。

你的脈搏加速，動脈收縮，血壓升高，胃束緊，臉漲熱。你可能會有毛髮直豎的感覺，就像準備戰鬥的獅子一樣（只可惜在我們這種無毛猿猴身上效果已經大減）。如果氣氛逐漸加熱轉爲對立，你也可能不自覺地握起拳頭。

睪酮物語

權勢競賽或甚至只是對這類競賽的期待都會造成睪酮分泌暴增，尤其是男人，至於這是一場掄著斧頭棒槌決一死戰的打鬥，或是針對公司今年野餐地點的唇槍舌戰，就不那麼重要了。一般認爲每當男性的睪酮分泌量增加，討論便會演變成劍拔弩張的延長賽，原本順利的會議因此搞砸，公司也可能完蛋。此時，女性則會交換困惑的眼神。這些傢伙眞的只是爲了公司通訊上要不要登史努吉——資深副總裁的狗——的照片，就正面開火？就像男人不懂雌激素對女人情緒的影響一樣，女人也不懂睪酮的影響。

但不幸的是，男人自己也不懂。我們對於睪酮在職場爭執中所扮演角色的認知，幾乎完全錯誤。這種雄性荷爾蒙在男人體內的濃度高出女人七倍，至今仍是攻擊與暴力的代名詞。但生物學家並未發現睪酮會引發衝突的證據。事實上，睪酮基本濃度較高的男人多半會顯得自信，社會適應力佳，也最不可能以公開的攻擊行爲取得權勢。有暴力傾向與其他社會病態人格的人，睪酮濃度通常較低。

此外，專門研究人類與狒狒的壓力狀態的史丹佛生理學家薩波斯基指出，爭執過程中睪酮分泌雖然一時暴增，卻因速度太慢無法影響結果。大約要在衝突開始一個小時後，睪酮濃度才會到達最高點，在此期間唯一產生的快速變化是約莫四十五分鐘後，部分肌肉的代謝會加快。睪酮分泌增加似乎是衝突的果，而不是因。當獲勝者離開戰場或是會議室後一個小時左右，才能有所感覺，此時的他在走廊上昂首闊步、自信滿滿，睪酮濃度也達到尖峰。

在職場權勢競賽中，睪酮的重要性主要在於所謂的勝者效應。曾經贏過一次的人，下次也比較可能獲勝。他們以堅定的眼神、自信的姿態走上戰場，這種肢體語言即使只能大挫對手銳氣，或許便可預告自己將繼續成功。有一個可能性倒是令人滿懷期待，那就是懷有雄心者也許可以利用堪稱自然的方式打敗程度相當的人，藉此操控自己的睪酮濃度，例如和一個你沒有把握贏的對象比賽回力球、和收發室的小夥子臨時來場籃球賽，或者和你的首席智囊下盤棋。這些小競賽可以提升你的睪酮濃度，之後當你走進會議室時便能抬頭挺胸、衝勁十足——也就是說你覺得你會贏。事前的比賽最好找個容易得手的對象，比方說應付帳款中心那些笨手笨腳的人。不過身心動力十分細膩，不是那麼簡單可以愚弄，因此必勝的結果或許不會產生預期的勝者效應。

關於睪酮還有個有趣的發現。權勢競賽中，即使只是選邊站的人似乎也能感受到勝者效應往下滲透。例如，一九九四年的世界盃足球賽，巴西打敗義大利。收看電視轉播的巴西球迷，睪酮濃度便提升了，而義大利球迷的睪酮濃度則是驟降。

由此可見，能幹的領導人也許可以將勝者效應擴及下屬——例如，當空中巴士搶走波音一筆大生意，或是當松下電器比準備多時的新力率先推出產品時，就要讓生產線員工全力投注於競賽中。反過來說，若是反覆遭受挫敗也會讓某些動物變成訓練有素的失敗者，未賽先降。領導者倘若責罵貶損屬下或是過於強勢，也可能造就出一批訓練有素的失敗者。

腎上腺皮質醇與驚慌

無論男女，權勢競賽都會導致腎上腺皮質醇——一種腎上腺素——激增，但這種激增是瞬間的，和睪酮不一樣。展開衝突十五分鐘後，皮質醇便會加倍，而且在生化特性的作用下，會產生十倍效果。儘管皮質醇素有「壓力荷爾蒙」的惡名，這卻是件好事。在爭吵中，我們需要大量皮質醇來提升血壓，增加血糖濃度，讓自己有足夠的力量支撐猛烈的戰鬥。

面對危機時，高層人士會出現一個皮質醇分泌尖峰，然後很快又降回相當低的平穩濃度。也就是說他們有能力認清眞正的威脅，並挺身迎戰。反觀下屬的皮質醇則經常處於高濃度狀態，即使休息時間也一樣，而且面臨危機時，皮質醇含量也不會增加太多。「他們不太能在雜訊中偵測到訊號。」薩波斯基說。

在某研究中，專家根據社會地位爲一群訓練營的新生分組，然後讓他們接受壓力測試，內容包括在眾人面前演說與心算。支配階層的唾液皮質醇濃度為十四毫摩爾／升，附屬階層的皮質醇卻只是微量上升到二．九毫摩爾／升。

皮質醇濃度升高會讓人不舒服，若是長期下來情形可能更糟。如果因為工作上有許多衝突、謾罵與不確定性以致於壓力過大，長期處於高皮質醇的狀況下，可能導致高血壓、肌無力、糖尿病、骨質疏鬆、免疫抑制、感染機率增高、不孕、手腳變瘦，而你最不想胖的地方又變胖，例如你的游泳圈。（也許正因如此呆伯特才會那副德行吧。）長時間下來，高皮質醇也可能導致大腦海馬回細胞死亡。情況嚴重的話，例如創傷後壓力症與憂鬱症，海馬回會開始萎縮，引起失憶、認知功能損傷，以及情緒無法正常表達。

儘管個人要付出昂貴代價，某些公司卻仍將誘發員工的高皮質醇設定為基本策略。出乎意外的是，公司經常採取行動限制——雖然這並非正統方式——例如上夜班領最低工資的勞工被鎖在沃爾瑪內，又例如安隆將安達信的會計師請到會議室，告知他們除非簽核一筆可疑的兩億七千萬元稅額抵減，否則不得離開。

叫嚷也很常見，Gap 最近評估該公司有高達四分之一的亞洲工廠，以心理壓制與口頭斥責管理員工。該連鎖零售業者披露此事，顯示他們正以難得一見的坦率態度，努力改善工廠狀況。其他有許多公司不只容忍甚至鼓勵口頭斥責，然而挨罵的人對這種支配態度的生化反應，卻和遭受身體攻擊差不多。研究顯示言語暴力可能比毆打更傷人。

幾年前，梅芮・強森進入底特律一家汽車供應商擔任資深經理，當時公司為了使業績加速成長正面臨極大壓力。光是她工作內容的描述，就可能讓人對她敬而遠之。她是「改革推手」，這種人在企業夢魘中經常被定型為手持寫字板和馬錶（不過近年來應該換成PDA了）的門外漢，一心只想找出更快、更有效率的方法完成工作。結果強森（這只是化名）卻不只如此。她要求底下的人在不可能的期限內寫出重要報告。她經常在週一早上八點召開會議，自己卻十點才出現。假如手下惹她不高興，她一定會當著同事的面宣布，要是他們再不好好幹，她就送e-mail到人事部讓他們捲鋪蓋。幾個月內，她也的確開除了三個人。她還找人事部談過其他部門她認為「很弱」的人。

「恐懼因素引發了焦慮、失眠與其他壓力相關的生理症狀。」公司另一名資深主管說：「她有一名部下很會討好她，原以為自己免疫了，卻不料心臟病發。大家都覺得無法掌握自己的工作或命運。」

強森以恫嚇橫行了兩年。手下不只因為恐懼而隱忍，也因為從一開始，強森動不動就說要找男執行長談，彷彿與他交情匪淺。執行長從未見過她黑暗的一面，所以一切抱怨都好像只是發牢騷或惡意對抗。即使到最後強森的部屬鼓起勇氣集體向人事部反應，公司仍然給她幾個月時間找工作。

她所造成的傷害持續了許久。曾在她手下做事的人不乏十年、二十年的老員工，但他們「在業績下滑時，已不再信任這個自己曾投注全部心力的公司。他們再也不可能恢復昔日的忠誠。」我也想告訴各位說強森最後落得失業的下場，爲長期無法自制的囂張氣焰自食惡果。但事實上她仍活得好好的，仍繼續在底特律另一家汽車公司倒行逆施。

這種老闆的部下通常會盡快解決衝突，使皮質醇濃度降低，恢復內心平靜。方法之一便是投降。他們會轉移目光，會一面點頭一面退出老闆辦公室。一旦被壓制後，誠如馬澤爾所說：「爲了紓解不快的感覺，你就必須付出服從的代價。」即便在那些用心培養員工的公司，服從高層也成了標準運作程序。「身爲專員，點頭是不自主的反射動作。」羅夫與特魯伯如此描述他們服務於帝傑投資銀行的情形：「公司教我們永遠都要意見一致。衝突會引起驚慌。」

勇往直前諸事順遂

在現代群體組織史上有一個爭取社會權勢相當著名的例子，事關一隻名叫麥克的坦尚尼亞黑猩猩。這隻猩猩最初並不像注定要飛黃騰達的樣子，但牠後來在珍古德的研究站發現空的煤油罐會發出聲響，更發現只要一面伸手搖晃空罐一面穿過矮樹叢，朝地位較高的猩猩衝去，就能把牠們嚇得魂飛魄散。就黑猩猩的標準而言，這是高層次的儀式化攻擊。即使牠只是變個臉、拿起兩個罐子相撞，也能讓對手四下逃竄。不到四個月，麥克已經超越驚愕不已的高層，爬上首領的地位。

咆哮恫嚇、虛張聲勢或者罐子的噪音，有時也是人類在職場上力爭上游的利器。例如，卡莉・菲奧莉娜（Carly Fiorina）早期在朗訊電訊（Lucent）擔任主管時，被指派到一家新近併購的公司馴服那些不服管束的職員。那家公司向來注重硬漢文化，因此員工們對畸形又娘娘腔的新主管們十分不屑。那麼朗訊怎麼做呢？派一個穿著套裝的女性出席重要會議，恐怕會更強化他們既有的刻板印象。商業作家喬治・安德斯（George Anders）在他《完美演出》（*Perfect Enough*）一書中，便描述了菲奧莉娜如何發表她的長篇大論。她起初還很溫和，接著漸漸變得比那些硬漢聽眾們更像硬漢：「我們朗訊的人覺得你們就像一群牛仔。」她最後說：「而你們可能覺得我們是一群膽小鬼。所以我想彼此了解是很重要的。」她說完便從演講桌後面走出來，只見她胯部垂著一個大得離奇、有如男性生殖器的玩意。（據說是她丈夫的運動襪，誰知道呢？）

「我們和所有人一樣有種。」她說。

最後的效果和麥克搖晃空油罐差不多，驚愕的部下全都潰逃到樹梢大喊著：「哇！哇！」這完全是虛張聲勢的做法。經過精心策劃的自嘲嘲人，立刻使她與聽眾超越了彼此原有的成見。後來菲奧莉娜繼續往上爬，成了惠普科技的執行長，在她因為對立風格走下坡之前，還一度是全世界最具影響力的商界領袖之一。

黑猩猩麥克和菲奧莉娜都可以作爲一個有趣的新理論的個案研究，來探討誰獲得權力、如何獲得，獲得之後對本人與周遭的人有何影響。結果呢，不一定需要有種或是空油罐。麥克與菲奧莉娜之輩所擁有的是一種珍貴的資產，這種資產在「接近／抑制權力理論」（approach/inhibition theory of power）的範疇中或許能稱之爲快轉性格。接近／抑制論是在二〇〇三年由加州大學柏克萊分校的達奇・凱納（Dacher Keltner）、史丹佛商學研究所的黛博拉・葛倫菲（Deborah Gruenfeld）與紐約大學史登商學院的卡麥隆・安德森（Cameron Anderson）等幾位心理學家所提出。

該理論的第一個主張應該是顯而易見：在人類的關係中，權力很重要。或者誠如羅素所寫：「權力是社會科學的基本概念，就如同能量是物理學的基本概念。」忽視權力就好像某些維多利亞時期的人一樣，以爲只要不去想，性慾就會消失。

除此之外，該理論並做了大膽嘗試，將權力與社會支配權的元素全部放在一個包羅萬象的框架內，涵蓋的現象包括儀式化攻擊、變臉、勝者效應、在餐桌上邋邋遢遢的企業大亨、女人比男人更留意辦公室策略的傾向，甚至於美國高等法院繁簡不一的判決意見。

凱納與其他合著者認爲權力的基本關鍵在於是否去接近、擴展，或者退縮、抑制。這又是一個水洞邊的情節，只不過作者並未針對演化背景加以推敲。接近／抑制論主張有權力的人會更快察覺並接近報酬的機會，例如食物、庇護、關注、性與金錢。

倘若權力較小，則更容易催化「行爲抑制系統」，也就是其他作家所謂的負向偏誤，因而增加了焦慮感、社會壓迫感，對威脅與處罰也較敏感。作者並未提到一個人天生的性向是否只能在支配與附屬之間二選一，因為他們對於權力得失對某人行為方式的影響，更感興趣得多。他們認為權力本身會對一個人的內心「起關鍵作用」，使其從抑制轉為接近。

我要餅乾

有權力者經常會有不符合社會禮儀的舉止，接近／抑制論可以說是因為他們這種令人不解的傾向而興起的。葛倫菲曾在雜誌界工作，有時候到《滾石》雜誌開會，其創刊人詹・韋納（Jann Wenner）會一面吃著生洋蔥、就著瓶口喝伏特加，卻沒有為客人準備類似的點心。安德森有位朋友參加博士論文口試時，其中一名評審不僅挖耳垢還拿到燈光底下看得津津有味。另外大家都聽說過詹森總統有個癖好，喜歡在上廁所時接見閣員、記者與其他部屬。

其實，雖然在下屬面前處理個人衛生通常會被視為老闆的怪癖，但在首領群中卻是屢見不鮮。在接近／抑制體系中，這是老闆顯示自己有多麼不受抑制的表現方式之一。例如，目前《紐約郵報》的某位高層早期參加編輯會議時，總會跑到角落的洗手臺小便。另一家公司的老闆，偶爾會在開會當中用牙線剔牙。有個雜誌發行人會同時接見下屬與修腳指甲的美容師。此外在新英格蘭某家著名的政策遊說公司，有個合夥人偶爾在與員工開會時，會大聲放屁且不置一詞。這與健康狀況無關，因為去遊說官員爭取價值兩百萬的贊助時，他就不會放屁；這也不代表員工與他在一起可以非常輕鬆自在，與會的每個人都知道老闆放屁並不意味他們也能放屁。身為部屬就得忍受首領的氣味標示，反之卻不然。

先前，凱納與同事安德魯・沃德（Andrew Ward）曾突發奇想，發明一種測試來檢驗「權力會讓人對周遭人事較不敏感」的假設是否成立。他們將實驗對象分成多組，每組三名，並在各組隨意挑選一人負責將作業交給另外兩人。讓三人針對「又多又悶的社會議題」討論半個小時後，實驗者用盤子端了五塊餅乾進來。被賦予權力角色者不但比較可能多吃一塊餅乾，也比較可能張口大嚼，並且將餅乾屑噴在同伴身上、留在自己臉上與桌上。

這個餅乾實驗——稱爲「餅乾怪獸實驗」或許比較貼切——一直沒有正式發表，但卻有助於凱納等人衍生出接近／抑制理論。作者們在先前的研究中曾將權力與某些特徵聯想在一起，這個實驗結果也大致相符，如今他們認定這些特徵乃屬於行爲接近系統的一部分：具有權力的個體（即使只是隨意分派的權力）會比較多話、會打斷別人、不依序發言，也比較容易發生衝突。他們的肢體語言比較誇張，笑容比較少（下屬則擅長以笑容表達順從與安撫）。他們比較容易進入他人的社會空間、站得太靠近、主動有肢體接觸，調情時也較無顧忌。

蝦兵蟹將們，前進！

直到現在才有其他研究者開始分析，是否眞能利用接近／抑制論來了解權力。假如經得起周密的檢驗，那麼最妙之處便在於這個理論對行爲所提出的解釋似乎可以適用於所有生物，從扁蟲到企業執行長皆不例外。甚至連潛藏在這些行爲底下的生化現象，似乎也都說得通。

例如，血清胺是一種神經傳導物質，負責在神經細胞間緩緩地傳遞信號。大腦內的血清胺素若增加，似乎能讓人較爲放鬆、有自信、人際關係更好。相反地，低血清胺則可能容易令人焦慮、起口角、衝動。百憂解之類的藥物便是利用控制血清胺濃度來治療憂鬱症。同時有研究顯示，血清胺在社會權勢中也扮演著重要角色。當長尾猴的社會地位提高時，血清胺濃度也會相對升高，而地位的喪失則會導致血清胺濃度下降。同樣地，大學社團幹部的血清胺濃度通常會比一般團員來得高，這當然不是因爲他們天生如此，而是因爲權力對他們內在的生化現象起了決定性的作用。

從接近／抑制的觀點來看，有一點十分有趣，那就是血清胺最早在動物進化初期，顯然只是一種扮演紅綠燈角色的生化物質。在甲殼類等原始生物體內，血清胺的功能很簡單：濃度升高，運動活力便增加；濃度下降，活動便受抑制。

就動物的存活而言，這是有道理的。在食物供應充足的環境裡，向前移動就能追逐並吃掉獵物。反過來說，如果獵食者躲藏在附近，就得靜止、抑制，以免被發覺。因此血清胺一開始顯然只是一個「接近或抑制」的簡單機制，直到後來略經調整，才成爲強勢人物的快轉性格以及部屬的約束抑制行爲中的關鍵因素。

前有權力危險

就算我們認同扁蟲與長尾猴的確可以讓我們了解人類的權力與社會支配行爲，但接近／抑制論果眞那麼重要嗎？它果眞能讓人在職場上表現得更有智慧嗎？大批日薪三千美元的諮詢顧問尙未毅然將此訊息帶入企業職場。但他們終究會的，因爲選擇無視於權力相關天性的人，可能會被這些天性所毀。其實應該說極有可能被毀，因爲無視或忽視周遭的情況似乎正是這些重要的天性之一。

「我們認爲，」凱納等人寫道：「權力會激發行爲接近系統而未意識到其後果，而且擁有權力的人可能也比較不會注意到他人。」也就是說正如我們所料，老闆的確是隔離在自己的小世界裡，而這多半是老闆的本質。當權力增加，行爲接近系統火力全開而抑制系統則是關閉，這時候就會比較不留意身邊的人。這些人對於自己塑造形勢的能力，通常都過度自信。

正因爲這種誇大的權力感，老闆才會經常搶走（咬牙切齒等待時機的）手下的功勞。也正因爲如此，老闆對於負面事件的反應是憤怒（表示應該要做點什麼），而地位較低者的反應卻是自責難過（表示不管怎麼說，我們都失敗了）。

有權力的人也會「以比較自動（而且多半比較不複雜）的方式來詮釋社交行爲」，或許因爲他們還有太多事情要思考，但也或許因爲他們比較無須擔心行爲的後果。

爲了分析「有權人士經常會啓動自動運轉機制」的觀念，葛倫菲檢視了美國最高法院在四十年期間所公佈的多數判決意見。每個判決意見皆由一名法官代表執筆，而葛倫菲則以執筆者所代表的團體大小來判定他的權力大小。她發現團體愈大，判決意見多半愈簡單也較不受約束。而團體若愈小（主筆者的行爲抑制系統也可能愈活躍），最後的判決意見便愈審愼也愈複雜。也就是說這些致力於「法律之前，人人平等」的法官，顯然下意識裡仍會順應自己對現實政治的直覺，傾向權力的一方。

如果這些都是與權力地位有關的自然傾向，那麼了解這些傾向又能如何幫助我們表現得更聰明？一個聰明的領導人該如何利用這些傾向，在必要時贏得權勢競賽，不必要時則避免欺壓手下或與之對抗呢？接近／抑制論提出了幾個警告：

・如果領導人對自己擁有的權力有高度自覺，比方說有膽識破除障礙，大喊：「去他的魚雷！全速前進。」，在許多情況下顯然助益不小，至少如果魚雷未裝設核子彈頭的話是有幫助的。但卻也可能很慘，就像一九九〇年代末期景氣大好之際，AT&T的老闆麥可・阿姆斯壯（C. Michael Armstrong）瘋狂搶購有線電視公司——結果短短三年後，他不得不將這些投資廉價出售，虧損了五百億美元。損失還不僅如此，二〇〇五年初當SBC通訊公司出價購買AT&T，整家公司的價值僅剩一百五十億美元。高層人士若能察覺接近／抑制行爲，應該會比較警覺，也會比較小心地控制自己，不要輕易忽視對立的事實，或輕易採信與自己的刻板印象或預想相符的資訊。

・保持警覺的方法之一便是與底層的人建立密切關係，因爲權力較小的人看世界通常會比老闆更清楚。這個邏輯很淺顯。當有權者留心潛在的報酬時，無權者留意的卻是可能的損失。他們對周遭的情況必須隨時提高警覺，因爲他們對於裁員或收爛攤子等等威脅都比較敏感。(這個觀念也因爲生理學家薩波斯基一句俗諺式的名言而永垂不朽：「若想知道動物園的大象有沒有胃痛，不要問獸醫，要問獸籠清潔員。」）聰明的老闆最少最少要學會尊重並依賴一名助理。

助理的主要功能之一就是充當耳目，與其他助理交換八卦，並留意一些小徵兆以免事出突然令老闆措手不及，但這些幾乎都是心照不宣。根據科學研究，女性的社會觸角似乎多半比男性靈敏。這並不一定是因爲身爲女性就比較聰明，或是對人類行爲比較敏感。有充分的事實證明，女性獲得權力後也可能和男人一樣愚蠢遲鈍。但大多數女性依舊缺乏權力，所以她們才會發展出多多留意他人的生存技能，以期安然穿越這個危機四伏的社會環境。

・由於下屬擁有較靈敏的社會觸角，讓他們進行重要協商或許也是聰明的做法。凱納等人所證明的研究結果顯示，高層的人「比較容易忽視對手的潛在意圖」。而基層的協商者不僅比較容易察覺，也比較可能找出雙贏的解決之道。

・有權者偶爾會忘記自己衝勁十足的個性，可能使部屬深感威脅。萬一部屬太過害怕，不敢出聲阻止老闆衝向磚牆，事情就危險了。除了令人生畏之外，老闆經常還有一個更危險的傾向，會將刻板印象強加於部屬身上。倒不見得是因爲他們頑固，而是與權力有關的自動思考模式作祟。某研究顯示，即使大學生有了面試聘僱的權力之後，也常常將應徵者視爲千篇一律而非獨立個體。

社會的威脅加上刻板印象有可能產生毒害。另一項研究顯示，非裔美國人的GRE與其他測試成績原本和歐裔美國人一樣好，直到實驗內容促使他們考慮自己的種族後，卻起了變化。女性和男性的數學成績一樣好，但是當研究人員說出這項測試是爲了顯示性別差異後，也有了變化。

・權力高的人必須要知道，他們對這個世界的扭曲觀點會以多麼快的速度讓他們面對最不堪的醜聞。當初約翰・李佳斯（John Rigas）憑藉一股幹勁創立了一家小小的有線電視公司，並進而擴展成爲大規模的公開發行公司。但卻也是這股幹勁促使他錯覺Adelphia通訊仍然是「他的」公司，其他所有人都不能阻撓他。後來李佳斯和他的一個兒子因爲掏空公司資產超過二十億美元而遭判刑，公司也隨之破產。

此外權力也會自然導致不當的性行爲。「光是想到權力，」凱納等人寫道，就能讓人對性產生更多聯想與感覺，「尤其那些經常有開放與不當性行爲的人更是如此。」他們覺得自己有資格。例如某位BBC的董事長因爲將尋歡作樂的費用報公帳受到告誡，他深感氣憤。「去你媽的，」他才罵完立刻又蠻不在乎地說：「我已經老了，很快就要死了，如果公司不喜歡，我也沒辦法。」

但時代變了，了解與權力相關的天性也許會有所助益：男性上司可能會領悟到自己是因爲權力關係本身，才覺得可以和女下屬發生曖昧。那麼當女下屬只是表現出一般下屬都會有的和善與服從時，他便可能不致於會錯意而犯下盲目的錯誤（但，沒錯，也很可能會）。

不過也有可能女下屬的確受到老闆吸引。但了解了權力關係之後，老闆也許會冷靜思考一下，令她興奮難抑的是他油亮的禿頂和他顫巍巍的大肚子，或只是他位在角落的大辦公室？幸運的話，這個想法或許便足以（當然也可能還是不足以）說服他往辦公室以外去發展興趣，至少性騷擾的危機不會如此迫近。

工作無疑是好的，散文作家懷特（E. B. White）會如此說道。但他顯然是在打字機前待得太久了些，才會接著又說：「此刻我卻希望做做狗兒正在做的事，蜷縮在牠從海灘上找來的某樣成熟的東西，以便沾染那氣味。」

「牠用來增長才能與擴展個性的方法，是如此輕易而簡單。」

7 屈膝 居於下位的策略

我們對資深主管的仰慕就像黑狗對牠的乞丐主人不離不棄……即使他可能是個瘋子、身上有跳蚤或者精神分裂。我們會視而不見，但鼻子卻會向我們透露世界對他們的觀感。我們比別人都更清楚地看到他們是何等自卑，每日行事又是何等冷酷。但我們卻仍緊追不捨。

——羅伯・謝默斯（Robert Chalmers）《地獄群英》（*Who's Who in Hell*）

現在我們已經知道一個盛氣凌人的CEO能如何徹底掌控公司的董事會，但令人不解的是這個魔咒甚至能鎮住全世界最有權力的人。例如，霍林格國際公司（Hollinger International）的董事會對加拿大報業鉅子康瑞・布雷克（Conrad S. Black），便顯然十分忌憚。二〇〇四年，霍林格正因分家鬧得不可開交之際，董事會向證券交易委員會遞交了一份報告，指控布雷克與其他高階主管「蓄意並有計畫地侵占」公司資產。布雷克回應說這份報告充斥著「誇大不實的內容與漫天大謊」。然而，霍林格坦承董事會成員在監督時，有「鬆散」、「默許」與「被動」等失職之虞，這點倒是無人反駁。

霍林格董事會曾同意將公司底下兩家地方報賣給布雷克擁有的一間私人公司，代價是一家一美元，比一般讀者在報攤買一份報紙的錢多不了多少。但竟然無人對此交易提出質疑。布雷克的公司很快便將兩家報社以七十三萬美元轉賣出去。後來布雷克又花了一美元將霍林格另一家報社據爲己有，而市場上卻有人出價一百二十五萬。

在此同時，布雷克以一百一十萬美元的薪資聘請妻子芭芭拉・艾密爾（Barbara Amiel）擔任霍林格的「編輯副總裁」，職務可能包括「參與聘僱的重大決定」與「提供編輯見解」，也可能是「看報、用餐、與丈夫閒聊時事等日常活動」，就看你相信哪邊的說法了。她也是霍林格在英國最大的報社《每日電訊報》（*Daily Telegraph*）的專欄作家，布雷克還抱怨她每年平均才領二十四萬七千美元，實在太低。

布雷克爲小羅斯福總統作傳時，霍林格慷慨地協助購買與羅斯福相關的資訊物事，也包括私人書信在內，共花費九百萬美元。其實有一項八百萬的購買案，布雷克始終沒有徵求董事會同意，直到兩年後才列入某次電訊視訊會議的議程。儘管如此，董事會卻仍不加思考便慷慨批准，因爲出售人堅稱這些文件至少值這個價碼。（但他沒有提起這些是他在不到一年前，花三百五十萬元買來的。）這大批收藏顯然從未進過霍林格的大門，反而成了布雷克私人住宅的裝飾品。當公司終於與布雷克決裂後，才總算拿回羅斯福的文件，轉手出售損失了五百六十萬。但根據董事會內部消息人士向《紐約時報》透露：「實在很難開口說：『把書還回來，否則就賣掉。』」

董事們顯然是懼其淫威而不敢作出如此簡單的要求，這些人包括有美國前國務卿季辛吉、前伊利諾州長湯普森、英國媒體人亨魏登菲爵士、冷戰期間的長期戰士又有「魔王」稱號的波爾，以及蘇富比的前負責人（並遭判重刑的）陶柏曼。的確，這些重量級人物似乎沒有任何控制布雷克的舉動，最後股東憤慨之餘才針對布雷克與其他高階主管多起金額龐大的內部交易提起告訴。

那麼霍林格董事會的開會情形究竟如何？自然的傾向是將注意力集中於首領，尤其是像布雷克這樣的首領。他是個愛說大話的人，證交會的報告裡便形容他「極善於強化（自己個人權勢的）光環」。就最基本的層面而言，他以絕對的控制權使霍林格成爲公開發行公司，利用雙重投票制讓自己獲得將近七成的投票權，事實上他眞正的股份已經縮減到只剩百分之十九。公司遞交給證交會的報告指出，布雷克與其他高階主管進一步證實，他們是因爲向董事會作了不實陳述、省略內容並公然說謊而得逞。

布雷克和妻子艾密爾都是社交界的明星，他也可能藉此吸引誘惑董事們。最後必要時，他只要一瞪眼就能威逼任何挑戰他的人屈服。雖然爲時已晚，但董事會終究成立了一個專案委員會調查他的管理策略。布雷克一見到調查委員便怒目而視，並威脅要到加拿大告他們誹謗，因爲那裡的誹謗法令對他較爲有利。主導這次調查的前證交會主席李察・布里登（Richard Breeden），後來證實：「在多次會談中，布雷克先生一開口就威脅每個人。」

支配不難理解，但服從呢？如季辛吉或波爾之類的大人物怎會如此徹底地屈服於這種頑固的老闆，甚至不惜冒個人責任過失的風險？：公司企業的董事向來都極度順從：「凡是董事都有能力在進入會議室後，利用十秒評估並順應情勢。這是他們的評選標準。」投資研究公司Corporate Library的創辦人兼編輯尼爾・米諾（Nell Minow）如是說。在董事會議期間，他們會暫且拋開自己的權勢，變得幾乎有如鏡子一般，反映出他們的引薦者的權力。就好像他們受船長之邀上船，如果質疑他的航海技術，即使不受鞭刑也是無禮的行爲。許多公司都有這種情形，即便是船長的行駛方針明顯圖利自己，股東們也只能認命地像船隻殘骸一般——如果還有殘骸的話——順著他的船痕載浮載沉。

安隆弊案過後，許多關於企業管理政策的討論都著重於改革此一傳統關係——這倒也合理——一面則笨手笨腳地試圖改善董事會結構。只可惜進行這番討論之際，大家幾乎未曾停下來想想人類的結構。人類臣服於自己的首領並不一定像其他社會動物一樣地卑微，人類也比較有彈性，能改換團體，也能在某個情況下當老大，另一個情況下當老二。不過我們畢竟是靈長類，無論有多高貴的目的、有多完善的計畫，社會權勢仍會將我們的注意力轉移開實質的議題，這是人類的本性。

季辛吉曾說權力是強力春藥，但像他這樣的紳士不可能洋洋得意地談論他自身迷倒女人的本事，因此他很可能是在形容其他人的權力對他產生的毒害效應。或者誠如著名的專欄作家艾密爾所寫的：「權力的性感不只是與生俱來，同時也因為它能激發擁有者的自信，使所有接近他的人顫慄屈從。」

顫慄屈從

若想了解權勢如何影響部屬的行為，不一定要觀察企業高層，人類任何團體或組織都行。就像首領常常以威風的姿態站立或是用專橫的口氣與周遭人交談，部屬則會本能地反其道而行。我們會從姿態、聲調、臉部表情與言詞，洩露出我們的附屬身分。通常我們不會意識到自己拼命送出的屈服訊息，即使有人點出，也甚至可能加以否認。給予老闆特別待遇，那是「拍馬屁」，是別人才會做的事，而且是極少數人。但研究人員卻說，就某種程度而言我們都會這麼做，這是首領的接近行為所自動引發的下意識反應。

我們先來說一個動物世界的極端例子。黑猩猩有時候會毫不害臊地卑躬屈膝，看了很難不發笑，也很難不去聯想到我們自己一些令人難為情的諂媚行為。靈長類學家德・瓦爾形容黑猩猩下屬會發出噴氣咕嚕聲，這是一種快速、類似季辛吉般、低聲逢迎的「喔喔喔」聲音，同時還會擺出「一個抬頭致敬的姿勢。在多數案例中，黑猩猩會反覆而快速地深深鞠躬，這個動作一般稱為『叩首』。有時候『致敬者』會帶著件手禮（一片樹葉、一根樹枝），向上級伸出一隻手，或者親吻牠的腳、脖子或胸部。而強勢的黑猩猩面對這番致敬禮時，則是將身子挺得更高、豎起毛髮。於是兩隻大猿即使實際上體型差不多，也有了明顯差異，一隻幾乎匍伏在地，另一隻則堂而皇之地接受『朝拜』」。

就人類而言，這種事似乎比較可能發生在向封建地主磕頭的佃農身上，而不太可能出現在財星五百大企業或甚至第三世界那些壓榨勞工的工廠內。但人類只是以較細膩的方式表達類似的順從訊號。一般人遇見有權力者經常會略爲彎身低頭，瞄地板的頻率高得出奇，這絕不只是爲了研究地毯材質。他們或許不會「叩首」，卻會一找到機會就點頭。他們不會匍伏在地，卻會將手垂放在側，除了握手之外盡量避免大動作。

如果遲到而其他人已經開始開會，他們經常會上演一齣誇張的安撫啞劇：彎身讓自己變矮、躡手躡腳、手肘夾緊、嘴唇抿住牙齒，露出抱歉懊惱的笑容。但若是老闆遲到，他可能會急匆匆地大步走到上位，一屁股坐下後大聲宣布開會。

諮詢顧問柏尼·狄寇文（Bernie DeKoven）經常看見老闆不自覺地強令部屬作出緊縮姿態，以便更凸顯自己的重要。老闆會等到會議開始後才起身說話，而且第一個動作就是脫下外套。其他沒有人能像他做得這麼自然，大家起身後總顯得很做作，因爲這個動作雖小，卻是可能致命的叛亂舉動。（十五年多來，狄寇文透過他的會議改善協會〔Institute for Better Meetings〕試圖讓會議變得「和諧而有趣」。但他最後的結論卻是：「會議是一種儀式，用來強化階級、提醒眾人誰是老大，並且褒揚或懲罰任何不是老大的人。」他說，如果大家肯坦白承認，就可以縮減會議的時間與成本。）

部屬的臉部語言也會傳達服從的信息。部屬總是很熱切地——不管有無意識——實施著表情管理，因此他們比較常抿嘴唇、咬嘴唇或舔嘴唇，這些線索都無意中洩露他們企圖掩飾眞正的感覺。他們較常微笑，表示合作與贊同，但卻不一定代表快樂。（有一句描述男女關係的老話，可以改成：下屬微笑表示他們想討好，老闆微笑表示他們被討好了。）他們可能覺得生氣，但通常會小心地不表露出來。但他們卻很快便會顯露尷尬或羞愧。

我們很想把這些當作是個人表情，並完全受個人掌控。但其實無論就肌肉的活動或社會功能而言，卻都是按著生物學的劇本走。例如，窘迫的表達模式幾乎一成不變：首先，轉移視線。其次，試圖克制笑意。第三，忍不住突然露出笑容。第四，再次試圖克制。第五，垂下頭。第六，摸臉。羞愧則比較簡單，就是低頭垂下眼睛。心理學家凱納記錄道，這些表現「十分類似其他物種的安撫表現，同樣也包括目光轉移、類似笑容的臉部表情、頭朝下的動作、身體縮小，甚至於摸自己身體或理毛。」

對於這些表現，我們也照樣有生物反應：窘迫會自動誘發同情，讓該個體較不易受罰。你不妨想想，當孩子在餐廳裡打翻飲料後，他臉上那懊悔的表情如何讓原本想板起臉孔的你變得心軟，甚至露出微笑。凱納表示，窘迫會讓旁觀者發笑並「緩和情勢，因而縮短了事故所造成的社會距離」。

事實上，除了以上所列，窘迫的形式通常還會多兩個步驟：第七，大家一起笑。第八，大家彷彿受磁鐵吸引而靠得更近，並互相碰觸。窘迫或羞愧的表現顯示出犯錯者明白社會規範並希望加以遵守。

很有效。言行失態的人、犯錯的小孩，甚至被發現說謊或有其他道德瑕疵的政治人物，「若是表現出窘迫或其他低姿態行為，多半會被接受而少被懲罰。」凱納設計的一場模擬審判中，表現出窘迫羞愧的毒販被判的刑期比其他無特殊反應或表現出輕蔑的毒販來得短，並且更快獲得假釋。

在展示服從方面，言詞則提供了更豐富的方法。沒有安全感的下屬會刻意避免強烈或任何可能引起爭辯的語句，因為他們隨時都擔心衝突會逐漸損害與老闆之間的關係。（根據霍林格提給證交會的報告，公司的「每位董事至少都明白布雷克的暗示：凡是強烈違背他意志的人就會遭到除名。在『他的』公司就是不能這麼失禮。」）他們會以遲疑、迂迴的措辭，如「有一點」或「我想」，來柔化語言。平述句的句尾會不甚確定地上揚，也可能最後突然加一句「不是嗎？」而變成問句。自貶式的開場白也很常見：「不知道這符不符合您的要求，不過……」

恭敬的挑戰

部屬的地位顯然是充滿危機。例如在某家公司，老闆與兩位副總裁開會時脫去鞋襪，要求他們聞他的腳。「他還堅持要像聞草莓酥餅一樣。」其中一名副總裁事後說。（只可惜沒有透露他和同事是否眞的俯身去聞了。）

這種事可能驅使下屬做出不智的改善措施。例如，加州有個人在州立醫院學習行爲心理學時，對史金納（B. F. Skinner）的研究有了深入了解。史金納認爲行爲大致上都是制約反應，加諸正確的社會工程與適當的刺激便能予以鼓勵或壓抑，其實他對社會生活這種狹隘而制式化的觀點並未獲得好評。在他諸多觀點中，他提出一個所謂的「漸進成果」（success of approximation）：每當狗兒更靠近你心中設定的目標時，便給予獎賞，那麼狗遲早會抵達目標。於是那名員工決定利用史金納的技巧，把老闆當成惡犬來訓練，讓他善待員工。

「我的方式是那天早上我進入辦公室，」那人在國家公共廣播電臺的「全國開講」節目中自豪地講述自己的經驗：「知道自己最後得進第三組。我今天不想做那份工作，但……我會先去對她說：『妳要我今天進第三組嗎？』她會看著我的臉說：『好啊。』（如果）這裡的地板髒了，我會去問：『妳要我把這裡擦一擦嗎？』她會看著我的臉說：『好啊。』像這樣做了數百次以後，她就會習慣一看到我的臉就說『好』」。他說就算請一下午的假，老闆也會同意。「我們成了哥兒們，我再也不必花大把精力說服她，因爲我們關係不錯。」

所以囉，易如反掌：如果你願意爲精神病院裡最討人厭的病患清理善後，或許你的老闆也會善待你。某些受壓迫的員工和惡犬主人可能都會質疑，究竟是誰在訓練誰。一定有更好的方式吧？一定有辦法不必聞任何人的腳指頭，也無須在泥水中打滾，便能表達尊重吧？部屬的下場並不一定非得像加州某高科技公司裡那個「忠心不二絕對服從的副手，他做羅爾沙赫氏心理測驗時的答案包括有貴賓狗、一隻蚯蚓和分解的睪丸。」

當部屬不一定就沒有骨氣。這只是許多老闆有意或無意地利用自己個性的力量，所培養出來的固有傾向。也有許多公司藉由階級陷阱與專制操控式的管理來鼓勵這種傾向。只有有安全感、有自信的領導人才會反其道而行，鼓勵部屬挑戰他的想法、做他們想做的事，或甚至說服他改變心意。而接受這種的挑戰的部屬則需要更大的安全感與信心（又或者銀行裡有一筆矽谷人所謂的「去他媽的錢」〔至少一千萬美元〕）。但即使雙方彼此了解、關係和諧，經過歷史悠久的關係演化之後，下屬最好事先還是表現出恭敬服從，並減少任何反抗的暗示。

GM副董事長魯茲提起自己年輕時擔任主管，如何在部門會議上挑戰社會高層：當時「某大老闆」很草率地否決他一個提案，說那是「愚蠢的想法……其他所有人除了猛點頭，還瞪了我幾眼，彷彿在說『你怎麼這麼笨？』」接著魯茲以適度而恭敬的肢體語言，以及非常理性的口氣說：「對不起老闆，我們知道反對是您最初的態度，但我們還是覺得您忽略了一些重要的事實。如果我們鋪陳出所有的事實，您或許就不會反對了。」

魯茲懷念地回想著「在場工作人員臉上那驚嚇的表情。這個一文不名的小子怎麼敢越過五層階級，直接挑戰大老闆？」魯茲說，答案是：「很簡單，只要你不屈不撓、彬彬有禮，並深信自己的是對的、是爲了公司著想，也相信凡是理性的人都能被你的論點所說服。」再一想，還是先按下這股強烈信念。將自己的商界自傳命名爲《勇氣》（*Guts*）的魯茲，想當然是偏好這種方式，先擺低姿態表達恭敬，就像狄更斯《孤雛淚》中的男主角想多乞得一碗粥時說道：「對不起先生，可是……」

但你不僅要將這股強烈信念緩和下來，如果要反駁或批評老闆，最好也是私下或在他的辦公室進行比較保險。若在公開場合，你的行爲可能會被視爲有意引起公憤。私底下則比較像是在宣示你的忠誠與獨立。舊金山的高級助理招募公司EASearch的負責人雷尼・米勒（Leni Miller），最近替一位執行長安排了一名助理。「她工作一個半星期後，有一天上司忽然對著她大吼。她站起來，將他帶進辦公室，請他坐下，關上門。當時只有他們兩人，她說：『你以後絕對、絕對、絕對不能再這樣跟我說話，否則我根本沒法和你一起做事。』」她的口氣既溫柔又略帶失望，而那位執行長卻十分震驚，因爲從來沒人敢頂撞他。後來他再也沒有用那種口氣和她說話。「只要他不小心脫口而出，助理就會擺出臉色，他一看就明白她的意思。不過除非助理非常有把握，也知道對方不能沒有她，否則絕不能這麼做。」

當眾指責上司或許能讓你在同事面前出風頭，但也經常是自毀前程的做法。幾年前自動資料處理公司（ADP）聘請一位記者爲資深主管撰寫講稿。這位廣告部門主管召開會議，想在可憐的同事面前試講一遍，記者也在場。笨拙無比地發表完演說後，主管停了一下，抬起頭對記者說：「吉姆，我不得不這麼說，這眞是狗屁！」眾人都驚呆了。然後記者回答：「你說得沒錯，巴瑞。」好的開場，表示他願意拋去對這句辱罵的自然情緒反應，找出實際的解決之道。不料他接著又說：「我知道是你要說的，所以才這麼寫。」又是一陣驚愕與沉默。後來巴瑞突然假意地放聲大笑，所有的馬屁精也都跟著笑起來。（吉姆後來又回到那家公司，但再也沒有與那位主管共事過。）

即使我們無法在言語上徹底服從上司，通常也會在語氣上讓步，至於讓步的時刻，爲了避免衝突而事先投降的時刻，卻可能幾乎細不可察。肯特郡大學研究專家對極低的談話頻率進行研究。他們聽的是一種低於五百赫的深沉雜音，只是聲音不是語句，這個聲音彷佛基樁似的隱藏在說話者的語音底下。在他們研究的每段對話中，兩人的低頻音調很快便會匯聚。他們的聲音會變得步調一致，像走路一樣。

聲音並非匯聚在某個舒適的中間點，而是向較強勢者的音頻看齊。也就是說當對話到達某個程度，有一人會讓步並轉向另一人的「權力信號」。這是一種恭敬或協調的舉動，以減少衝突的壓力，繼續談話內容。

兩名研究人員史丹佛・葛雷格里（Stanford Gregory）與史蒂芬・韋伯斯特（Stephen Webster）推論，聲音低頻讓我們在日常的下意識裡能夠處理好「支配－服從關係」。葛雷格里回想起某個派對的情景，當時他正和一名研究所學生交談，院長加入他們聊了一會。葛雷格里不自覺地便配合院長的聲音頻率，而院長——就某個潛意識層面而言——想必也期待著這個對他階級地位的儀式化認同。院長離開後，學生略顯輕率地（但當然是以正常聲調）說：「你剛才眞的那樣。」葛雷格里說，也許正因爲這種非言詞的溝通形式，當你無意中聽見同事講電話時，光從聲調就能分辨出她的談話對象是老闆或朋友。

顯要禮儀與拋出窗外的快感

省略這些姿態有沒有關係？大多數老闆會說：「當然沒關係。我根本不在乎這些。」但告訴你一個實用的經驗談：多數老闆都在說謊。友善的招呼與小小的恭敬態度，對任何一種關係都是重要的潤滑劑，即使平輩也不例外。這些之所以成爲一般的良好態度，便是因爲能讓人感受到善意。這些態度幫助我們克服了天性，不會將每張新面孔都視爲可能的威脅。談話時我們會花幾分鐘或甚至大半時間閒聊，因爲這有助於擊退負面惡魔、放鬆心情，以便進入主題。

由於職場階級中的關係本就不平等，因此工作上更要注重恭敬。老闆內心某個角落總是隨時在懷疑：這個人還是我忠心的小狗嗎？或者今天他會在我的地毯上噓噓？她還是我可以依賴的同事嗎？或者她即將爲了韓森那個工作而拋棄我？而員工心裡也在想：她會遵守承諾替我加薪嗎？或者她馬上就要將我放逐到非洲？

謹愼的下屬會想辦法紓解首領的擔憂。我們會刻意讓老闆加入談話。聽他講笑話我們會笑。

我們會在他辦公室門外清喉嚨以示詢問能否進入，就像黑猩猩或狒狒想徵求同意靠近時也會發出咕嚕聲。（高級助理不妨做個課題：在一星期之內，留意一下有多少下屬在進入上司辦公室前會先清喉嚨，而當上司順道進入下屬的辦公室時，又清過幾次喉嚨。有人想打賭嗎？）在某家投資公司，下屬會站在執行長辦公室外做勢敲門，以引起他的注意，卻不會眞的咚咚敲響玻璃門。這些顯然毫無意義的恭敬舉動都能促進職場的和諧。

與其將此恭敬行爲視爲沒有骨氣或諂媚，倒不如視之爲所有社會關係的自然元素，甚至是一種健康的社會操作模式。聰明的下屬平常就會給予在上位者尊重與地位認同，進而影響其行爲，影響範圍甚至深及生化層面。

加州大學洛杉磯分校（UCLA）醫學院的研究人員在一九八〇年代初做了一個有趣的實驗。他們將領導的雄性長尾猴與其隊群隔離，利用單面鏡讓首領能看到下屬，並展現他平常的威脅與誇示動作。雄性首領血液中的血清胺濃度通常會比下屬多出一倍，因此牠們會信心大增還可以嚇阻毀滅性的攻擊。這些都是明智的下屬希望在老大身上培養的特質。但因爲下屬看不見首領，無法做出適當的恭敬表現。首領們大概被激怒了，在十六天的實驗過程中，牠們的血清胺濃度降了四成。研究者麥可・拉雷（Michael J. Raleigh）與麥可・麥圭爾（Michael T. McGuire）後來作結，在長尾猴身上，血清胺的增加「有利於許許多多正面的、利社會的行爲。關於血清胺對社會行爲的影響，這些研究的結論幾乎可以全數推及人類。」

這類研究顯示我們每日無意義的招呼問候，其實遠比我們想像的還有意義。當老闆走進辦公室說：「早啊，大家今天好嗎？」他在乎的可能不是回答的內容而是聲調，以藉此知道眾人是否都各安其位。若省略問候或必要的恭敬口氣，可能快速導致不睦。

德・瓦爾觀察黑猩猩發現，成年雄性的嚴重打鬥有六成是因為打鬥個體沒有以正常方式彼此招呼。「這些數據增強了『招呼』能安撫人心的假設。」德・瓦爾寫道：「很可能也是雄性首領地位穩固的一種保證。權勢決定過程中的失敗者必須以『招呼』的形式表達敬意，這是牠與勝利者間保持輕鬆關係的代價。」

若沒有付出這個代價會有什麼危險呢？以下兩則故事道出了潛在危機。

・數年前在康乃狄克州，州勞工代表丹尼爾・李文斯頓（Daniel Livingston）與當時的州長約翰・羅蘭（John G. Rowland）進行協商，一開口便稱呼他「約翰」。李文斯頓後來說他只是想表達友善，羅蘭卻嚴詞建議「李文斯頓先生」不該如此不專業。協商破裂了，翌日上午羅蘭便宣布裁員三千人。「這無關個人，」羅蘭說：「我有我的職責。」李文斯頓說：「我不覺得這與個人有關。」但所有事情都與個人有關，尤其當你覺得有必要澄清的時候。

如果李文斯頓以「州長」或「羅蘭先生」稱呼對方，是否就能拯救那三千名員工？恐怕不見得。但他的不恭敬顯然給了傲慢的州長藉口，更快也更積極地大刀闊斧裁員。（羅蘭後來證實了事情與個人能有多大關係：當他黯然辭職時，坦承態度恭敬的承包商曾送他浴缸、古巴雪茄和昂貴的度假行程——全都是控制他血清胺濃度的好方法，讓他在發包高利潤的政府工程時能有所偏袒。）

・音樂製作人湯米・摩托拉（Tommy Mottola）對於不得不擺出謙卑姿態一事，顯然也很掙扎。他畢竟是一個部門的總裁，率領著一小群部屬，身旁不乏名人朋友與美女，每年用在旅行、特別助理、保鑣、一輛防彈車和其他雜費的固定支出高達一千萬美金。他很想把自己當作他那個世界裡的大爺、大哥大。摩托拉最初成立Don Tommy Enterprises經紀公司，一路爬升到新力音樂總裁的頂尖位置，他實在無法放下身段，畢恭畢敬地對待新力美洲區執行長，也是有如叔伯輩般受人尊敬的前電視新聞節目製作人霍華・史俊格爵士（Howard Stringer）。

自視甚高的個性讓他有點藐視權威，史俊格當然也注意到了。「令史俊格困擾的是，」《紐約雜誌》（*New York Magazine*）稍後披露：「摩托拉從未遵守顯要禮儀，邀請他參加葛萊美獎。某新力員工記得有一次在葛萊美獎宴會上，史俊格帶著一群人上前欲與摩托拉同坐，摩托拉卻示意手下靠攏上來不讓史俊格坐下。據說摩托拉私下都稱史俊格為『小丑』。在新力旗下歌手的演唱會上，史俊格總被分配到二流座位，要前往後臺通常也是不可能的。」

「『湯米從來不希望霍華出席任何場合。他不要他接近演藝人員。』某位前員工說。」史俊格常打電話給弟弟羅伯，英國新力音樂執行長，「跟他說：『我幹嘛跟這傢伙打交道？我們幹嘛花錢請這傢伙？你告訴我他做了什麼。你告訴我。你告訴我。』」

最後，摩托拉部門的虧損給了史俊格藉口。他走進摩托拉位於三十二樓、長年昏暗的辦公室，拉起百葉窗，然後一腳將他踢出窗外——這只是個比喻。後來他發了一份制式新聞稿，虛情假意地宣稱摩托拉爲「偶像」。

黑猩猩首領通常不會向任何猩猩磕頭，但人類的支配權卻很少這麼絕對。幾乎在所有階級中，我們所享受的身分地位甚至下屬的恭敬態度，都來自於對上司的順從：湯米大哥大不但不肯服從史俊格，也不和東京的上司開會。反觀史俊格則會特意向新力高層主管表達敬意（日文「頭が下がる」〔尊敬〕的字面意思就是「低頭」）。他邀請新力公司總裁出井伸之到達沃斯，並在私人晚宴上安排他與電視主持人芭芭拉．華特斯等紐約名流同席。二〇〇五年初，出井在做出一連串錯誤判斷之後辭職下臺，史俊格遭拔擢成爲極少數能領導一流日本公司的外國人之一。

任何一位謹慎的領導者都會學習高深的職場小步舞曲，一下強勢一下溫順。我們不像黑猩猩那麼幸運，能夠一輩子只混在一個隊群當中。諸如業務或顧問可能一天下來，就得在不同公司設法打入六七個階級。會議接連不斷的資深高級主管也得設法與同一家公司內的各個團體建立關係。

除了本身恭敬之外，我們也可以留意他人如何展現下屬的姿態，如此你才能破解並順應隱藏在每個公司會議背後的議程。

目光集中於首領

只要在狒狒或其他猴群當中坐一會，你就會發現牠們每隔一段時間就會四下張望掃描社群，最後目光經常會停在首領身上。這是牠們確保自己的世界沒有起太大變化的方式：毛大王未曾遠離，也就代表嘍囉們依舊在牠的保護光環底下安全無虞。牠也沒有靠得太近而令手下心慌。與不熟的人開會時，這種觀察首領的傾向倒是一項利器。開會時，首領通常坐在首位，說明討論的主題，決定每個主題討論多久，並設定會議氣氛——但偶爾也有例外。有些首領會無精打采地待在角落，讓手下自行討論解決。這種情況下，眞正擁有權力的是最後發言者，而不是率先發言者。

不過幸好，你幾乎每次都能老早就辨識出那個沉默的首領，因爲與會者也和猩猩一樣，密切注意著大首領，並經常對著這位幕後首領發表意見。他們會偷瞄他的反應是贊同或不屑，再順風駛舵。首領說話時，則個個洗耳恭聽。反之，當下屬對首領說話時，首領可能會望向他處或與助手交談，因爲他無須表達恭敬。

我們都喜歡說自己是根據事實、數字與理性選擇等基礎作出業務決定。每個人都表示希望能有公開徹底的討論，甚至管理員也能加入意見。但事實上很少人做得到。

例如，矽谷的公司經常以工程師、行銷專家、經理與技術文件撰寫人員組成軟體計畫小組。

小組負責人多半是工程師，他們可能不會注意到社會地位如何扭曲討論過程，即使注意到了，大多也因爲缺乏管理訓練或社交技巧而不知如何是好。

於是權勢階級的戲碼「大概就這麼完整上演，底下的人若非沒機會說話，就是意見遭到駁回。」傑夫．強森（Jeff Johnson）說。他曾在惠普科技與昇陽電腦擔任軟體工程師，如今自己成立了UI精靈（UI Wizards）顧問公司。通常技術文件撰寫員都處於最底層，若眞有人發言，其他人也會交換困惑的眼神，然後若無其事地繼續討論，很可能還會換一個全新話題。就好像剛剛是牆壁在說話，大夥也都心照不宣假裝沒聽到。

強森還說：「如果有哪位撰寫員說了有趣的點子，我會停下來說：『我覺得她說的很有意思。』因爲我這麼說了，而我又是階級較高的工程師，大家便會進行討論。」

食物鏈頂端的人一旦開口，其他人通常會爭相附和，並熱烈討論他提出的觀點。模仿首領的衝動十分強烈。例如魯茲便說，假如某大老闆不悅地看完魯茲寫下的「愚蠢想法」後，說道：「這倒是提供了不同的觀點。你們也都這麼想嗎？」那麼原本對他投以「你怎麼這麼笨」的白眼的主管，這回全都會「熱情一致地連說『當然』，一面還是猛點頭。」

這提醒我們幾乎每家公司都有一條令人沮喪的規則：說話者的地位比說話的內容更重要。安泰保險公司某位前主管說，每個人都在注意誰「受邀參與（大頭們的）遊戲……以公司術語來說，如果你在『檢定力曲線』上，就能受邀與董事長和／或總經理祕密開會。那麼你就是『圓桌會員』。你也會讓所有人都知道。」

你的意見突然變重要了。你也變重要了。「另一項地位指標是：大頭在會議上詢問你的觀點(而不是事實)。假如他們感謝你發表意見，就如同頒給你一枚大金星。(我發現在會議中，大頭很少說謝謝你。)相反地，如果你必須請求發言或者金玉良言未受重視，你的認同價值便隨之下降。他們認爲你對會議沒有『加值』作用。」

與高層「同席」或「同幔」的衝動，經常會讓人顯得熱切渴望去接近。在某間已由創始家族掌權一個多世紀的公司，董事長的兒子是個平易近人的小夥子名叫霍維，他正在公司實習準備延續家族的企業王朝。有一天，總部的門忽然大開，他看見父親大步走下階梯，一名副總裁緊跟在後。霍維看著他們緊密相連地穿過中庭，說道：「天啊，爸要是緊急剎車，那傢伙就直接撞上他的屁眼了。」這句話深得人心，很快便傳遍整個總部。尷尬的副總裁此後總會小心地保持距離，但失去的尊嚴已經難以挽回。後來聽說霍維加入了一個名叫「橘子泥」的樂團。

右首之人

在動物世界裡，下屬緊盯著首領也是爲了離他遠一點。只要聽到首領巨大的腳步聲，下屬就得立刻閃到一旁。聰明的下屬會仔細觀察首領的行爲，在情況尚未發展爲儀式化威脅之前，便能辨識出危險的徵象。動物間展現威脅的方式可能差異極大，不僅是物種與物種之間，個體之間也是一樣。例如貢比國家公園卡薩凱拉隊群中那隻粗暴的黑猩猩首領弗洛多，在進行傷害之前總會咬上唇，可能是企圖隱藏牠的敵意，以便讓攻擊對象受到更大驚嚇。

留意類似的線索事關生死存亡。例如，當裴洛的左耳開始漲紅，EDS的員工就知道他要發飆了。某家電視製作公司的最高主管則是愈生氣，就會愈用力抹臉。當新進人員忽略這個線索，繼續拋出不當意見，老手們就會往椅背一靠，理智而專注地看著好戲，就像警察看著慘重車禍的蒐證錄影帶。

魏爾任華爾街某家公司總裁，氣勢正焰之際，「後檯工作人員很快就察覺到，」爲他作傳的蘭利寫道：「桑迪的心情與想法可以由他的雪茄判定。如果他一下把雪茄放進嘴裡一下又拿出來，並一面說著『對對對』，就表示他在聽……如果他把雪茄放在嘴唇間捲動，一面喃喃地說『好好好』，這時就該閉嘴散會了。」

「當個右手邊的人」之所以重要，也許正因爲你需要仔細觀察並詮釋首領的一舉一動與臉部表情。事實證明我們比較能察覺到視線左側的人的情緒反應，因爲這些影像落在視網膜的右半邊，能較快抵達專司情緒運作的右大腦。

人類學家羅賓・丹巴爾（Robin Dunbar）與茱利亞・卡斯伯（Julia Casperd）首先在雄性獅尾狒身上發現這種現象。他們認爲狒狒經常將挑戰者置於視野左側是爲了更容易感受到對手的真正意圖：「當［對手］作出嚴重威脅時，是否只是虛張聲勢？片刻閃爍的目光是否洩露出，即使被逼急了也不想立刻出擊？」同樣地，當你坐在上司（你的大對手）右側，右大腦會比較敏感，也就是說你會更快察覺細微的差異。而你卻因爲處於他視野右側，他會比較慢察覺你的想法。

動物也會對首領體貼入微，因爲下屬有義務要——自動自發地——放棄原本享受的陰涼處，或是想要交配的伴侶。當下屬以此方式讓位，生物學家稱之爲「取代」（supplant），這在人類職場上也很常見。例如，下回不妨留意一下，當執行長出現在健身房準備運動半小時，他最常使用的踏步機就會神奇地空出來，前一名使用者則會笑著說：「沒關係，我已經用完了。」其實他還沒出一滴汗。同樣地，兩名同事在門口說話，當老闆一出現，便會有一人突然中斷談話離開，他被「取代」了。絕對不會有人說：「我們現在正在忙，請你稍後再來好嗎？」

人類對於「取代」的心態比其他動物矛盾，但應該禮讓首領的感覺依然強烈。例如，和老闆出門旅行就會有一大堆棘手的問題。如果他只帶一只隨身行李，你是不是就不能託運行李？你是否得每晚和他一起用餐，或者可以去見見老朋友？如果老闆不喝酒，你是否也不該喝？（反正房間裡總有個附飲料的小冰箱。不過他也許會仔細檢查帳單明細，發現你喝了六瓶百威，還會大聲詢問你租來的「火辣俏護士」眞是XXX級的嗎。）有個企業顧問升等到頭等艙，卻猶豫著該不該把位子讓給經濟艙的老闆。最後他向老闆提議，老闆也予以謝絕。他二人都做對了。下屬恭敬的作用之一就是承認上司擁有地位特權，使上司能懷著優越感放棄這些特權。

若不這麼做便會爲彼此的關係注入不言可喻的緊張。前不久，加州某電腦安全公司的執行長住進紐約的飯店，房間和他一週前，以及兩三週前住的一樣豪華。但與他同行的投資人資訊部門主管卻十分幸運，飯店服務人員不只讓他升等，還爲他安排了總統套房。這位幸運先生顯然並未想到轉身對老闆說：「不了，還是給你吧。」這麼做似乎有點過於諂媚，尤其是當著年輕貌美的櫃檯小姐。而執行長當然也不會粗魯地開口說：「這個房間還是給我吧。」但下屬的越級享受利益也確實上了心。「你要知道，說起執行長，我算是謙虛的了。」幾週後，這位執行長對助理說：「不過呢……」下一趟前往紐約，助理爲他找了另一家服務人員眼尖一點的飯店。後來，公司雇了新的投資人資訊主管，原因當然與此毫不相關了。

從另一方面看，與老闆同行也可能爲下屬開啓通往管理高層的一扇窗（或甚至一扇大門）。接近高層便有機會發覺誰正得勢、誰正失勢，以及情勢可能對其他所有人造成何種影響。例如，某家財星五百大企業的一位中階主管總會盡可能地與上司同行，無論是搭直昇機、飛機或豪華禮車。有一段時間，她必須每星期前往公司位於鄰州的工廠，開車單程需要四小時。當時有不少副總裁經常搭公司專機前往，快得多也舒服得多，這位中階經理總會試著和他們一起飛。「就是要認識他們的助理。」她說：「因爲如果能讓飛機客滿，副總裁申請到飛機的機會較大。所以只要對助理好一點，他們就會通知你。」

與這位主管等級相當的同儕對於跨越階級界線似乎比較顧忌。「我告訴同階級的人，但他們總是說：『唉，我沒有資格。』我心想：『對，但你有職責。』你應該要知道公司現況。這正是方法之一。」有一次在公司直昇機上，中階主管向同機乘客自我介紹，他們全都是副總裁，她便開玩笑說：「不過，我不是副總裁。」似乎是略帶不安地承認自己越級。

其中最溫和的一人見她相當年輕，微笑答道：「還早呢。」接著他二人開始聊了起來，飛行途中她發現到「他有領導人的相貌，有領導人的氣息」。她還得知一則珍貴的消息：他正要去和董事們開會。由於噪音太大，其他副總裁聽不到。第二天回到總部，「我告訴我上面的副總裁說那個人會升官，他說：『你怎麼知道？』我便跟他說了與董事開會的事。他說：『不可能。』不久之後，有領導氣息的那人成了公司的執行長。」

模仿與恭維

接近上司、知曉上司的行為不僅能更輕易地了解這個充滿首領光芒的人，還有利於恭維甚至模仿他。儘管大家都說不喜巴結，這卻是下屬的重要工具。

其他群居的靈長類主要是藉由理毛來建立連結，至於誰理誰的毛則是高度政治問題。例如在長尾猴群中，當下屬打算與高層雌性建立關係，通常會為牠理毛十次，而對方每次都會回報。（「你覺得輕鬆極了……你的血清胺濃度到達最高點……你會給我那根香蕉……」）如果下屬特別敏銳或權謀，牠也可能注意到未來權勢的走向，而刻意為明日之星理毛。在肯亞的某個案例中，生物學家發現有一隻地位相當低的雌長尾猴瑪可絲，獲得了不成比例的理毛次數。其他雌猴似乎都發覺牠最終必定會因爲狡詐與無數的家族關係獲得權力。接下來的十年間，牠的確慢慢爬上最高位。「這些動物的行爲彷彿是在分散投資風險，」研究者推論：「一面與此刻的當權者建立關係，一面又和未來可能得勢者保持關係。」

除了偶爾推推背，或是助理在老闆參加重要會議前大略幫他梳整一下之外，人類在職場上不會有肢體上的呵護。我們呵護用的是言詞。根據某一主流理論，人類發展出語言便是爲了直接替代肢體的理毛行爲，從象徵諂媚的英語用語中亦可看出與理毛之間的關聯：to curry favor（梳理馬毛）、to butter up（塗奶油）、to soft-soap（抹軟皀）、to suck up（吸吮）、to kiss ass（親吻臀部）。至於 flattery（諂媚）一字則是從象徵「撫摸或輕撫」的法語字衍生而來。

在職場上，我們通常比較喜歡以言語而非手或嘴唇來付出與獲得安撫。（即使現今的好萊塢似乎也是如此。有位傑出的製作人說得簡單明白：「我要的是尊敬，不是口交。」）奇怪的是，人類的呵護行爲雖然最不直接，卻似乎最有效。意志薄弱的老闆身邊會圍著一群應聲蟲，一天到晚說：「你太厲害了。你怎麼辦到的？」不過靈長類權謀的遺傳，在大多數人身上已經演化到讓他們不信任當面奉承的人。

因此機伶的下屬會把恭維放在老闆可能看得見的地方。例如，當《紐約時報》來電，請《康德奈斯特》雜誌（*Condé Nast*）總編輯詹姆斯·杜魯門（James Truman）談談董事長紐豪斯（*S.*

I. Newhouse）時，杜魯門便是這麼做的。他說：「董事長很能洞悉事情的弱點，他不會多說，但他只要一面看著某樣東西一面在原位交叉踏步，你就知道那需要下工夫。他有這種天份，能知道如何讓人想看雜誌。」至於杜魯門的天份則是將原地踏步不說話的人描述成天才。假如不是《紐約時報》恰巧來電，這位機伶的下屬也會將這番恭維告訴適當的第三者，並深信很快就會傳到老闆耳裡。

史丹利・賀茲（Stanley Herz）在紐約開了一家高階主管招募公司。曾有一名員工不斷地讚揚他，而且是在與客戶會談的高效率場合，就像自然的推銷手法：「這位是史丹利・賀茲，各位應該知道他是公司背後的智囊。」賀茲坦承他聽了十分受用，因爲被捧爲企業專家可說正中他下懷。賀茲給了恭維者更高的職位、更多的分紅、更大的客戶，以及帶客戶上高級餐廳的自由。

然而，正因爲恭維得太成功反而招致反效果。那名員工的工作能力始終很強，賀茲說：「我想如果他能力不好，沒有人會接受這種恭維。」但後來因爲花費太高，公司不再有利可圖。當不景氣迫使賀茲重新在事業上動腦筋之際，第一個被解雇的就是那名恭維者。

人多勢眾

關於下屬的行爲，還有最後一個元素需要考慮。當恭敬、巴結與其他形式的服從都不足以讓老闆依他們的意思行事時，員工們便會聯合起來集結力量。開會時，大家通常都希望有人能大膽說出眾人的心聲。若真有人挺身而出，他們便會相繼呼應。這大概就如群聚行爲，每個人都靠著人多勢眾，以免獨自被排擠在外遭到報復。黑猩猩也有一模一樣的情形。當首領的粗暴行爲導致一隻母猩猩發出「哇——！」的抗議怒吼，母猩猩的其他盟友也會立刻「哇——！」地應和，直到整個隊群充滿憤怒刺耳的吼聲，首領便會知難而退。

人類和黑猩猩一樣，也會組成非正式的聯盟，而且最後可能整頓勢力推翻首領。例如，某間學校有一位非常成功的足球教練，經常動不動就痛毆球員，還刻意製造球員之間與球隊之間的敵意。誰也不想冒著被退隊的危險起身反抗這個暴君。因爲他們總是彼此不滿，也無法聯手起來。最後，在停車場交換意見的家長們介入了，形成一個非正式的聯盟，並以電郵反應教練施暴的多起案例，終於將教練趕走。

另一家機構的上司也經常朝下屬扔東西洩憤，下屬們除了彼此同情之外似乎也無計可施。但有一天，上司又朝員工扔公事包，引發其他下屬串連發出怒吼，甚至驚動了執行長。這個討厭的傢伙沒有被炒魷魚，不過分紅時被砍了四分之一。

勞工與管理階層的關係多半是依循這個模式，由下屬組成聯盟以平衡權力。例如，我們會藉助工會、集體訴訟、公平就業法、性騷擾法、開玩笑與八卦。這些平衡策略或許看似人類本性發展到極致的產物，但我們卻能快速從其他靈長類身上，學到幾個關於聯盟行爲的教訓：

・**注意其他人如何聯繫**。當靈長類學家想知道哪些猩猩是同一夥的，就從記錄上看看誰和誰坐在一起，誰幫誰理毛，理毛的頻率爲何，牠們如何分享食物，打鬥時又有誰會出面保護另一隻猩猩。當你開會時，只要留意座位次序、發言順序與臉部表情的交換，也能作同樣的推測。政策盟友甚至可能穿類似的衣服。

戴斯蒙・莫里斯認爲盟友之間也會不自覺地呼應彼此的肢體語言，而這種「姿態」的呼應有助於界定會議中的派系：「如果有三人在與另外四人爭辯，各組人都會配合彼此的姿勢與動作，以便與另一組區隔。有時候，若有人改變立場，甚至可以在他口頭宣布之前預測得知，因爲他的身體會開始出現另一組人的姿態。想要控制場面的調停人可能會採取中庸的姿勢表示『我是中立的』：和這邊一樣交叉手臂，又和那邊一樣翹起腿來。」

・**尋找挑戰力度的線索**。德・瓦爾研究獼猴時發現，自信的個體進行權勢挑戰時，會將炮火集中於對手，彷彿眼中再無他人。較無自信的個體則通常不只針對對手，還會注意旁觀者有無聯手的可能。這類猴子會用「誇張、猛然的轉頭動作」，讓其他同伴注意到他的挑戰。較軟弱或缺乏安全感的人發動挑戰時，也會使用同樣的「訴求式攻擊」，先迎戰首領然後緊張地四下環顧尋求盟友。

你若是下屬，要加入如此準備不周的挑戰之前最好三思。你若是首領，應該不至於笨到去壓制這種挑戰，只要讓它無疾而終就能讓你顯得更強。同時，你只要觀察忠心的部屬們對於挑戰的反應是默默地揚眉或是不屑地皺臉，便可猜出哪些人可能背叛你。

當猴子下屬想向上層輸誠或予以安撫時，牠可能會彎下身子，翹起臀部，讓強權個體爬上去衝撞個一兩下。這與性無關，只是禮貌性地說：「你是老闆，我知道。」現代企業通常不會贊同這類特殊的服從形式。但下屬絕不能忘記：在許多公司，具有相同作用的言詞或恭敬態度依舊是不能免的。

8 猴子籠裡的喋喋不休

八卦與獸性祕密

你要過的生活是，即使家裡的鸚鵡賣給鎮上長舌婦也不擔心。

——威爾・羅傑斯

「八卦毒害企業」，這是不久前《勞動力》雜誌（*Workforce*）裡的一個標題。「HR（人事部門）有能力阻止」，這當然是好消息。文章內提到人事部門那些天才們還可以讓鱷魚寫詩，讓河馬跳舞。

八卦是人類的本性，要制止這個本性恐怕需要奇蹟或者魔術。沒有了它，任何公司都可能嘎然停止運作。儘管八卦向來惡名昭彰，但是周遭人的新聞與謠言卻是我們身爲社會靈長類與企業動物的生命泉源。失去它會使我們社交生活與心靈空虛。事實上，有位人類學家將八卦視爲維持「社群的團結、道德與價值觀」的利器。然而主題既是八卦，說這些似乎太唱高調了。我們還是暫時先討論低俗一點的東西。

記者大衛・瓊斯（David Jones）在倫敦《每日電訊報》（*Daily Telegraph*）擔任訃聞版副主編時，很高興能爲盧德蓋特（Ludgate）的史蒂芬斯（Stevens）爵士夫人撰寫死後略傳。他寫道，她是個「充氣的棕髮美女」，最著名的就是在她《善變的女人》（*Woman as Chameleon: Or How to Be an Ideal Woman*）一書中，向英國人傳授吸腳趾一招。訃聞中引述了她對於如何爲辛苦工作一天的丈夫「紓解壓力」的建議：「親吻丈夫的身體一定要從腳趾開始。親吻並吸吮了腳趾之後（但願是清洗過了），才開始親吻他腿部的每吋肌膚……」

這已經冒險進入危險領域。職場上八卦消息的主要功能之一，就是溝通不言而喻的規則。在報社林立的旗艦街上，便有這樣一條規則：禁止「詆毀」競爭對手或他們已過世的善變女人，而史蒂芬夫人的丈夫正是《每日快報》（*Daily Express*）的高級主管。瓊斯繼續肆無忌憚地寫道，各家記者看到她建議妻子成爲丈夫的妓女，都十分高興，因爲「這個建議讓人得以一窺某位報社男爵家庭生活的安排。」也難怪瓊斯報社的發行人布雷克會如此氣憤，不只因爲他覺得與專欄作家艾密爾（布雷克自己曾以文字形容她「異常性感」）的婚姻也受到不公平的中傷，更因爲此舉讓他彷彿在競爭對手的妻子墳上起舞一般。

結果證明這篇略傳確實大大失策，因爲當時布雷克正在和史蒂芬爵士談一筆交易，希望將《快報》印在《電訊報》上並取得二成的所有權。接下來十天當中，瓊斯受盡監督酷刑，每天頭垂得低低的，在電梯裡更是人人迴避。

我們很少聽見有人抱憾「要是我八卦一點就好了……」，但八卦卻是職場的基本生存工具。訣竅不在於如何終止——除非是偶爾的惡意謠言——而在於如何發揮它的最大功用。我們八卦是爲了了解周遭發生了些什麼事。(「瓊斯，前幾天你有沒有在電梯裡看到《每日快報》那幾個小夥子？」) 我們八卦最主要是爲了掌握高層的消息，或許正因爲如此老闆才都反對八卦吧：因爲談論的都是他們。我們八卦是爲了地位，可以帶著沾沾自喜的微笑分享內幕消息。我們八卦是爲了得知所屬群體的標準與價值觀。(「你有沒有聽說那個瓊斯幹了什麼蠢事？」) 我們八卦是爲了控制群體的其他成員，並懲戒犯規的人。

儘管有明顯的好處，大家對八卦的偏見仍深。不久前，卡內基訓練企管顧問公司的負責人表示，主管們若想增進公司產能，最好的做法就是「禁止茶水間的閒聊」。這該怎麼做呢？割掉員工的舌頭還是把他們變成機器人？這個嘛……「仔細想想，」他坦承：「這種組織政治由來已久。」而由來已久的習慣有時很難破除。

不公平

猴子缺乏語言能力，因此無法八卦。但牠們也盡可能地想八卦，只是沒有眞正大喊：「天啊，繼續說下去！」而是靠偷聽罷了。猴子會密切留意身邊動物的行爲，利用這種社會知識爭取朋友、影響同伴。眾多事情當中，牠們最在意的是組織對待牠們是否公平。

在《自然》雜誌某篇標題聳動的報告〈猴子拒絕不公待遇〉中，耶克斯靈長類研究中心的專家描述了他們教導僧帽猴實施現金交易的情形。僧帽猴原產於南美洲，是社會性與合作性極高的動物種。該實驗以花崗卵石作爲「現金」，猴子便學習拿石子和研究人員換取一條小黃瓜或一顆葡萄。實驗過程中，研究人員將猴子關在籠內，兩兩相鄰，每隻都能看到另一隻用錢換到什麼。(「不公待遇」研究中的猴子碰巧都是雌性。) 如果兩隻都拿到小黃瓜，就會快快樂樂地吃掉，相安無事。但假如一隻拿到葡萄，一隻拿到小黃瓜，醜陋的組織政治頓時抬頭。「看見同伴獲得較好待遇，牠們就會拒絕原先可以接受的報酬。」研究人員寫道。事實上，憤怒的第二隻猴子經常會吼叫抗議，並將完好的小黃瓜丟出籠外。

耶克斯的研究人員莎拉・布洛斯南 (Sarah Brosnan) 與德・瓦爾對於猴子的八卦並不特別感興趣。但他們的實驗揭露了我們之所以密切留意身旁眾人——無論是用眼睛或是用言語——的一個重要原因：爲了確保自己沒有獲得不公平待遇。僧帽猴那種不服氣的感覺，顯然就像我們看到有人莫名其妙地升官、在超市裡插隊，或是違反輪流行進的公路禮儀一樣。專家們表示，宇宙人類的「公平感」與對不公正的厭惡，恐怕遠比我們所想像還要歷史悠久。

這些社會情緒強烈到讓猴子寧可傷害自己、丟棄牠們用不少錢買來的食物，也不願接受不公的待遇。儘管有「理性經濟人」的迷思，人類的行爲其實並未更合邏輯：只因爲當地商店曾經惡劣對待我們一次，便特地開車到數哩外購物；只因爲某人先升官，便放棄自己心愛的工作。

「一般人經常因爲自認爲不公平，而放棄到手的獎賞。」主要研究員布洛斯南說：「這種不理性的行爲讓一向主張經濟決策必定理性的科學家與經濟學家十分受挫。我們在非人類的靈長類身上發現，這類決定過程中，公平與否的情緒性感覺扮演著關鍵角色。」

但即使我們八卦是爲了監督公平性與避免危險等實際理由，有些研究人員認爲另外還有較正面的目的，如加強與家人、朋友、同事間的社會連結。

腦大才能更八卦

利物浦大學人類學家丹巴爾論證八卦是我們張嘴的主要原因，僅次於吃東西。在大學餐廳裡，針對一群可謂知識分子所做的研究中，他發現交談者幾乎不重視觀念，反而有七成時間都在談論彼此。沒有任何其他主題佔談話內容一成以上，大多數都只佔百分之二或三左右，其中包括「所有你或許認爲在我們的知性生活中很重要的主題，如政治、宗教、道德、文化與工作。」

丹巴爾指出，此結果約莫和圍在篝火旁的更新世人類相同，因爲了解社會關係向來是生存的重點。他認爲我們之所以發展出大容量的腦與獨特的語言能力，其實主要是爲了操控社會智能這等大事。「總而言之，」他寫道：「我認爲語言的演化是爲了讓我們八卦。」

根據生物學家預測，人的大腦約莫是體積相當的哺乳動物的九倍大。這也是我們最昂貴的器官，每天要消耗二成的能量預算。（驚訝吧：相對而言，各位的生殖器卻很廉價。或者應該說如果你沒有花那麼多腦力想著它的話，應該很廉價。）生物學家研判，各靈長類的腦容量只會在具有明顯進化利益時才會增大，以補償巨大的代價。例如，較大的腦或許有助於管理更大範圍的家，或是獲得不同類的食物。

丹巴爾將不同靈長類——從侏儒狐猴到獼猴——的腦容量製成圖表後，推論八卦是人類的重要優勢。他接著利用圖表比照腦容量與每個物種平常生活的隊群大小，結果發現隊群愈大的物種，大腦——尤其是最常作深度思考的外層，亦即新皮質——也愈大。隊群最大、大腦也最大的靈長類——狒狒、獼猴、黑猩猩與人類——活動地點多半在地面上、開闊的草原林地或森林邊緣。這是理想的棲境，但也容易遭獅子攻擊，因此與較大隊群共同生活才更能對獵食者提高警覺。隊群較大表示社會關係較複雜。因此，丹巴爾認爲，需要較大的腦來處理這些關係。

黑猩猩保持聯繫的方式就是常常在一起理毛，並留意誰理誰的毛。一個隊群通常約有五十五隻黑猩猩，每天理毛的時間便要佔去二成。理毛能幫助個體建立社會連結，在分享食物或尋找打鬥助手時，這點可能攸關生死。

理毛還有更直接的效果，那就是舒服的感覺。被理毛時會釋放大量的腦內啡與其他內生性鴉片物質，亦即大腦自生的麻藥。據丹巴爾說，當言語無法適度傳達情緒，轉而尋求搓揉、撫摸、輕拍與其他形式的肢體呵護時（甚至偶爾也會吸吸腳趾），我們也能在親密關係中獲得同樣的幸福感：「受這些行爲刺激所分泌的腦內啡開始蔓延全身時，我們會感受到身體逐漸升溫，內心平和，並對與我們共享親密的人產生幸福感。這種效果是立即而直接的：肉體接觸的刺激比任何言語都能更有效、更直接地讓我們了解『呵護者』的內在情感。」

八卦是爲了舒服的感覺

人類不能用身體呵護的方式建立連結，因爲我們認識的人太多。通常我們並不想被搓揉、撫摸、輕拍，特別是工作的時候。依丹巴爾估計，人類大腦可以適應一百五十人左右的群體。如果得依靠彼此呵護與這麼一大群人維持社會關係，一天可能便要用去四成五的時間，而沒有時間去做吃飯之類的重要事情。因此我們便以語言互相關心、安慰，其中主要是交換八卦。

語言本身有出奇正面的影響：某個針對十三種語言所作的研究發現，「人類有一共通傾向，在溝通時較常使用正面評價的字眼，較少使用負面評價的字眼。」另一項研究發現，在對比詞組中我們通常會先說正面字眼，例如或多或少、快樂悲傷、我們和他們、盈虧。

丹巴爾認爲八卦本身其實大約只有百分之五爲負面，絕大部分都只是閒聊：「你看到她昨天穿的衣服了嗎？」或者「他很會說話。」丹巴爾說，八卦的內容不及「社會參與的訊息」重要。當有人停下來與你八卦，便是與你建立一對一的關係，讓你們同屬一個社群。而八卦 gossip 這個字也是寓意深遠。在一起八卦的人原來都是「god-sib」（上帝的親人），藉由互相提供社會消息而緊密相連。

假如丹巴爾說得沒錯，那麼八卦應該也和理毛呵護一樣會使人覺得舒服。依間接證據推測確實如此。肯定是爲了八卦與團體歸屬感等原因，青少年才會如此沉迷於即時通訊與較不受青睞的電子郵件，一般人也才會老是把手機貼在耳邊，以便和朋友、家人或同事閒聊，不管是獨自開車，或走在陌生人環繞的街上。

AT&T著名的廣告標語「伸出手臂，觸摸世界」，敏銳地將閒聊類比成肢體上的呵護。「別忘了，」有句廣告詞說：「不管家人離得多遠……你都可以伸出手臂觸摸他們。」只可惜尚未有人證明八卦也和理毛一樣，能刺激腦內鴉片物質的分泌。同樣也無證據顯示，透過電話或電腦等不具人格的媒介進行社會交流能否產生類似效果。

然而我們知道相反情況會產生負面效果：大腦對於遭社會排擠與對肉體疼痛的反應十分類似，即使只是被電腦忽略也會有這種疼痛感。UCLA做過一項研究，讓實驗對象透過電腦連線與另外兩人玩虛擬的擲球遊戲。另外兩名玩家是虛擬的，但實驗對象並不知情。他們丟了七次球給他，接著連投四十五球都將他排除在外，他的反應就像被賞巴掌似的。

實驗對象無論男女，MRI上都顯示右腹前額葉皮質——也就是對危險等負面刺激有所反應的區塊——以及前扣帶皮質（ACC）皆有活動跡象。ACC是著名的「神經警報系統」，專門偵測疼痛。但在監督社會關係方面卻也扮演重要角色。

例如當松鼠猴幼猴走失發出嚎叫，以便與隊群重新聯繫上，其中便牽涉到ACC的神經功能。而它在人類身上的作用則是當幼兒發出哭聲時，誘發母親特有的刺痛感。UCLA研究人員推論，我們的神經系統已經在演化過程中被同化，致力於促進社會聯繫，因此可以偵測到我們社交生活中有何差錯。所以遭群體冷落確實可能像被踩到腳趾頭一樣地痛。

新南威爾斯大學最近的一項實驗甚至不諱言擲球遊戲的另一方只是一架電腦，但實驗對象仍感覺受到傷害、排斥。就如同他們刊登在《實驗社會心理學期刊》的文章標題所說：「你能有多卑下？受電腦排斥已足以降低歸屬感、控制權、自尊與人生意義的自我評價。」作者們認爲實驗結果「強烈證明即使遭社會排斥的暗示再細微，人類也有一種非常原始與自動調適的敏感度。」

也許還可以進一步說，當我們被摒除於公司傳言之外，也會有和玩電腦擲球遊戲時遭忽略同樣的感受。再說了，怎麼不會呢？就某些方面而言，大多數閒聊內容空虛的特質和擲球遊戲差別並不大，動機多半是爲了一起做點事而不是爲了完成某件事。但八卦卻也可能隱藏著攸關工作存亡的訊息。無論是微不足道或重要話題，我們每個人多少都有過被排除在外的直覺。因此八卦產生歸屬與排擠感的潛力應該要大得多。

某保險公司主管坦承，最糟的八卦是「從另一位層級相當的主管口中聽到重要消息，這表示他與老闆談過而你卻沒有。玩檢定力曲線遊戲的人一心只求能與高層同席或同幔，被隔在圈外就如同有了喪命風險。」

深入內幕的九大步驟

以上這些觀念與我們的職場生活有何實際關聯呢？

・不管人事部門如何努力制止，大家還是會八卦。企圖制止他們就像企圖制止你的狗去聞其他狗的屁股。

・如果你是經理並有偏袒或其他不公的行爲，下屬幾乎肯定會發現。所以不要這麼做，如果只升某人的官也要準備提出令人信服的理由。

・如果聽到危險或打擊士氣的謠言，應該誠實面對：「我們都聽說公司正在考量馬來西亞的成本是否比較便宜。據我所知，我們仍有機會證明，在我們這裡可以做得比較好，價格也不會太高。」

如果你告訴下屬外移計畫根本尚未提出討論，而兩個月後卻要他們開始打包設備前往吉隆坡，此後你說的話便再也無人相信。他們反而會更相信傳言。（只不過傳言也將已經移至吉隆坡，你的工作也是。）

・無論傳統觀點爲何，經理應該利用八卦讓下屬有參與感。但人事部說對了一點：這並不包括和下屬一起抱怨。你不能向他們埋怨生產部助理是個只會看漫畫的笨蛋，從不守本分。事實上在某些法院轄區，如果上述助理控告經理散佈謠言，使他置身於惡劣的工作環境勝訴的話，公司可能需要付出大筆損失賠償金。

負面的八卦對於主管幾乎毫無益處，但大部分八卦都不是負面的。你適時的一句話便可以幫助同事更有效地運用時間，並贏得他們的心：「我聽說迪士尼將有大事發生，你們那個計畫最好拖過這個週末。」不過也要注意，傳遞訊息時多少要公平。

・與基層人員八卦不只能讓他們爲團體效力，還可以向他們學習，因爲基層的人通常比高層的人看得更多。某機構董事會的一名警衛在走廊上站崗時，會透過耳機監聽，萬一哪個怪老頭看到董事長薪資福利明細忽然昏倒，他便能立刻衝進去。但他同時也聽到所有開會內容，偶爾還會向那些不看輕警衛的聰明人透露些許。

某財星五百大企業有一位中階主管很善於聽取八卦。有天晚上她搭公司車回家，由於單獨一人，似乎不利於收集情報，因此她坐到前座與司機聊天。他們談起一名年輕貌美、地位扶搖直上的女性企劃主任南茜，其他企劃主任私下都說她沒有能力、沒有擔當、經常三心二意，而且不善溝通——她卻仍一路升官。

司機沒有明說這位主任和某資深副總裁發生婚外情，但聽得出來副總裁的妻子請了私家偵探，每當副總裁和同樣也是已婚的南茜一同出差，總會特別安排搭不同班機抵達不同機場。如今，南茜也升爲副總裁了。對中階主管來說，這則八卦並無直接用處，她並不打算勒索任何人。但她卻深入了解了企業的克里姆林學。

・類似的八卦能告訴你該將精力投注於何處、何人。例如，昇陽電腦一度成立了一個獨立團隊——「臭鼬小組」（研發小組）——致力於發展新軟體。小組的領導人是個工程師，但公司又請來一位管理人士，兩人自然意見不合。組員們便打賭看誰會逼走誰。了解企業界本質的投資專家認爲經理會勝出。「但碰巧有人知道工程師每星期都會和執行長麥克里尼打曲棍球。結果走的是經理。」投資專家依舊是錯了，八卦傳聞才是對的。

・不管是聯繫感情或作爲消息來源，若希望八卦有好處，就必須要有互惠的關係與一定程度的信任。信任，但當然也要睜大眼睛：某大公司的一位中階主管總愛把同事培訓成間諜與盟友。爲了測試下屬的可信度，她首先洩漏一點有用的、傳開來也危害不大的資訊，然後等著看他們是否遵照她的要求保密，也看看「他們是否了解彼此間應該有來有往」。

信任也表示八卦要盡量正確。儘管八卦一向被視爲荒謬謠言的起源，研究卻顯示公司的傳聞通常有七成五至九成五是眞的。進化理論學家則表示人類應該不至於花費精力散佈不實訊息，否則來源必定會受質疑。儘管如此，傳播傳聞之前仍應小心求證（尤其是網路上的謠言）。如果你聽說迪士尼將有大事發生，而且可能是關於米妮鼠和黛絲鴨即將宣布舉行同性戀婚禮，你很快就會對傳言失去興趣。

・雖然高級主管都自稱不屑八卦，但他們也應該知道如何利用這項有利的工具。例如，幾年前有家美國保險業者想參加某歐洲公司的併購競標，其競爭對手卻是世界數一數二的大企業。該保險公司研判他們只是被投資銀行家利用作爲籌碼，好讓 GigantaCorp 哄抬標價。但他們依然決定投標。

不過除了投標外，該公司還向標的公司透露一則重要的八卦消息：GigantaCorp 的一貫策略是以高價投標，擊敗競爭對手，然後再以種種限制條款與條款細則錙銖必較，將標的公司逼回現實。保險公司同時也言明，希望在競標過程中與歐洲對手會面。這次簡短的面對面談話（與八卦）爲他們建立了關係，那家歐洲公司也接受了較低的標價。

・八卦還能用來使個人獲得平等待遇。這是讓我們彼此都誠實的一個方法。靈長類學家克里斯多福・波姆（Christopher Boehm）將八卦描述爲「不斷瀏覽他人道德檔案的一種地下活動……雖然祕密，但大家都知道八卦隨時都在發生，目標可能是任何人。這一點倒是有嚇阻作用。」

例如，某家公司的高階主管在禮拜一早上搭上公司的直昇機後，無意間得知財務長每個週末都會順道免費搭機往返他的海濱別墅。誰也不用說出來。他們只是互看一眼，財務長便看出她知道了。然而，當有人發現葛拉索擔任紐約證交所董事長的酬勞高得離譜，便立刻大聲宣揚。「看吧，他拿到葡萄，我們拿到小黃瓜。」《紐約時報》對耶克斯研究記憶猶新：「不對，更正。他拿到一串葡萄、一根香蕉和熱軟糖聖代外加一顆櫻桃，和一輛敞篷車。他拿到——我們說清楚一點——一億三千九百五十萬顆葡萄。我們其餘這些小猴子就乖乖拿著小黃瓜坐在這裡。今年的小黃瓜變小了，減產嘛，你也知道。市場不景氣，抱歉。」

不妨效法羅傑斯的建議，讓你家鸚鵡與鎮上長舌婦之間保持暢通管道，雖然不可能像他說得這麼輕鬆，但長久來看這可能是比較聰明的做法。

例如，幾年前在好萊塢電影界有個像蛇一樣狡猾的經紀人（這句話對蛇或許不太公平），手下有個年輕演員來自名聲顯赫的演藝家族。當經紀人買了新的答錄機，便將舊機送給演員的母親。不料這答錄機竟成了他家的鸚鵡。經紀人蠢到將他與一名導演討論未來計畫的錄音帶留在機器裡，演員的母親聽了，發現兒子被形容成一無是處的演員，根本不適合演那齣戲。經紀人反而極力推薦另一人。於是母親打電話給經紀人，播放相關的錄音給他聽，並告訴他若是不立即撕毀與她兒子的合約，她便要向好萊塢媒體披露此事。這位一無是處的演員很快找到了新的經紀人，如今已是大眾娛樂界極受稱道的大明星。而經紀人呢？他還是像隻好萊塢的爬蟲，只不過笨了點。

別出聲

動物想在社群中成功不只要注意臺上其他演員的表現，還要懂得辨識後臺的小訊號。

某日在波札那，我看著一群狒狒穿過田野，高高的草叢上方只露出牠們圓圓的頭頂。狒狒正朝著一頭印度豹走去，而印度豹也蹲低身子朝狒狒前進。這時有隻停在樹上的犀鳥發現印度豹的蹤跡，便發出警訊。狒狒首領抬起頭，找出危險方位，然後改走較安全的路線。洩漏行踪的印度豹也隨之離開。（這是好事，眞的；印度豹不是狒狒的對手。）其實獵食者與獵物從未眞正打過照面，只是懂得觀察景象的變化罷了。

辦公室裡的閒聊也有同樣功能。有個約聘員工從某位同事說話的口氣聽出公司即將轉賣，他便連熬了幾個晚上，提前交出計畫。結果委託這項工作的經理付了錢（外加獎金，因爲期限幾乎已經不重要）。另一個結果卻可能是案子被新來的經理吃掉，因爲他急於表現自己縮減成本的強烈本能。

9 砰砰，親親

「對不起」的自然史

這就像兩隻豪豬的結合，必須要非常小心。

——留意昇陽與微軟間協議的一名矽谷觀察家

不久前的某天早上，杜威巴蘭坦律師事務所（Dewey Ballantine）倫敦辦事處有名職員發出電子郵件，說有一窩小狗要送人。有個高級合夥人便回了一封玩笑信鼓勵全公司員工領養：「可別讓這些小狗落入中國餐廳。」

這是個蠢笑話。而且，這家事務所由於前一年激怒了亞洲社會，才剛做過「感受力訓練」。那件事發生在一個正式晚宴上，妙語如珠的律師嘻嘻笑笑地談起香港辦事處關閉一事：「你們是公司的瘤，將你們的命脈一併割除也是情非得以。」這看似一種偏見，因此道歉也平息不了群情激憤的批評聲浪。

「有人犯錯，他們也道歉了。」事務所的聯合董事長抱怨道：「而且我們還不斷地道歉……我希望我們能找到簡單而迅速的方法說服他們，這個行爲確實違反了公司文化。但顯然是不可能。」他似乎沒有想到，希望簡單而迅速地解決卻又在言語中區隔「我們—他們」，可能只會讓問題更嚴重。

企圖以一個舉動或一句話來糾正公開的失言向來十分棘手，這似乎也是最具人性本質的一種處理方式。不過說「對不起」的藝術有很深的生物根源，甚至影響了我們最細緻入微的道歉。了解這些根源很重要，尤其是要提醒自己，任何擁有良好人際關係的人都需要聽到與說出「對不起」，就像需要吃飯睡覺一樣。

在職場這種容易發生衝突的環境，道歉更是重要，但我們似乎若非完全不道歉，就是手法拙劣。舉例來說：

・辛辛那提紅人隊的明星球員彼得・羅斯（Pete Rose）不僅在他擔任球隊隊員與經理時涉及非法簽賭，而且說謊長達十四年。他在二〇〇三年終於供認並道歉，但顯然懷有私心：羅斯希望終止自己終身禁賽的處分。他希望在二〇〇五年十二月資格失效之前，當選進入棒球名人堂，也想促銷自憐意味濃厚的自傳《我的心牢》（*My Prison Without Bars*）。在書中，他作了最接近正式道歉的聲明：「我知道既然承認自己做了錯事，就應該表現出歉意、難過或內疚，但那不是我的個性。所以就這樣吧：我很抱歉發生這樣的事，我很抱歉傷害這麼多民眾、球迷和我的家人。路還是要往下走。」這稱不上拼命三郎式，孤注一擲、義無反顧地尋求原諒的努力。

・二〇〇四年，某專案調查委員會發現由於ＢＢＣ的編輯政策「有瑕疵」，導致播報員「沒有根據」地散佈不利於政府的言論，英國廣播公司最高層的兩名官員因而辭職，新任代理主席

105

台北市南京東路四段25號11樓

大塊文化出版股份有限公司 收

地址：　市　縣　鄉/鎮　市/區　路　街　段　巷　弄　號　樓

姓名：

（請寫郵遞區號）

from vision
大塊文化 LOCUS
to fiction

謝謝您購買這本書！

如果您願意，請您詳細填寫本卡各欄，寄回大塊文化（免附回郵）即可不定期收到大塊NEWS的最新出版資訊及優惠專案。

姓名：__________ 身分證字號：__________ 性別：□男 □女

出生日期：____年____月____日 聯絡電話：__________

住址：__________

E-mail：__________

學歷：1.□高中及高中以下 2.□專科與大學 3.□研究所以上

職業：1.□學生 2.□資訊業 3.□工 4.□商 5.□服務業 6.□軍警公教 7.□自由業及專業 8.□其他

您所購買的書名：__________

從何處得知本書：1.□書店 2.□網路 3.□大塊NEWS 4.□報紙廣告5.□雜誌 6.□新聞報導 7.□他人推薦 8.□廣播節目 9.□其他

您以何種方式購書：1.逛書店購書 □連鎖書店 □一般書店 2.□網路購書 3.□郵局劃撥 4.□其他

您覺得本書的價格：1.□偏低 2.□合理 3.□偏高

您對本書的評價：(請填代號 1.非常滿意 2.滿意 3.普通 4.不滿意 5.非常不滿意)

書名____ 內容____ 封面設計____ 版面編排____ 紙張質感____

讀完本書後您覺得：

1.□非常喜歡 2.□喜歡 3.□普通 4.□不喜歡 5.□非常不喜歡

對我們的建議：__________

也「毫無保留地」道歉。（根據委員會的調查，該記者沒有證據便指控布萊爾總理的助理在一份情報檔案中加入「煽情」資料，誤導英國民眾支持加入伊拉克戰爭。）

這番道歉引起兩萬七千名BBC員工的憤慨，他們多數認為該委員會是為了「粉飾」布萊爾政府的政策。他們對代理主席幾乎毫無所悉，覺得他沒有立場代替他們道歉。然而道歉——BBC自家的大衛·艾登保羅爵士（David Attenborough）稱之為「屈服」——的精神卻似乎瀰漫整個公司，感覺十分尷尬。BBC曾有一度確實道歉了，因為向來以打破砂鍋問到底聞名的電視節目主持人，不斷向警官追問一件眾所週知的謀殺案。

目前看來，我們的道歉藝術好像是向猴子，而且是不太精通此道的猴子學來的。但道歉是大事，也是——或者說應該是——我們工作上的潤滑劑。道歉有治療的潛能，可以吸除恨意與憤怒，可以奇蹟似的將顧客的敵意轉化為甜蜜，可以讓意外身亡的孩子的母親憤怒平息，甚至化敵為友。

道歉還能產生戲劇化的收益：

・一九八七年，肯塔基州列星頓的退伍軍人醫學中心為員工設定了「極度誠實」政策。意思是偶爾要承認有醫療疏失，為此道歉，並發表聲明讓家屬本身也沒有理由懷疑該疏失導致病患死亡。持懷疑態度者認為這項政策將會造成巨大的責任夢魘。但醫院的訴訟費用很快便從退伍軍人管理局各單位的最高降至最低。誠實道歉顯然比金錢更能有效解除醫療失當的患者與家屬心中的懷疑與傷痛。

・二〇〇一年在巴爾的摩的約翰霍普金斯醫院，有一名十八個月大、名叫喬西・金的嬰兒因不慎燙傷接受治療。就在預定出院前不久，孩子的母親莎芮發現喬西忽然出現脫水現象，向院方反應兩次都無人理睬，直到第三次，醫護人員才來打針，不料竟打錯藥再加上脫水而使嬰兒喪命。

喪子的雙親悲痛萬分。這時有一位名叫喬治・多佛的血液科醫生，也是約翰霍普金斯兒童醫學中心主任，來到金家探視。「我們當時已經請了律師，非告不可。」莎芮說：「如果喬治說：『我們也不知道怎麼回事。』我們一定轟他出去。但他做得很對，至少我們覺得很對。他說：『這種事發生在我的醫院，在我的下屬身上，我很抱歉。我會幫你們把事情調查清楚。』」他們雙方因爲這句道歉而展開一段不穩固的關係，共同調查喬西的死因。最後金家與醫院達成和解，並捐出部分和解金聘請一位小兒科的安全管理員，也協助女兒去世的這個單位進行其他改革。

・在德州一起神父連續性侵害案中，被害人於一九九八年同意將陪審團判賠的一億七千五百萬（加上利息）減爲兩千三百萬。當然無法保證上訴後還會維持原判，但談判得以突破是因爲天主教達拉斯教區的主教同意發表個人致歉聲明，並採取防範性侵害事件的措施。「痛苦永遠不會消失。」一名被害人說：「金額再高也沒有用……唯一有用的就是看到教區有所改變。」主教的道歉便如同公開承諾改變，就像內在變化顯現出外在跡象。

和解的聖禮

一九七〇年代中期，靈長類學家德．瓦爾首先在荷蘭的安恆動物園發現「對不起」的自然史。他是在尼奇和魯特這兩隻高層雄性某次爆發嚴重衝突後（前面章節已描述過），突然頓悟的。這次的權勢之爭和平常一樣，盡是咆哮，盡是儀式化的噪音與憤怒與塵土飛揚。尖叫追逐片刻後，兩隻黑猩猩安全地分佔枯橡樹樹梢兩端。約莫十分鐘後，隊群的首領尼奇朝魯特伸出手臂，手指伸直、掌心向上，示意和解。德．瓦爾很快拍下這個畫面，並注視著兩隻猩猩爬到樹枝分叉處，互相擁抱親吻，然後爬回地面為彼此理毛。

大部分研究人員會把這一刻歸入「衝突後的互動」之類的理論範疇，模糊帶過也從此遺忘。以暗示情緒的語言討論動物，在當時仍屬異端。但德．瓦爾決定以「和解」來形容尼奇和魯特之間的情形，這也是他們兄弟間打鬥過後的情形。

此後，德．瓦爾便開始注意黑猩猩在經常發生的打鬥情況前後如何共同生活。他有條理地記錄黑猩猩剛結束衝突後的行為——小小的道歉舉止，努力修復動搖的關係——結果發現黑猩猩是和解高手。多年來，他針對研究隊群所記錄的對立事件超過四千五百件——外加一萬次的理毛與一千次的和解。他的黑猩猩完全不像「殺戮猿」，反而像是天生的和事佬。

黑猩猩和解課程第一課：猩猩打鬥過後會親吻講和，我們也應該如此。聽起來可能說得太簡單了些。但當德・瓦爾開始研究這個主題，他便發現科學「幾乎忽略了人類私人關係中的和解行爲」。

社會心理學家通常是在實驗室研究人類行爲，而不是在自然的社群中，因此幾乎從未見過和解行爲。家庭治療師一向鼓勵和解，但卻是在高度人工化的監督情況下進行，所以他們沒有道理把和解視爲人類生物學上根深蒂固的自然行爲。「世上沒有原諒這回事。」義大利劇作家烏戈・貝帝（Ugo Betti）曾如是說，就連浪漫小說也否定和解的重要性。曾有一部暢銷小說使一句荒謬的說詞大爲流行：「愛就是永遠不要說抱歉。」企業主管也同樣以「絕不道歉，絕不解釋」的格言奠定事業基礎。

令人訝異的是，自然界其實瀰漫著道歉的精神，人類環境包括職場在內也都該如此。自從德・瓦爾從尼奇與魯特身上有所領悟後，研究人員又在二十五種靈長類，以及其他如海豚與鬣狗等親緣關係極遠的物種身上發現和解的形式。這不僅發生在同種的動物之間，即使不同種也可能發生，就像當狗偷吃廚房的東西被你逮到，牠也會偷偷摸摸回來尋求原諒。如果你對和解舉動的重要性有絲毫懷疑，下回不妨留意當你最後拍拍狗的頭寬恕牠時，牠身體的瑟縮與緊張會頓時消失。

所以下回若有下屬搞砸了工作，務必記住這點。你若說一些安撫的話——「對不起，我不該那樣對你大吼。」——你會發覺下屬緊繃的身體立刻放鬆。仔細聽聽，還可以聽到皮質醇從他心裡的灘頭堡退潮的聲音。你會聽到的，只要你的和解舉動夠眞誠。

這並不一定代表你的抱怨是錯的，而偷吃的狗和搞砸的下屬是對的。你只是用一句體貼的話或者（聽好囉）一個安撫的觸摸來表達：「這段關係更重要。我們會想出辦法繼續前進的。」

願意做出這種和解動作的人，其實通常是強者而非弱者。既然在樹梢上的尼奇和魯特都能做到，我們當然也能。

無法妥協的差異？

「人類，」德．瓦爾寫道：「和解的方式有千百種：以玩笑化解緊張、輕輕碰觸對方的手臂或手、道歉、送花、做愛、做對方最愛吃的菜……」我們也和黑猩猩一樣會親吻，「這是最高明的和解舉動。」在職場上或許行不通，但德．瓦爾說：「我們與黑猩猩的另一個共通點是眼神接觸扮演重要角色。在猿類的和解行爲中，這是不可或缺的，就好像沒有直視對方就不能相信牠的意圖。同樣地，如果我們一望向和解對象，他們就把目光移向天花板或地板，我們也不認爲衝突已經化解。」

某家公司的一位研究員便講述了親身經驗：某個週五下午，經理把她叫進大老闆的辦公室，然後指著她大聲斥責。研究員不肯接受指責，便對經理說：「我覺得你完全弄錯了。」在經理看來更糟的是，大老闆也噘著嘴、揚起眉頭表示不相信經理的指控。

禮拜一，研究員在走廊上遇見經理，和平常一樣向他打招呼。他卻匆匆走過，眼睛直盯著天花板的管路。他無法恢復正常的眼神接觸，而受誤解的研究員也覺得自己沒有必要道歉。已經在公司待了十五年的她，因而開始寄履歷。

他們若能記取**黑猩猩和解課程第二課**的些許教訓，或許便能避免這種不幸的發展：自尊心強的對手偶爾可以利用「集體謊言」而結合，那麼誰都不會丟臉。雙方一旦接近並將注意力集中於與爭執無關的工作上，便自然能破除緊張氣氛、重建和諧關係。

例如打鬥結束後，德．瓦爾的黑猩猩經常會假裝在草叢中發現什麼，「然後大聲叫囂、東張西望。接著便有一群猩猩趕來，也包括牠的對手在內。」其他猩猩發現上當後很快就失去興趣，但那兩隻競爭對手卻會留下來，專注地看著那樣東西，又嗅又叫地顯得很興奮。「這個時候，牠們的頭和肩膀會碰在一起。幾分鐘後安靜下來，開始為對方理毛。而我始終沒有看清的那樣東西也就被遺忘了。」

這則軼事提醒我們，一般無論是侵犯者或被害者都會有強烈的衝動想要和解。遺憾的是在人類關係中，起爭執的妻子或女方經常被迫捏造集體謊言。男性當然也能做，但他們就是不肯。以先前的女研究員為例，當她意識到嚴厲斥責她的經理分配給她不公平的「情緒勞務」時，只會增加她的不快，和解也益加困難。

不過猿類也並非隨時在道歉。山地大猩猩衝突過後，會利用百分之三十七的時間進行和解，關在籠內的黑猩猩會花百分之四十的時間，而他們的近親、有如猿類愛心小狗的巴諾布猿（即矮黑猩猩），則有半數時間都在和解。有些人認爲德．瓦爾誇大了和解的案例。有個評論家嘲諷地說他「前幾天晚上看到艾登保羅拍攝的影片裡，雄黑猩猩將驚聲尖叫的小猴子撕成碎片吃掉，本來不知道這些畫面與德．瓦爾那些討厭的黑猩猩有何關聯，後來才想到牠們與伴侶分享著血淋淋的碎肉。合作眞美。」

但德．瓦爾說的是隊群內部的和解行爲，與猿類對獵物或甚至對其他競爭隊群的黑猩猩的殺戮行爲全然無關。每個企業主管都應該了解促進團隊合作的價値，若能讓對手血肉糢糊更好。也有評論家認爲德．瓦爾或許誇大了隊群中的和解比例，因爲他只研究關在籠內的猩猩。（不過籠內的黑猩猩可能比野生的更適合作爲企業動物的行爲範例。）「我想他並不十分了解野生動物不和解的攻擊互動有何重要性——要不就是他選擇不去了解。」在《雄性暴力》一書中，利用猿類行爲來探討人類暴力起源的藍翰如是說。

藍翰表示，當黑猩猩在野外發生爭吵，和解的機率不到百分之十三，約爲籠內猩猩的三分之一。或許是因爲野外打鬥者可以輕易逃離，但也可能是策略考量而選擇不妥協。由於很難確實觀察野外黑猩猩打鬥後的情況，這個數據也可能不正確。

但藍翰立刻補上妥協性的聲明，說他「非常欽佩」德．瓦爾能夠證明靈長類的生活不只是單純地引爆戰爭或製造和平。「如果你了解黑猩猩，就會知道牠們時戰時和。」

豪豬之愛

二〇〇四年四月，微軟與昇陽的執行長史蒂芬・鮑墨爾（Steve Ballmer）與麥克里尼握手言和。過去十年多以來，麥克里尼不停公然指責微軟是「雷蒙（Redmond）來的野獸」。他爲鮑墨爾與蓋茲取了「鮑墨爾與大頭蛋」的綽號，還說他們拒絕與他公開辯論是因爲他們「甚至連想說實話」的能力都沒有。而鮑墨爾方面也形容麥克里尼的特色是「距離事實兩個標準差」，昇陽則「只是家愚蠢至極的公司」，雇用的員工「IQ不到五十」。

雙方的對抗還不僅止於言語中傷。微軟曾使用違法策略打敗昇陽的 Java 程式系統。昇陽則煽動美國與歐洲政府機關對微軟採取反壟斷行動，造成巨大損失。

那麼這些殺戮猿在臺上又不是眞正擁抱——實際上還隔著一臂之遙——而是右手互握、左手按著前臂與肩膀，到底是在做什麼呢？他們爲什麼拍背的同時面帶笑容，神經質地展現自己不具侵略性？他們爲什麼要開玩笑說兩人淵源極深，都是密西根長大、哈佛畢業的汽車業執行長之子？他們爲什麼交換底特律紅翅隊的運動衫？（「我想友誼與合夥情誼都是從冰上開始的。」鮑墨爾舉起運動衫說。他顯然不知道以職業冰上曲棍球作爲溫和行爲的典範，評價令人懷疑。）

兩家公司達成協議，微軟勉強支付將近二十億的賠償金，雙方也都同意未來相互支付權利金。兩家公司都沒有確實說：「對不起。」不過麥克里尼承諾會「盡量安分」不再對微軟出擊。

這次的和解有雙重動機。不僅因爲兩家公司面對著 Linux 作業系統與ＩＢＭ等共同敵人，而且也感受到來自顧客、股東與股市分析師的壓力，認爲他們之間的惡鬥已經令人生厭也可能產生危險。

這是**黑猩猩和解課程第三課**：衝突若不和解，人人有損失。當地位高的黑猩猩打鬥時，旁觀者也會明顯感受緊張氣氛。牠們不安地注視著，就像小孩傾聽著爸爸媽媽吵架時的細微變化。牠們彼此嘰嘰喳喳地討論最後一回合的衝突，朝搏鬥者投以戒慎的眼光。這是危險的時刻。什麼事都可能發生：權力結構改變、離異、暗示有人要抓狂了。

就連未參與打鬥者都會因情緒感染而有生理反應，例如血清胺、心跳速率與血壓急速升高、持久不降。壓力會使黑猩猩變得焦躁，不停抓撓、坐立不安，還拔自己身上的毛。（人類開會時若爆發爭執也是一樣，旁觀者會在座位上坐立難安、整理頭髮、拍觸衣服。）整個隊群焦慮地等候和解那一刻，深恐爆發新的衝突。公開展示和解其實有助於紓解衝突引發的生理效應。整個隊群都會鬆一口氣。

事實上，黑猩猩非常擔心衝突無法和解，因此偶爾會有個體冒著莫大風險走到交戰雙方中間，擔任和事佬。德．瓦爾第一次目睹這類吉米卡特般的英雄是一隻老邁笨重的雌猩猩，名叫「媽媽」，目光中帶有「探詢與理解」。有一次牠介入兩隻雄猩猩之間，一手環抱一隻，制止了打鬥。還有一次牠走向一隻大吼的雄猩猩，伸出手指放在牠的嘴巴，這是黑猩猩安撫的手勢。

接著「媽媽」轉向對手，招牠過來親一下，之後兩隻打鬥的雄猩猩便互相擁抱。

據估計，企業主管要花掉百分之四十二的時間策劃職場爭端，他們應該能了解這是個多麼敏感的時刻。「這些雄性非常緊繃，牠們佔有地位優勢又強壯又粗暴。」德．瓦爾說：「所以要介入其中撮合是很危險的事。我覺得這就表示母猩猩關心自己社群的關係。黑猩猩有一種類似『社區關懷』的心態。牠們過團體生活就得和睦相處，只有社群更好，牠們的生活才會更好。這是個自私的動機，但這也是我們道德體系的基礎：只有社會運作得更好，我們的生活才會更好。」

當葛洛夫在英特爾大發雷霆之際，出面制止爭議的資深主管和「媽媽」冒著同樣的風險，爲了相同的目的。同樣地，當昇陽與微軟激烈地纏鬥多年，也是麥克里尼的妻子出面邀請鮑墨爾的妻子到家裡一聚，開啓和解的契機。(接受CNET訪問時，對於究竟是誰從中牽線的問題，這兩位驕傲的男性對手卻不停迴避。鮑墨爾：「我們有共同的朋友。」麥克里尼：「我們有一位共同的董事。」鮑墨爾：「其實就是史考特的妻子。」麥克里尼：「好吧，全怪她。」)

不自覺的原諒

沒有人研究過爲什麼順利的和解能對各方的內心產生如此強力的效應。大腦起了什麼變化？直覺起了什麼變化？通常適度地說出「對不起」，似乎不只能紓解未來衝突的壓力，還能產生一種近乎神奇的情緒轉變。

例如，在美國核子潛艦「格林維爾」號撞沉日本漁船後，艦長史考特・瓦德（Scott Waddle）親自向九位罹難者的家屬致歉。後來有位在場人士說瓦德向家屬鞠躬，「他們看到他的淚水滴在地板上。這個畫面產生重大影響。兒子在海上失蹤的中田和雄（音譯）英語並不好，但他說……瓦德說了幾個字他聽得一清二楚：『……非常抱歉……』那一刻他的憤怒頓時消失無蹤。」

范德堡大學（Vanderbilt）法學教授艾琳・安・奧哈拉（Erin Ann O'Hara）認爲這種轉變幾乎都「不是被害人意志下」的產物。她略帶驚愕地敍述某天下午，她不斷想著丈夫犯的一個錯誤，愈想愈生氣。當天晚上回家後，她正打算將預先想好的說詞發作出來，丈夫卻低聲下氣地道歉了。奧哈拉的怒氣隨即消失，雖然她口頭上說她「氣還沒消」，但身體的反應卻非如此。

眞誠的道歉經常帶有觸摸或擁抱的動作，進而重建損壞或斷裂的社會連結。那麼道歉是否會刺激分泌催產素，使得心跳與呼吸減緩、血壓降低，並產生溫暖與愛的感覺呢？是否因爲道歉象徵著從「挑戰或逃避」的心理準備到「溫和而友善」的放鬆心態的戲劇性變化，因此影響更深刻呢？只可惜這些都還是科學知識上的空白領域，部分是因爲在實驗室中重建傷害與和解的經驗並不容易，部分則是因爲在黑猩猩提供線索之前，沒有人認爲和解重要。

黑猩猩和解課程第四課：競爭對手間的連結愈緊密，便愈渴望和解。無論黑猩猩或其他某些靈長類，與社會盟友及親人和解的機率遠大於普通交情者。令人驚訝的是雄猩猩比雌猩猩更常和解，也許因爲牠們會給彼此更多道歉的理由。這或許也反映出在權勢鬥爭不斷的雄性生活中，社會結盟極端重要。雄性道歉是因爲在將來的衝突中，需要彼此幫忙。事實上，牠們偶爾會預先擺出和解姿態以提前降低可能發生衝突的張力。

耶克斯研究中心的工作人員時常將猩猩的一餐分爲兩三份，研究圍場內二十來隻黑猩猩面對分享食物這棘手的情況時，友誼與地位會產生何種影響。餵食時間因而充滿焦慮不安。就像兩個人以握手表達善意——完全掌握住對方持武器的手——並穿插一些閒聊似的，黑猩猩也會做出明顯不侵犯的舉動。首領畢永會讓頭號對手蘇哥咬自己的手腕背面，蘇哥也會讓畢永假裝咬牠的肩膀。牠們熱情地互拍背部、四下跳躍。三隻地位最高的雄性聚在一塊，一心只顧緩和當下的緊張，有時甚至會錯過第一次餵食，但牠們似乎並不在意。

這就如同華爾街的股市專員每到年度分紅的緊張時期，就會大夥一起喝醉，保證彼此互不侵犯。

人類的細膩

我們的和解行爲當然也有別於其他動物，我們遵守的似乎是人類特有的規則。例如我們就比黑猩猩更計較什麼才是眞誠的、適度的道歉。因此注意和解行爲的生物學根源固然重要，卻也不能不觀察一些人類的細節：

‧**要把話說出來**。除了某些特殊情形之外，最好能直接坦承個人的責任。誠如彼得‧羅斯的領悟，光說「很抱歉發生這種事」或「如今追悔莫及」是不夠的，你得說「我做了這種事很對不起。」事實上，像羅斯在ＡＢＣ「週四黃金檔」新聞節目上的措辭就對了：「我對於自己球賽簽賭的行爲與錯誤判斷感到非常抱歉，我也很後悔等了這麼多年才坦承。」但是他書中既無道歉又態度野蠻，即使原本渴望見羅斯回到球場的人也都灰心了。

一般人會猶豫不肯說出來是因爲他們擔心道歉在法律上形同認罪，尤其是在美國，你一旦向受傷一方道歉，將來便可能成爲法庭上的犯罪證據。因此就連日本這個道歉傳統根深蒂固的國家，公司企業也會力勸外調美國的員工，避免在發生車禍之類的事件後道歉。

根據美國法令，只有在一種情形下不能將道歉作爲證據，就是當它與和解金的提議有直接關聯的時候。南美以美大學法學院教授丹尼爾‧舒曼（Daniel W. Shuman）便批評，這種規定只會鼓勵「最無成效或最不眞誠的」道歉。而律師通常是收取和解金的一個百分比，在這種收費結構下，自然也不鼓勵道歉。「對不起」的三分之一連買個鮪魚三明治給律師當午餐都不夠。

話說回來，美國許多州最近都已立法通過，不得將道歉或是表達同情或愛心的聲明，作爲對被告不利的證據——至少在某些情況下是如此。儘管須冒法律風險，但目前有些學者與保險業者主張，純粹就實用觀點看來，誠心道歉的彌補作用或許能證明道歉是值得的。即使道歉可能使被告罪名成立，但法學專家指出許多民事與刑事糾紛「關注的是要賠多少錢而不是要負多少責任」。關於這點，被害人與陪審團經常會以道歉爲由而降低賠償金額。

• **要在適當的時間說**。十四年太長了。但如果道歉來得太快，又可能像是反射動作、缺乏誠意。《我錯了——道歉與和解社會學》(*Mea Culpa: A Sociology of Apology and Reconciliation*)的作者尼可拉．塔烏奇斯（Nicholas Tavuchis）寫道：「受傷之後會有一段敏感時刻，如果倉卒地縮短或漫不經心地拉長，都可能讓人硬下心來，無法激起任何有利的悲傷與原諒。」

至於預先和解的舉動，時機也很重要。你不能等到麻煩已經形成才開始表現友善。要讓對方覺得你有意和解是因爲你重視這段長期的關係，而不只是暫時利用他們。一般人對於這個適當時間間隔的規則都非常敏感，只不過大多沒有明說。

• **道歉不能有太明顯的自私意圖**。溫斯坦（Weinstein）兄弟鮑伯與哈維身爲Miramax的電影製作人，無預警的粗暴攻擊行爲反覆不斷。哈維「會扯下牆上的電話用力摔。他會砰的甩門還會翻桌子。」彼得．畢斯金（Peter Biskind）在《低劣齷齪的電影》(*Down and Dirty Pictures*)一書中寫道：「只要唾手可得的東西幾乎都能成爲武器——煙灰缸、書、錄影帶、加框的家人相片……」

某位昔日的員工回憶：「我認識他們的時候，他們的做法就是重重地踩你之後扶你起來，拍拍你的衣服，向你道歉。」畢斯金補充道：「Miramax爲了『哈維不是有心的』而買花的錢，恐怕都可以拍一部小成本電影了。」不過最後大家都看清了這種重踩再送花的操作手法。當犯錯的人第二天又故態復萌甚至更惡劣，叫人如何相信道歉就代表態度真正改變了呢？

・必須出於自願。一項研究發現幼稚園兒童發生爭吵後，如果是老師要他們講和，重新和好的機率只有百分之八，若是出於自願則和好機率有百分之三十五。我們成年後情況並未改善。試圖調停戰火的公司主管總是十分懊惱，因爲開戰的下屬被迫道歉或接受道歉均非心甘情願。但從動物行爲可知至少有兩種可能：

研究野生狒狒時，專家記錄了彼此熟悉的個體的聲音信號。接著當比方說弗瑞狄和山姆打完架後，研究人員便利用隱藏式喇叭放出山姆的咕嚕聲，也就是狒狒道歉的聲音。弗瑞狄幾乎都會把錄音當眞，然後兩個對手很快便會互相靠近開始和解。

人類對於暗示也同樣敏感。光靠朋友暗示某一方暗戀著另一方，就能造就一段戀曲。而如果老闆或同事告訴爭執的一方說對方「覺得很抱歉，只是不知該如何表達。」也同樣能開啓和解之門。

安撫的行爲似乎也有感染力。恆河獼猴並不善於和解，但若是和具有強烈和解性向的短尾獼猴一起飼養，恆河獼猴也會變成技術高超的和事佬。同樣地，如果老闆養成犯錯便道歉的習慣，下屬也比較會去尋求和解途徑。

在某家公司，有一名下屬違背上司直接下達的命令，據她說是因爲誤會。後來下屬沒有出席職員大會，以避免正面衝突。

她的經理決定「犧牲小我，完成大我」。她發現下屬沒有出席開會爲自己辯駁，不過她反正也不想再把那次衝突的冷飯拿出來炒。「我沒有繼續走攻擊的路，我說：『好吧，可能是我錯了，我們還是往前走吧。我正在試著和解。』我眞的這麼說了。將來我還得跟這個人合作。」

大家一定希望聽到下屬感動得前去道歉。然而這畢竟是現實世界：她只是屈服並接受老闆言和的提議。但她老闆很滿意：「我覺得這會有長期的報酬。我讓他們看到我願意配合，我可以謙卑，我不一定是對的。我公開在會議上這麼說，所以大家都知道。我想這將是鞏固我的地位的好方法。後來我有位朋友說：『我不得不佩服妳，妳眞的豁出去了。』」

絕不道歉，絕不解釋？

在某些情況下，「對不起」這神奇的三個字確實會使我們變弱。老闆的道歉可能讓下屬以爲自己可以無視規則的存在。向外人道歉的員工可能因爲違背公司文化，或是使管理階層遭受批評與責難而陷入困境。幫派成員道歉則必然會在街頭的硬漢文化中失去信譽。而不管是賓拉登或是提摩西・麥克維（Timothy McVeigh）等恐怖分子，向罹難者家屬道歉也沒用，因爲有些可恨的罪行不是一句道歉就能彌補。

除此之外，你能說出多少人因爲正式道歉而失去名望？先舉個荒謬的例子，演員休・葛蘭因爲在洛杉磯嫖妓當場被逮，透過全國轉播的電視節目向女友伊麗莎白・赫莉道歉的時候，他痛苦嗎？沒有，他結結巴巴，獲得原諒，至少獲得大眾原諒，事後事業再創高峰。

或者再舉個有深度得多的例子：前美國國家安全顧問理查・克拉克（Richard Clarke）前去向九一一恐怖攻擊事件罹難者家屬道歉，承認是自己與政府的疏失而未能防範悲劇發生，他有因而失去信譽嗎？

相反地，我們很輕易便能想到那些因爲不願意坦白表達歉意與悔意而終生留下汙點的人。簡短舉幾個例子，如尼克森、柯林頓、布希（他甚至在克拉克道歉後不久的一場記者會上，仍拒絕承認錯誤）、彼得・羅斯，以及電臺主持人洛西・林堡（Rush Limbaugh）。道歉就表示承認自己違反了社會所能接受的行爲標準，後悔自己所造成的傷害。這麼做會讓我們重新受到人類社會認同，變得更強壯。

然而「絕不道歉，絕不解釋」的口號卻是爲了讓個人凌駕於社群之上，自外於日常法則或社會標準。據社會學家塔烏奇斯說，這種做法是企圖「將悲傷與原諒逐出人類事務」，將犯錯的一方變成「神或機器人」。但神與機器人卻會引發憤恨，尤其當他們傷害到人類的血肉之軀時。

因此不肯道歉經常會導致生物學家所謂的「道德攻擊」，包括花費龐大且嚴厲惡毒的官司訴訟、職場上的破壞行爲與其他報復行爲。喬治亞州立大學法學教授道格拉斯・楊恩（Douglas Yarn）經常協助調停全州大學系統間的紛爭。他說當衝突無法圓滿解決，委屈的一方便會散佈謠言、詆毀領導階層、形成派系且普遍不合作——也就是在一般運作困難的學系上所能見到的一切正常行爲。而道歉對於導正這些現象大有用處。

然而，道歉這難以避免的魅力卻也可能產生危險。楊恩與奧哈拉在探討現今法律糾紛中道歉所扮演的角色時提到，我們演化而來的和解傾向可能使我們無法防範利用道歉爲手段的投機分子。

這又回到奧哈拉的觀察結果，「對不起」這句話能化解憤怒，似乎不是委屈一方的意志所能控制。「一個組織——無論是政府、企業或其他團體——便可能利用受害者原諒的傾向，盡量減少自己的責任……一個機構若想利用受害者的認知與情緒結構，便會派出具有同理心的員工或成員去向受害人道歉。」

因此楊恩與奧哈拉主張道歉應該有限度。例如，公司行號應該不能隨意利用道歉來減少損失，除非這份道歉聲明也能讓原告用作確立罪行的證據。同樣地，被害人在同意豁免對方責任之前，也應該要有律師協助他們客觀處理眞誠的道歉所引發的自然情緒反應。

楊恩與奧哈拉似乎更相信人類另一個演化傾向：人類非常擅長於看穿騙徒。這是我們過去部落生活的一項重要遺傳。我們以言語、表情、肢體語言與長期約定作爲眞誠的指標。調停過程可以有效地揪出騙徒，因爲雙方都能暢所欲言。即使調停失敗得上法庭，關係人通常也會礙於法規無法使用對方的言詞做證據。因此被告可以安心地道歉，而原告也可以仔細觀察以確定被告是否眞心道歉。

能最有效運用這個方法的自然是那些看似誠心誠意的公司。例如，明尼蘇達州的製造商Toro公司每年都因爲有人把手放進清雪機滑槽內，或是因爲割草機意外受傷，而得面對一百二十五件左右的個人傷害索賠案。Toro向來採取「否認加辯解」的標準企業模式因應索賠要求，產品責任訴訟費用也跟著暴增。但在一九九一年，他們改採較溫和的策略。

現在，當公司一聽到事故消息，便立刻派兩名女性法律助理前往探視，並有一名技師隨行以檢驗機器與事故現場。一開始必定先表達遺憾之意，內容多半不脫：「暫且不論是誰的錯，只希望你們知道，發生這種事我們眞的很難過。我們最不願意見到有人因爲使用公司產品而受傷。我們會盡力解決這個問題，以免將來悲劇重演。」

有一次割草機出事，Toro公司「產品完善服務」（顯然是「產品責任」的化身）的部門經理杜魯・拜爾斯，發現受害者在仲夏時期全身裹著石膏，關在鳥籠似的公寓裡。「他得在床上躺幾個月，看起來很不舒服。」拜爾斯說完，隔天便買來冷氣機裝在公寓內。

這是操作式的舉動？還是公司善意的眞摯表現？受害者相信他們是眞誠的。在調解過程中，他的律師警告他不要接受和解提議，因爲「這只是賺取暴利的大公司在騙你」。

結果原告將拜爾斯拉到一旁，問他Toro是否眞的最多只能支付十萬左右的和解金。然後他回去對律師說：「你別跟我說這個人想占我便宜，因爲當我全身裹著石膏躺在九十八度的高溫下，是他出面照顧我的。」

另一個案例發生在佛羅里達北部，十七歲的柯里．索爾斯在操作 Toro 的零迴轉半徑乘坐式割草機時太靠路邊，以致於機器翻覆壓斷他的脖子。他的父母認爲 Toro 必須對兒子的死負責，因爲割草機沒有加裝保護輥條。但當 Toro 施展懊悔、慰問、和解與面對面溝通的策略後，就連柯里的母親黛比也說這家公司「令人肅然起敬」、「非常有誠意」也「非常配合」。

現在聽聽律師的說詞，你恐怕會分不清他們代表哪一方。麥克．歐里維拉形容柯里是個「模範學生，成績優異，任誰都會以這樣的孩子爲榮。他人緣極佳，有兩千人參加他的葬禮。」歐里維拉代表 Toro。

代表家長的律師諾伍德．威納則形容對造「非常紳士，令人頗具好感」，並說「他們如此關心柯里，也鄭重保證類似事件不會再發生，」他與孩子的父母都十分感動。

威納是個殷勤積極的律師，在產品責任訴訟方面經驗豐富，對抗過不少以否認與騷擾爲策略的公司。這種公司通常會不斷申請裁決並提供惡劣證詞，致使原告身心俱疲。威納身爲原告律師，責任就是從道德面還以重擊。

但他說 Toro 的表現顯示他們願意「誠實面對與處理，並支付合理的賠償金。」調解期間，公司派來了一名技師。「這個叫巴德的是個好得不能再好的人，明尼蘇達州來的一個魁梧的老先生，他參與了這些機械的設計，所以不只是公司的傀儡。他們不是隨便派個臉蛋好看的傢伙來虛應一番。他們讓我質問他爲什麼機器沒有裝設輥條，他的誠實的確讓我甘拜下風。」Toro 的零迴轉半徑割草機叫價將近六千美元，在競爭激烈的市場已是價格的臨界點。因此 Toro 也提供輥條，但卻只是價值七百美元的自選配備。

柯里的父母希望將「在所有類似割草機上裝設輥條」列入和解條件。這個部分 Toro 只答應考慮，但願意支付五十萬元賠償金。威納說他的當事人很滿意。「結果畢竟如我們所預期，他們覺得很欣慰。他們討回了公道。」

幾個月後，Toro 宣布未來將在類似割草機上裝設輥條，昔日顧客也可以依成本價加裝。Toro 從這種懷柔的方式獲得的好處之一是員工會樂於爲公司服務，而顧客也對公司有信心，願意替產品背書。歐里維拉說現在委託他們事務所打官司的公司，有十來家都遵循 Toro 模式。但每家都拒絕公開，唯恐索賠案件會因而增加。

根據 Toro 公司拜爾斯的說法，這種懷柔策略對索賠件數幾乎沒有影響，但卻將和解的時間從兩年縮短爲九個月。平均每件索賠案的損失，包括律師費在內，則從一九九一年的十一萬五千六百二十美元降到二〇〇四年的三萬五千美元。此外，在 Toro 選擇自我保險之前，公司每年責任險的費用也減少了一百八十萬。直到一九九九年，這家公司以直覺認識到「對不起」的自然史，因而節省了大約七千五百萬美元。

聽到這些數字後，產品責任訴訟律師威納表達欣喜之情：「今日的美國商界哀嚎著他們就快被訴訟案壓死了。但有很多被告公司的生存之道卻是盡量將訴訟費用拉高。你提出的報告愈多，時間拖得愈久，難度愈高，原告也就愈痛苦，這是你的職責。可是公司又要抱怨：『我爲什麼要付這些費用？』替你工作的人都要錢哪。現在竟有公司稍微改變了做法，還省下七千五百萬。太妙了。」

俗稱「魚醫生」的裂唇魚（cleanerfish）是海洋世界的美容師兼個人梳妝師，同時也是道歉大師。這些小魚腹側都有一條黑色斑紋，彷彿職業裝束似的，牠們居住在珊瑚礁上，開設清潔站。其他魚類會順道進來——有時一天可能多達三十次——進行個人護理。裂唇魚便爲顧客檢查清除身上的水蚤、水虱、扁蟲與其他寄生蟲。

有時裂唇魚會熱心過度，咬下顧客的肉，尤其當顧客身上的寄生蟲不夠餵飽肚子的時候。顧客當然反應激烈。因此裂唇魚演化出一種和解的姿態。牠們幾乎就貼著顧客的背（並與牙齒保持安全距離），鼓動胸鰭與腹鰭進行舒適的按摩。

這個小動作可以有效地紓解怒氣，所以當生意清淡時，裂唇魚便會到店門外作按摩宣傳，讓以後可能上門的顧客忙中偷閒一下。

10 扮鬼臉

臉部表情的田野指南

如果仔細看看猴子被飼主辱罵與撫摸時的模樣，就不得不承認牠們的五官表情與舉手投足幾乎和人類一樣生動。

——達爾文

照著鏡子。微笑。皺眉。面露恐懼。

你這一生都有這樣的幻覺，靈魂始終嵌著這扇令人迷醉又苦惱的窗，而你很可能誤以爲它那反覆無常的熟悉表情、那迷人的酒窩、那嘴角往上一噘，全都是個人特有的，而且多半由你掌控。

事實上，你的臉部表情是動物的行爲。

人的臉部運用四十三條肌肉創造上萬種明顯的臉部變化，其中約有三千種具有意義。這些表情含義在任何公司、任何文化、任何國家都大同小異。無論你在BMW的裝配廠或是印尼伊里安查亞（Irian Jaya）的偏遠山區部落，不管你願不願意，內心的感覺都會透過同樣的肌肉活動表露出來。有些研究人員說，如果你多留點心，也可以藉由這些肌肉活動看出每個人的眞實感覺。

達爾文的狗

人類臉部表情的生物根源可以回溯數百萬年與許許多多物種，只要看看其他哺乳類、鳥類或甚至魚類，你很快就會珍視這個能力。再也沒有任何動物行爲能像人類臉部含有如此豐富的意涵，但毫無疑問，動物的臉部表情與肢體語言仍可傳達氣憤、熱情等情緒。

從動物身上隱約預見人類本身的情緒生活，這是最令動物園的人，或者家有寵物的人高興的事情之一。「我以前養了條大狗，牠和其他的狗一樣，很喜歡出去散步。」達爾文在他的先驅著作《人類與動物的情感表達》（*The Expression of the Emotions in Man and Animals*）中寫道：「牠在我前面精神奕奕快步疾走，頭高高揚起，耳朵微微豎著，尾巴高舉但不僵硬，欣喜之情顯露無遺。離我家不遠有一條小徑向右岔出，通往溫室，我以前經常會去待上片刻……這一直是讓狗最失望的事……每當牠一看見我的身體稍微往小徑一偏(有時候我是故意作實驗)，那立刻完全變樣的表情十分有趣。牠沮喪的模樣家裡每個人都知道，還稱之爲『溫室臉』，就是把頭垂得低低的，整個身體有點有氣無力，動也不動，耳朵和尾巴也突然下垂……眼睛的樣子也改變許多，我想大概是失去光彩吧。牠儼然一副可憐、絕望的沮喪神情。就像我剛剛說的，看起來很有趣，因爲原因實在太微不足道。」

達爾文論證動物與人的表情雷同並非巧合，而是我們一起經歷無數天擇的演化結果。如今已有充分的證據證明他是對的。例如，我們知道靈長目與齧齒目動物擁有共同祖先，直到大約六千五百萬年前才分道揚鑣各自演化。當隔壁座位的人忽然像草原犬鼠似的跳起來，為你剛才說的某句話氣得齜牙咧嘴，這個臉部神態便直接顯露出我們與道地齧齒動物共有的生物遺傳。因此你可以說她「鼠頭鼠臉多嘴多舌」，科學上絕對成立，只是你也得願意把這個形容詞用在自己身上。猶他大學的科學家最近證實人類有許多臉部動作——包括上面這個在內——和家鼠眼球斜轉、髭鬚晃動、耳朵往後拉或眨眼睛，都是由相同的三四個基因控制。位於所有哺乳動物後腦、負責指揮這些肌肉活動的神經，最初發育便受到所謂 Hox 基因的影響。如此說來，迪士尼員工創造米老鼠的方式比他們自己所想像的還要正確。

在靈長類學家眼中，人類與動物臉部表情的關聯自然更密切得多。猿與猴不會像我們一樣悲傷流淚或表現厭惡。但我們的微笑卻是來自牠們的「恐懼咧嘴」——默默地露出牙齒表達服從與安撫。我們的大笑則來自牠們的「玩耍臉」，當狗想扭打玩耍時，也會露出這種輕鬆、張嘴的表情。

別眨眼

一般人可能以為「讀臉」很容易，就像猜出小狗想要什麼一樣自然。尤其業務員更經常依照民間傳說研究臉部表情而上當：「如果他瞄向左上方，一定在說謊。」事實上令人不解的是大多數人對於觀察臉部表情都很不高明，尤其是陌生人的表情。我們多半是連看都懶得看。就算看了，對於表情的含意也經常毫無頭緒。根據研究指出，警方或甚至ＣＩＡ測謊專家在辨識實話與謊言時，大概也只是用猜的。醫學專家可能比某些業餘人士還不善於分辨患者臉上的痛苦表情，而企業主管似乎常常忽略所有人的臉部表情。這就好像當動物園管理員，卻不明白花豹的耳朵往後拉其實是想請你一同用餐。任何主管入籠之前，都應該強制補習讀臉課程。

某天上午，舊金山一間教室裡，性情溫和、略微駝背的心理學教授保羅・艾克曼（Paul Ekman）將一片ＣＤ放入電腦。他的學生看著螢幕上閃過一張張平凡的臉，每張臉出現一秒鐘，各表達一種情緒，他要學生分辨那是生氣、厭惡、恐懼、驚訝、悲傷、快樂或蔑視的臉。展示時間短暫，眞實生活也確實如此。完整的臉部表情大多只會維持〇・五至二・五秒。

無論如何，這應該很簡單才是。艾克曼的學生本身也都是老師，有多年注視自己學生的臉的經驗，試圖從中發現感興趣、了解或（最近的）殺人的怒氣等暗示。但這組人和多數組一樣，十四張測驗中錯了一半，而且原因大多可以預測。

事後艾克曼對他們說，我們經常將憤怒誤認爲厭惡，因爲兩者都是壓低眉毛。他播放一張憤怒的臉的照片，指出第二個明顯特徵，雙唇緊閉近乎蒼白。接著他又展示另一張臉，同樣是眉頭低垂，但皺起的鼻子暴露了厭惡的訊息。差異一經指出，便很難再忽略。

「爲什麼這是驚訝不是恐懼？」他針對下一張照片問道。這兩個表情都是眉毛高聳、嘴巴張開。「因爲嘴唇是放鬆的。我母親常說這是爲了『捉蒼蠅』。」恐懼時，嘴巴會繃緊並朝著耳朵往後拉。

學生較爲熟練後，艾克曼將播放時間縮短。「憤怒。」有人喊道。

「我什麼也沒看到。」有人抗議。

「別眨眼。」艾克曼說。

這可以說是個令人迫不及待的練習。艾克曼的學生在短短一小時的訓練後，正確讀出臉部表情的能力通常會大大提升。在某次實驗中，艾克曼讓學生接受二十三分鐘的CD訓練課程後，播放公眾人物的新聞畫面，受過訓練的學生有一半機率能正確察覺這些人表達的情緒。間諜奇姆・菲爾比潛逃英國前最後一次接受訪問時，顯得很痛苦。辛普森的房客布萊恩・加藤・凱林面對檢察官瑪莎・克拉克，刻意掩飾憤怒。

對的機率只有一半還是不怎麼高明，仍不足以讓你百分之百肯定你的業務員即將搞砸與現代汽車集團的合約。但話說回來，未受過訓練的人卻只有十分之一的機會能猜中別人心思。

所以這到底怎麼回事？我們又爲什麼需要訓練？臉部表情是我們生物遺傳的一部分，解讀訣竅應該也是第二天性，不是嗎？

巴斯光年的冷笑

在艾克曼之前，從我們臉上閃過的情緒差不多就像海面上的陣風一樣難以測量或分析。但是到了一九六〇年代，加州大學舊金山分校的兩位心理學家艾克曼與瓦里森・傅利斯（Wallace Friesen）創出一種科學方法，來辨認詮釋人類臉上每一種可能的表情。

他們這個「臉部動作編碼系統」（Facial Action Coding System，又稱 FACS）最初是一本五百頁厚的手冊，如今已製成光碟，內容將每個臉部表情分解爲組成表情的肌肉動作——亦稱「動作元」（Action Units）——現在已是研究顏面科學的重要工具。艾克曼也以這套系統爲基礎，探索臉部對我們各方面生活的影響，從母子之間的聯繫到自殺炸彈客按下按鈕前一刻的表情無所不包。他的著作有《脫下面具》（*Unmasking the Face*，與傅利森合著，一九七五年）、《說謊》（*Telling Lies*，二〇〇一年）與《心理學家的面相術》（*Emotions Revealed*，二〇〇三年）。

有些評論家認爲艾克曼誇大了臉部表情與潛在情緒之間的關係。然而，動物學家也是《裸猿》作者莫里斯卻稱讚他「將精密的科學注入一個太常被當作閒聊戲言的主題之中」。

艾克曼的研究招引來形形色色的擁護者。達賴喇嘛提供了種子基金讓他開發一個關於「培養平衡情緒」的模範課程。同時，反情報單位也定期聘請他教導辨識臉部表情的細微差異，作爲偵訊蓋達恐怖組織嫌犯之用。（對於明擺在眼前的事實，他們也會極度大驚小怪。當我在蒐集艾克曼的研究資料時，美國國家反情報局同意我參與他的一堂訓練課程，條件是寫完以後必須讓他們審稿。我拒絕了。）這樣的二分法似乎還不夠，艾克曼的研究也讓「玩具總動員」中的巴斯光年和其後的許多卡通人物開始聳眉，還會像眞人一樣扮鬼臉。爲皮克斯動畫工作室執導「怪獸電力公司」的彼特・達克特（Pete Docter）說，FACS圖集「讓我們注意到（以前從沒有人注意到的）事情。它精確地指出一些小地方，很可能就是（比方說，冷笑的）精華所在。」

複雜的表情

某日下午在奧克蘭山住家的艾克曼穿著寬鬆長褲和皺皺的花色毛衣，過分謙虛的教授模樣。他七十多歲，花白的頭髮已經稀薄，兩鬢霜白，戴著一副無框眼鏡。他最常有的臉部表情就是滿足，眼睛發亮，嘴唇外緣微微翹起，但隱約看得出他非常固執暴躁。幾分鐘前，他剛到家的時候我已經等在車道上，我從他瞄向車窗外的眼神看出我佔了他的車位，便連忙將車移開。我們走下起居室，那兒有一面玻璃牆可以眺望舊金山灣對面的金門大橋。當時所有景致都籠罩在霧裡。

艾克曼很快便對他的話題感興趣。他說他做這個工作有個天生的優勢。「從前我母親老是說：『別再扮鬼臉了，你會把臉給凍住。』能做到這點的人不到百分之二。」他一面說，一面輪流挑動左右眉毛。有張表情豐富的臉（他還可以只動一隻耳朵），這是基因的產物。

「我小時候住在紐澤西州紐瓦克時，」他說：「最複雜的表情就是這個。」他說著將頭歪向一邊，挑起左眉外端。（在FACS中，這是U2L肌肉，亦即單左外側前額肌。）然後右眉內端往內縮並稍稍下垂（U4R，右內側皺眉肌）。結果就是一個懷疑的假笑畫面。「這是一個機械運作系統，你所看到的一切都是連接皮膚的肌肉拉動表皮的結果。表情就是這樣形成的。」

艾克曼年輕時獲得國防部一筆補助金，要找出哪些非言詞溝通因文化而異，哪些又是全球共通，於是他開始研究臉部表情。不久他深入巴布亞紐幾內亞，找到一個孤立的「石器時代」部落。他的測試對象從未脫離過自己的文化，也從未看過電影或照片。但他們也和我們一樣，驚訝時會揚眉，高興時會聚積眼睛周圍的肌肉，生氣時會瞪眼。經過兩趟行程所作的一連串實驗，艾克曼的結論是臉部表情是全球共通，並受生物因素控制。

當時，研究人類行爲的學生大多仍相信文化因素重於生物因素，而瑪格麗特·米德（Margaret Mead）等多位人類學家也譴責艾克曼。他記得國防部還因「浪費納稅人的錢去研究野蠻人的臉部表情」而遭到譴責。

艾克曼並不氣餒，他與傅利森合作七年，基本上都在互做鬼臉。解剖學家早已剝下表皮記錄了臉部的肌肉組織，但沒有人寫下這些肌肉的功能。艾克曼與傅利森便學習著移動自己臉上的每塊肌肉，記載每個可能的動作。

誠實的信號

艾克曼最後認爲我們的臉部表情不只是生物現象，也與情緒有熱線相連，無論我們再怎麼不願意也會顯露出憤怒或恐懼。人的臉上因受刺激產生表情只須兩百毫秒（還不到四分之一秒）。內在意識光是察覺這種情緒的感受就需要兩倍時間，更不用說是察覺情緒的展現了。

艾克曼認爲這種熱線效應的演化是因爲臉部表情最初被用作「誠實的信號」。昔日部落的祖先都是與一小群親朋好友同住，若是戴上面具說謊或欺騙，可能會被放逐到不利的環境中。艾克曼說，當他和巴布亞紐幾內亞的族人一起生活時，「一切都奠基於合作。假如他們遭到放逐，基本上就死定了。」

沒有任何一個誠實的信號比微笑更重要。由於微笑太重要了，因此人類演化出在解剖學上可以清楚分辨的五十多種笑容，分別象徵合作、適應、禮貌性的容忍等等。例如，據艾克曼說，前總統柯林頓有種獨特的「逆來順受的微笑」，嘴唇緊閉、嘴角上揚、下巴緊縮，「12－17－24，當牙醫說你需要做根管治療時，你就會露出這種表情。」反觀調情的微笑則是轉移視線，提起臉頰肌肉露出「有感微笑」，然後目光來回掃視直到被注意到爲止。「有感微笑」會使眼睛周圍皺起，大多數人都無法僞裝。人類演化至今，最迅速辨認的表情就是微笑，即使遠在足球場另一端也一樣，這顯然是因爲我們可以藉此判定來人帶來的是好消息或壞消息。

誤解這些笑容的下場可能很悽慘。例如，妻子純粹客氣的微笑，肌肉動作全集中於嘴唇，眼睛周圍毫無動靜，可能是丟桌燈的預兆。而即使是家人的臉部表情也經常令我們困惑。艾克曼就說，當他的妻子問孩子：「你昨晚上哪去了？」眉毛低平，代表她一定不知道答案，但孩子們卻始終未能意會。她也有可能是故弄玄虛。但如果她是揚起眉毛問，就沒希望了。

雖然有時可能導致悲慘結局，但我們解讀同事臉部表情的能力更差。當辦公室發生槍殺或自殺，或是當受重視的員工離職跳槽，同事們經常說事先毫無徵兆。但為什麼呢？既然我們的臉演化到能送出如此細微的訊息，我們為什麼無法更正確地解讀呢？

語言障礙

人類有可能是自身近代演化的犧牲者。有些遺傳學家斷定語言的起源距今只有短短五萬年，而豐富的言詞卻似乎將我們的注意力從較古老的臉部媒介轉移開來。某研究顯示，中風患者與其他腦部受傷的人語言能力降低，卻更能專注於臉部表情。他們有百分之七十三的時間能分辨出說謊者，在艾克曼的測試經驗中，這種正確率只有美國特勤局那些對危險極為敏感（且對言詞反感）的專業特務足以媲美。

巧的是，協助我檢驗本章所列事實的研究人員海倫・史塔克韋德天生就是重症聽障者，她學會藉由仔細留意臉部表情與肢體語言補其不足。「我常常無意間覺得有人說話了，」她告訴我：「其實是因為他們的表情太過明顯，儘管沒有出聲，卻讓我誤以為他們說了什麼。如果他們有意隱瞞自己的想法，情況就很尷尬。你得繞著話題轉來轉去還得裝作不知道。」

或許有人並不想知道他人沒有說出來卻明擺在臉上的事。史塔克韋德有個朋友也是聽障人士，在為一對夫妻開的酒吧重新裝潢：「有一天我發現有位員工臉上充滿期待與渴望地看著那個丈夫。他看見了，露出微笑，深深吸了口氣。後來妻子來了，怒目瞪著丈夫，眼中帶有恨意。後來妻子走了，我也得離開。不巧的是我忘了簽委工單。於是我又回去，正好撞見纏綿的場面。就在撞球桌上。我匆匆退出，差點把正要往內走的妻子撞倒。他們離婚後不久，我也替新東家完成工作，而且自從那次之後再也沒有忘記簽工單了。」

謹慎的心態加上現代生活的擾攘，致使大多數人都避免仔細注意別人的臉。據艾克曼說，我們差勁的解讀能力可能是「學習」來的，因為現今居住的世界與發展出臉部表情的世界迥然不同。從前的人一輩子生活在小小部落裡幾張熟悉的臉孔當中，而我們如今卻每天會見到數百張新面孔，於是我們學會不去看陌生人的臉，以適應這擁擠的環境，否則便是侵犯他人隱私。

現代生活也鼓勵人們避免讓自己的臉部表情透露太多「誠實的信號」。擺出一副撲克臉便能避免接觸、保有隱私與匿名，過自己的日子。「當我走進辦公室，對祕書說：『妳今天好嗎？』並非想知道她昨晚是否跟丈夫大吵一架。」艾克曼坦承：「我想知道的是她能不能好好工作。如果我說：『咦，溫妲，妳好像心情不大好。』她就會開始大吐苦水，然後我就得去處理。那不是我來上班的目的，我是來工作的。」

關掉聲音

我們從小學就知道不注意聽講可能很危險，因爲老師總會在這個時候叫你。但不妨有計畫地冒個險，下次開會時把聲音關掉。你可以先試試把電視按靜音，然後看一個情緒激動的脫口秀。雖然錯失了言詞內容，但從非言詞的線索中所獲得的卻要多得多。

「開會時我四周都是人的面孔。」在酒公司服務、聽力嚴重喪失的業務員說：「爲了保持清醒，我會環視四周以決定是否該鼓掌、笑，或是對我們業績的好壞表露眞正的驚訝。」

有一次開會，已經高升的前業務經理回來參加。現任經理「站起來提出數字，說『我們一定要做得更好，我們一定要做得比去年好。我們一定要達到一成的進步目標。』他長篇大論攻擊之際，大家原本假裝『很高興出席』的臉色立刻沉下去。他們眼睛瞪得大大的，不太眨眼。」

前任經理看著周圍的人，也歛起笑容。「他一看就知道有恨意。接下來得換他說話。他並不高興。

「所以輪到他的時候，他做了最棒的一件事：他說笑話。他說起新工作少了我們是什麼樣子，說他有多想念我們。他說得很誠懇。我們看著他的眼睛，知道他沒有撒謊。他的步伐很有自信。他用手與手臂傳達誠實的訊息。

「他的接任者至今都沒有展現這些特質。這個人只是空有頭銜。他喜歡學約翰・韋恩走路，一來就站定，兩腳打開比肩稍寬，板著臉抱著手。即使你走上前去和他握手招呼，他也不會看你的眼睛。他不記得你的名字。記得的壞事比好事多。大家看到他都知道他不老實，知道他不會在狀況壞的時候給予支持。」

仔細注意這些視覺線索，也許你慢慢就能辨別當你對抗某個希望成爲賈霸或虛張聲勢模仿約翰・韋恩的人時，該採取何種行爲——你也就擁有勝利（或安撫）的條件了。

那麼我們該如何在不聾的情況下克服語言障礙？我們如何學習注意重要的臉部表情，即使每日的忙碌不斷轉移我們的注意力？想找回遺失泰半的讀臉技巧，可能出乎意料地容易。在艾克曼的培養平衡情緒課程中，學生很快便學會辨識投影機螢幕上只出現一秒鐘的臉部表情所隱含的情緒。他們接著辨識出現不到五分之一秒的表情。他說這些「微表情」可能是交談中最重要的祕密管道，因爲它無意識地透露言詞沒有表達、而且經常是永遠不會表達的部分。

艾克曼與傅利森在反覆觀看一名憂鬱症婦人向精神病院申請週末外出的影片時，首度發現了微表情。婦人顯得很穩定。但從慢動作中，他們捕捉到徹底絕望的剎那，她的嘴角猛地往下一拉，內側眉毛聳起，這個微表情隨即被微笑取代。院方顯然也發現了，因而拒絕她的申請。後來證明這名婦人打算回家自殺。這種眞實情感的洩漏常常發生在人們說謊的時候。

反覆觀看慢動作影片或是利用艾克曼的訓練CD（一張靜止且面無表情的照片，緊接著是同一張臉做出微表情的照片）分辨微表情，並不表示我們就能看清日常生活中那許多混雜的表情。不過在艾克曼課堂上學習辨別這些微表情的學生，似乎都興奮地感受到新的可能性。就好像透過另一個被忽略的感官，透過嗅覺的力量重新探索世界。

解讀臉部七種基本情緒

以下簡單介紹職場上經常可見的七種情緒的臉部表情。要記得，最不自覺的表情都很短暫。如果有人對你微笑或皺眉超過兩秒半，就表示他有意讓你知道他的感受，要不然就是他對你有意思。

在現實生活中，你要懂得分辨的是當老闆或你最好的理財專員覺得你最近那個大構想愚蠢至極，卻又努力克制著不說的時候，臉上壓抑的微妙表情。你或許可以提醒自己，當我們受到自身情緒支配時，即使別人明顯表現出不同感受，我們也經常會忽略。上 www.paulekman.com 網站花五十美元購買艾克曼的CD自行訓練，或許也有幫助。

憤怒：眉毛內側往下拉近，鼻子上端經常會產生垂直皺紋。嘴唇緊閉。下眼瞼繃緊，目光嚴厲凝視。單就肌肉活動而言，這種情況可能只是代表專注。但以上三者的結合絕對是憤怒。

厭惡：眉毛內側還是往下（但沒有拉近）。鼻子皺起，上唇與臉頰提升，眼睛下方出現橫紋。

鄙視：一邊的嘴角緊繃上揚。有時只是很輕微地收縮肌肉（可以利用嘴角傳達「坐首位那傢伙是個阿斗」的訊息）。一邊上唇若同時上揚便是十足的冷笑或假笑。

驚訝：眉毛高聳彎曲，眼睛上方表皮伸展。露出眼白。嘴巴張開，嘴唇放鬆。

恐懼：揚起的眉毛皺在一起。額頭中央出現橫紋。上眼瞼上升。嘴巴打開，嘴唇往後拉。

悲傷：內側眉毛聳起，這個表情多半無法偽裝。（伍迪艾倫與金凱瑞例外，他二人都利用這個表情作為他們喜劇人格面具的一部分。）臉頰提升，嘴角下垂，有時下嘴唇會顫抖。

滿足、喜悅：不只是微笑，連眼角的魚尾紋也皺起，下眼瞼提升但不緊繃。

藉力於知覺頻寬

發現臉部解讀的力量後，人們開始作夢，不過只是夢想著賺錢的新方法。（你以為他們會用來了解溫妲真正的想法嗎？）明尼蘇達有家名叫「知覺邏輯」（Sensory Logic）的公司，其創辦人丹・希爾（Dan Hill）在企業界工作時看到一篇關於臉部動作編碼的文章。當時正在和他交涉的一名執行長「對焦點團體（編按：市場調查或政治分析所挑選出來最具代表性的一群人，目的在於瞭解他們對商品或議題的意見。）反應十分冷淡」，因為這些人只會說他們認為贊助商想聽的話。「這幾乎和地理有關。」知覺邏輯早期客戶之一的全國保險（Nationwide Insurance）的行銷主管說：「中西部的人對於任何產品都很喜歡。時薪六十美元的人很難有負面反應。」

但是他們的臉會說實話，希爾很喜歡引述王爾德的話：「只有膚淺的人才不以貌取人。」希爾的知覺邏輯公司所採取的方法超越了傳統的焦點團體訪談法，而將消費者的訪談與臉部表情錄影結合起來，並在皺眉肌與微笑肌接上生理回饋感應器，還有一個感應器接在指頭上以測量汗腺活動情形。

在某次β測試中，公司問研究對象對於某狗食包裝有何感想。口頭上有七成左右偏向認同，但下意識的表情反應「都是負面」，希爾說，這也難怪，因爲包裝上那隻狗看起來「十分瘋狂」。

另一名客戶聯邦住宅貸款抵押公司（Federal Home Loan Mortgage Corporation，又稱Freddie Mac）推出了一支以可愛的小女孩爲主角的電視廣告，知覺邏輯爲該公司測試觀眾反應。口頭反應有八成是正面的，但臉部表情卻多半負面。在後續訪談的追問下，有些人才承認叫一個學齡前的小孩談抵押讓他們覺得很做作。也有人只想叫她閉嘴，因爲她的聲音很吵。

擁有文學博士學位的希爾終於相信言詞幾乎毫無意義。「想知道你的顧客腦子裡在想什麼，就必須了解他們體內的變化。」他寫道，而比起言詞，臉孔是更好的方法。他引用眾所週知的科學證據說九成五的思想都是下意識的，所以一般人可能無法告訴你他們自己也不知道的感覺。即使他們知道，由於溝通當中有八成不會訴諸言詞，因此他們也許不會說出來。

最重要的是，希爾強調，購買某產品的決定幾乎完全取決於情緒而非理性。他引證一項估計，有七成的購物決定都是「在決定前最後五秒鐘內發生的衝動行爲」。因此利用潛在顧客的臉來了解他們對包裝或陳設的反應，可以決定產品成敗。「爲人類身體預設的生活型態比較類似家貓的生活型態，」他寫道：「我們會對一切閃爍著恐懼或快樂的東西，有快速直覺的反應。我們不像電腦，會一面考慮價格的合理性一面剔除變數。」

依希爾之見，藉力於我們的「知覺頻寬」，特別是學習注意臉部表情，便能辨識那些恐懼或快樂的火花。他預計在「行銷、宣傳、打造品牌、市場調查、公關、傳媒、業務、客服、產品設計與開發、商業空間設計」等等以「與顧客作更全面溝通進而提高市場佔有率」爲目標的領域中，都能有斬獲。

有些研究人員與政府機關認爲電腦使用眞正的頻寬，也許能更精密解析人的思想，而且不只針對焦點團體，而是所有大庭廣眾。既然臉部動作編碼系統已將臉部表情分解成一個個零件，教會電腦解讀臉孔應該輕而易舉。他們的想法是只要將機場的監視攝影機連接到灌有FACS軟體的電腦，說不定就能從一個隱藏的怒目或蔑視的微表情發現有意劫機的人。

「我非常相信機器可以解讀臉部表情，甚至會比人做得更好。」卡內基美隆大學的研究人員金出武雄說。他目前正以國防部的補助金在執行臉部表情自動辨識計畫。但他接著表示，要改善機器的瑕疵恐怕需要二三十年。

問題之一，如果辨識對象的頭旋轉或側傾——機場常見的現象——電腦分析就會故障。電腦也會遺漏許多微表情。還有一個問題是每個人的正常或「基礎」表情都有極大差異。

例如，動作元12接著15的序列——嘴角往下一拉又很快上揚——便可能產生問題，有些專家說這可能意味著以禮貌的微笑隱藏長期的憤怒。因此當電腦搜尋賓拉登時，可能反而會聚焦於一個嚴苛的商人。

文化交火

某些評論家認爲，透過臉部表情直接解讀潛在情緒的這整個觀念是謬誤的，歐威爾曾預期在未徵得當事人同意的情況下，透過電腦大肆利用這些表情，而前述的觀念卻完全背離他的期待。他們認爲人控制表情的能力可能比艾克曼所說的還要好。「在全世界各文化的人，高興就會笑嗎？生氣就會皺眉嗎？」波士頓學院心理學家詹姆斯‧羅素（James A. Russell）問道：「這些問題缺乏明證。」某些文化會避免在公開場合露出任何表情。例如在日本，人類學家艾德華‧霍爾（Edward Hall）論證道，「強調自制、疏遠與隱藏內在感情」的傳統根深蒂固，「在武士與貴族時代，能否控制自己的表情儀態攸關生死，因爲武士能合法處決任何惹怒他或對他不敬的人。」

現代的空服員與機場警衛幾乎也能同樣迅速地處決嫌疑人，所以老練的乘客總會擺出一張「機場臉」，儘管耐心與尊嚴不斷受到挑釁，仍是一臉呆板、毫無表情。如果普通乘客都能做到，那麼深信自己即將獲得永恆賞賜的恐怖分子，又爲什麼不能表現出祥和的神情？

對評論家而言，解讀臉孔時，文化因素至少和生物因素同樣重要。例如，幾乎所有的研究都顯示女性比男性更常微笑，因此她們經常有責任——如某研究報告指出——「化解緊張局勢，盡力將所有人從人際尷尬的魔爪中拯救出來。」

有些演化學家可能主張女性是因為適應母親身分所賦予不均衡的負擔，而演化出微笑的生物傾向，以便安撫孩子同時維繫伴侶、長輩與朋友間脆弱的支援網絡。也有女權運動者提出反擊，認爲女性微笑純粹是因爲社會將「管理情緒的工作」加諸在她們身上。(無論如何，男性在被動、抱怨、皺眉之餘，仍可繼續粗暴地建立社會權勢，凌駕其他男性之上。)

耶魯大學心理學家拉法蘭西在演化對抗文化的辯論中，並未採取強硬態度。她發現微笑的性別差異隨國籍、族群與年紀而異——而且當男女地位相當或執行類似工作時，差異也會變小。在情緒壓力之下，女性還是比較常微笑。但先天與後天的動力依舊十分複雜。

「臉孔是有力的工具，」拉法蘭西說：「但不能獨立作業。臉屬於身體，身體位於一個地點，地點包含在時間裡面，有時我們很善於將這些元素湊在一起，有時卻是憑直覺判斷人。」她舉了兩個複雜的例子：二〇〇三年美軍侵入伊拉克不久，在一處回教聖地遭遇憤怒的抗議民眾，從電視轉播的背景聲音可以聽到軍隊長官在命令屬下微笑——爲的是群眾不是攝影機。他顯然是希望藉此表達善意，但憤怒的群眾卻似乎不以爲然。在著名的紐約市地鐵保安隊案例中，一群青少年面帶微笑走向伯納．戈茨要錢。戈茨將他們的笑容詮釋爲掠奪性的嘲笑，於是拔槍開火。「在那種情況下，微笑絕不可能象徵建立關係。」拉法蘭西說。

希爾喜歡王爾德，她卻偏愛梅爾維爾說的：「微笑是一切曖昧所選定的媒介。」

對於外界批評他是頑固的保守派，不肯承認生物學對塑造人類行爲有重大影響，艾克曼予以否認。他將各國差異——如英國人上唇緊繃、日本人情感內斂——形容爲「文化性的展現規則」。他們或許能調整展現的時間、地點與程度，卻無法改變普遍的生物性臉部表情。

他還認爲最能理解複雜人臉的不是電腦，而是人心——尤其是少數具有讀臉天賦的人心。多年來，艾克曼確認了大約三十名這樣的人，他們進行一小時的測謊能力測試，得分總能在九十分以上。他將這群人稱爲「戴奧吉尼斯計畫」(Diogenes Project)，以希臘哲學家爲名是因爲他藉燈火注視雅典同胞的臉，想找出一個誠實的人，而且他非常有信心。這些人大多是執法人士，也是艾克曼主要的諮詢對象。

但即便是戴奧吉尼斯之輩也不是「活動測謊器」，洛杉磯郡警局警佐也是該小組成員之一的羅伯·哈姆斯如是說。他們只是因爲工作需要，而養成更仔細傾聽與注視的習慣。「這不是魔術，不是邪術。」哈姆斯說：「只是我們百寶箱中的另一樣工具罷了。」

哈姆斯言詞謹慎是因爲他不想導致錯誤的信賴——尤其是對那些一心想找出簡單測謊方式的人。他說，「小木偶症候群」讓人更希望有一個像小木偶的鼻子那麼明顯的臉部表情，能洩漏出欺瞞或危險的訊息。例如，《紐約客》雜誌有一篇關於艾克曼研究的文章，讓讀者以爲具有戴奧吉尼斯天賦的警察理所當然會根據「預感、臨場直覺、對方行爲，以及他瞥見對方外套裡的東西和對方臉上的表情」而射殺逐步逼近的攻擊者。

然而在戴奧吉尼斯測試中十拿九穩並不代表射殺的準確性。雜誌中的那名警察其實就是哈姆斯，他後來下車將死去的攻擊者抱在懷裡。哈姆斯說他眞正瞥見的——但也足以看清品牌名了——是一名攻擊者手上拿著一瓶噴髮膠，另一手的拇指按著打火機開關。那是個武器，是火焰噴射器的替代品，可能燒傷哈姆斯與他的夥伴。「不是因爲我解讀了他臉上的表情或任何暗示，」哈姆斯說：「而是情勢的全盤衡量。」

大部分時間，即便是戴奧尼吉尼斯之輩也需要坐下來談話，才能猜到嫌疑犯臉部表情背後的含意。退休的聯邦菸酒武器管制局幹員，也是戴奧吉尼斯小組中正確率最高的成員紐貝瑞說：「你要找的不是謊言，而是熱點，」也就是能產生瞬間臉部表情變化或姿勢變動的話題。在一次縱火案中，紐貝瑞發現嫌犯一聽到他可能受雇用他的店家所利用，便憤憤地抿緊嘴唇。那只是個微表情，但紐貝瑞卻巴著這點纏問不休，嫌犯終於忍不住脫口說出關鍵訊息。結果店家被判了八年徒刑，縱火犯被判一年。

細心的面談者要找的，紐貝瑞說，是矛盾之處，是言詞、臉部表情與肢體語言不一致的地方。艾克曼在《說謊》一書中，提到海軍中將約翰・波恩德斯特（John Poindexter）在國會調查伊朗軍售醜聞期間，出面作證時便曾有類似的一刻。波恩德斯特當時是雷根政府的國家安全顧問，後來布希總統命他負責五角大廈的「整體情報探查計畫」。出席國會作證時，他大致上處之泰然。

但當被問及與中情局局長用餐一事，他出現「兩個非常迅速細微的憤怒表情、聲音提高、吞四次口水，而且言詞多處停頓與重複。」但質問者未曾留意這些細節，因此沒有試圖找出該話題令他困擾的原因。

但如果連國會聽證會如此明亮耀眼之處都難以發覺眞相，那麼衡量言詞、臉部表情與肢體語言這一切，又如何能在步調急促的商界、擁擠的地鐵車廂，又或是每小時有數百名旅客來來往往的機場安檢點運作呢？

從艾克曼的研究所能記取最有用的教訓，可能只是讓一般人也能加以注意。讀臉的技術並非戴奧吉尼斯之輩、或國會議員、或政府反情報人員的專利，這種能力潛伏在我們每個人體內──從未逸失，只是被遺忘。稍作努力，便能重拾，但卻可能伴隨著最令人害怕的互動結果：在公開場合與陌生人聊天。一思及此便令人膽怯。但只要千百萬個普通人彼此注視交談，效果便勝政府的任何安全措施，以及電腦網路的任何新發展。

例如數年前在華盛頓州，美國海關人員黛安娜·狄恩俯身詢問渡輪上一名汽車駕駛。她問了四個簡單的問題，那人答非所問，狄恩也發現他的舉止「怪怪的」。她讓檢查人員打開後車廂，沒有發現什麼。接著他們又檢查備用輪胎，裡頭有幾包粉狀物和一大罐顏色像蜂蜜的液體。

駕駛立刻跳車逃逸，但檢查人員捉住了他，把他鎖在巡邏車後座。接著他們將注意力移回後車廂，狄恩卻發現巡邏車內的嫌犯已經躺下，並不時睜大眼睛從門邊窺探。其中一名人員舉起罐子晃動著，他們猜測應該是某種毒品。

事實上那是一種硝化甘油，嫌犯打算用它炸毀洛杉磯國際機場。對臉部表情無特殊研究的狄恩後來才明白，她看見巡邏車內的嫌犯睜大眼睛的表情原來是恐懼。他躺在後座是爲了保護自己，因爲他覺得所有人都會被炸得粉碎。

當然，大多數人都不太可能像狄恩一樣，發現過恐怖分子或拯救過無數生命。不過她這則故事的寓意很清楚：注意臉孔，即使當你認爲事情已經結束、壞人已經安全隔離，還是要注意臉孔。這是窺視他人內在獸性的一扇明窗。

派對臉

當老闆滿臉怒氣地朝你走來，他這表情便源自於靈長類學家所謂黑猩猩的「扁唇臉」以及獼猴與狒狒的「繃嘴臉」。除此之外，你還可以觀察到猴與猿的「尖叫臉」表情。其他靈長類經常有表情豐富的臉，不免讓我們想到自己。例如，西非一種色彩鮮豔、食樹葉的鬚猴，便有生物學家所謂「驚人的臉部藝術彩妝」。鬚猴和其他許多猿與猴一樣也會咂唇。猴子經常會伸長嘴唇挑出另一隻猴子毛髮裡的小蟲或雜質，而咂唇便是這種理毛行爲的儀式化模仿。遠遠地咂唇就像在說：「我想替你理毛，我想和你交朋友，我沒有威脅性。」當我們遇見朋友和同事送出飛吻時，想表達的意思完全一樣，就連動作也幾乎相同。

11 面相說

臉型與事業成敗何干

每個人都看得見你外表的模樣，但少有人了解眞正的你。

——馬基維里

面相注定命運。

面相也是無稽之談。

當我們將自己視爲動物便會產生一些比較奇怪矛盾之處，這便是其中之一。從古希臘到十九世紀的英國，面相學向來是高等科學，可以說有條有理也可以說毫無章法：面相術士聲稱自己可以從肌肉骨骼等固定的臉部特徵，而非快速變化的臉部表情看出一個人的性格。例如亞里斯多德相信眼睛大小能反映人的性情。同樣地，英國海軍軍艦「小獵犬」號的艦長也差點錯失名垂青史的機會，因爲他覺得達爾文的鼻子象徵懶惰性格，不適於環遊世界的行程。

現在我們已不至於如此，就像不至於過度相信占星一樣。可是我們每個人仍會不知不覺地相信這項僞科學，以臉部特徵作爲判定性格的依據。我們會因爲面相的偏見聘僱（有時則是解雇）某人，甚至毫不自覺。正因如此，你們公司才會聘請一個最大長處就是酷似名設計師 Ralph

Lauren的人擔任總經理，你那長相較爲成熟的競爭對手也才會一路高升，而臉頰圓滾滾的你卻只能進人事部。

我們的臉就是我們的命運，要怪只能怪演化。生理構造原本就會讓我們將某些臉部表情與特定的情緒連在一起，接著我們又過度概括，將偶爾產生關聯的固定臉部特徵與情緒型態一律聯想在一起。例如，性興奮時嘴唇會變厚，我們便似乎將豐滿的嘴唇視爲做好性愛準備的象徵。於是厚唇的人好像隨時都有難耐的激情，而薄唇的人則只有睡前祈禱才會摩蹭床墊。

此外我們還演化成會逗弄嬰兒臉龐的哺乳動物；這是大自然哄騙我們照顧下一代的把戲。倘若娃娃臉的特徵持續到成年——生物學家稱爲幼體化——我們天生的反應也會持續。對這樣的人，我們會比較坦白與信任。所以娃娃臉的人可能確實比表情嚴肅的人，更適合人事工作。

這的確是惡性循環：因爲可以預知他人對我們長相的反應，我們也可能慢慢就變成那個樣子，結果倒像是面相學確實靈驗。

戰猿

舉例來說，有研究將一九五〇年的西點軍校畢業生依面相分級，從較爲強勢（大概就是濃眉、寬顎）依次到較爲服從（大概就是大眼、眉毛高而稀、圓臉）。直到晉升中階官位之前並無太大差異，這類晉升多半是由客觀的升等委員會遙控。但最後決定誰能成爲將軍時，臉型卻扮演重要角色。高階官位絕大部分落到強勢面相的人身上。

有一個可能的解釋，研究人員馬澤爾與烏里希・繆勒（Ulrich Mueller）指出，這樣的臉很像人類或非人類的靈長類「準備戰鬥的模樣：嘴唇薄、嘴角下垂、眉毛壓低，眼睛微閉（以保護自己免於受傷）、耳朵內縮、讓自己變得較不起眼。」因此最高官階「可能會優先落到外表有如強悍武士者身上。」掌管升遷的人顯然將面相視為可靠指標，認為長相強勢「便能真正凌駕他人之上，即使在社會上只能以微妙且純粹象徵性的方式運用此能力也一樣。」而這種不理性的假設卻可能是對的：下屬似乎也比較希望領導人長得像巴頓將軍而不是卡通裡的胡迪・都迪（Howdy Doody）先生。

長著一張娃娃臉可能也有好處，只不過成就類別不同罷了。波士頓有一項研究追蹤了五百多件小額賠償法庭的案件，結果發現有著大眼睛與豐滿雙頰的被告多半能免於受罰。故意犯罪案件的判決中，長相成熟者有九成二被判有罪，娃娃臉長相者則只有四成五。布蘭迪斯大學心理學家萊絲莉・紀布羅威茲（Leslie Zebrowitz）表示，一般人覺得「娃娃臉長相的人太天真誠實，不太可能犯下預謀罪行。」因此遇上謀殺或至少輕竊盜罪，他們大多能安然脫罪。如果你是這種情況下委屈的原告，也許你會想用正式科學用語稱呼被告：「你這個幼體化的王八蛋……」

但別讓法官聽到。事實上，你應該避免這整個思考方向，因為無論直覺如何，依據臉部特徵的巧合來評斷人畢竟是愚蠢的。我們知道這是愚蠢的做法，因為有太多組織選擇了擁有巴頓將軍外貌的人，結果發現他其實只是個胡迪・都迪：他不知道什麼叫蝶形螺帽（照著鏡子還是不知道），他不會帶領餓犬去吃東西。但由於他在電視裡上相，所謂靠臉蛋吃飯的傢伙，於是大公司的高層便充斥著一群外強中乾者。紀布羅威茲將這種情形歸因於「適臉原則」，也就是說人會傾向於從事看似與外貌相配的工作，直到一九四〇年代末期，各公司行號都是利用莫頓的面相系統，偵測刻板的主管人才特徵。

即便到了現在，仍有公司雇用面相人士協助他們作這種外表的評斷。德州前法庭律師麥克・傅弗（Mac Fulfer）說他曾為 Sprint 通訊、昇陽電腦、貝爾直昇機、桂格燕麥與紐約人壽等公司，提供面相服務。他一開始是利用臉部線條作為速寫準則，分析可能成為陪審團員者的性格，如今則教導各公司使用同樣技巧聘僱新職員。

他的客戶每日花費高達三千美元徵詢他的建議，因為傅弗的說法乍聽似乎有理。你的臉形線條並不是偶然得來的，他說，而是來自你活動臉部肌肉的方式，以及「持續的、習慣性的思考或感覺模式」。他也避免過於武斷：「我想沒有任何一種方式，不管是性向測驗、面相術或筆跡分析，可以真正看透一個人，說：『就是你。』因為人太複雜了。我並不想看透別人，我只是想說出你如何運用那些肌肉。」

他開始滔滔不絕之後，有點像一個機敏又極具洞察力的算命師。前惠普科技的執行長菲奧莉娜在某張照片裡眉毛很高，表示她是個「策略家，非常謹慎地聽取資訊後再提出計畫。她不喜歡受驅使。」她雙頰貼近表示「極具爆發力」，而她的眼袋則顯示她在工作上投注太多精力，以致忽略了休閒的需求。接著傅弗補充說她的內耳廓顯示她「非常善於識人」，於是我們又回到達爾文那個懶惰的鼻子來了。

傅弗有一次出席一家動物用藥品公司的晚宴，有一位副總裁人選也在場，而他升官機會很大，因爲傅弗說他有「管理人才的眉毛」。(當汽車業主管魯茲一路攀升之際，有一位GM的主管也曾告誡他不該理平頭，而該留傳統的「主管髮型」。該公司對於成爲經理人的條件顯然遵循著呆伯特原則：「沒錯，他不會寫章程，他不會設計網頁，他沒有任何行銷技巧。但他有很好看的髮型。」)

傅弗還提醒客戶，眉毛連在一起（俗稱一字眉）的人「思考能力很強，心思總是運轉不停。不妨聽聽他們的想法。」還有：「這裡顎骨突出，是個能自在行使權力、表現威信的人，毅力堅定。他們一旦鎖定目標，必定百折不撓。」最後是這個不容錯過的面相精華：「還有一點，你看他鼻孔多大。可見他來自一個情感非常充沛的空間。」

我們彷彿可以聽見高階主管徵選委員會向董事會報告的說辭：「這是執行長的最佳人選，因爲他鼻咽道異常寬闊，我們建議提供一千六百萬股票選擇權的條件。」這對於了解現代企業歷史應該頗有幫助。

關鍵刺激

以這種方式聘請新員工差不多就像家人在寵物店裡選購小狗一樣：由於無法抗拒所有娃娃臉的致命魅力，你選了一隻有著褐色大眼睛、鼻子揪成一團的小狗。兩週後，孩子們已經難分難捨，你才慢慢發現你領進家門、預備共度未來十年的夥伴竟是個脾氣暴躁、喜歡亂叫又會咬人的王八蛋。恭喜了！你剛剛成為一宗生物學詐騙案的最新受害者，人種學家——研究動物行為的人——將此手法稱為「關鍵刺激」（key stimuli），光靠視覺或聲音訊號便能引發不加思索的自動反應。例如成人對娃娃臉的反應包括照顧的行為增加、攻擊減少，這些人應該不至於這麼笨才是。關鍵刺激在動物界十分普遍，效果相當驚人。紀布羅威茲在一九九七年出版的《解讀面相》（*Reading Faces*）中舉了一個尖銳的例子：小火雞的叫聲會引發媽媽的餵養行為，這是與生俱來的反應，並非媽媽思考的結果。如果媽媽耳聾聽不到這個關鍵刺激，就可能殺死自己的下一代。反過來說，如果火雞媽媽聽見絨毛臭鼬傳出小火雞叫聲（研究人員的錄音），她便會將這隻臭鼬——火雞的天敵——當做自己的心肝寶貝一樣養育。

靈長類多少比火雞仔細些，但對關鍵刺激也有反應。例如幼狒狒直到十二週大都是覆著黑毛，之後才轉為成狒狒的灰褐色毛皮。只要幼兒維持黑色，狒狒媽媽便會加以保護餵養，但當牠轉為成狒狒毛色，媽媽則不再理睬。猴與猿也是利用臉部特徵——尤其是圓滾滾、大眼睛的娃娃臉——作爲關鍵刺激。至於狗、兔子、鳥與其他幼兒階段需要成年動物照顧的物種，也都是如此。

魅力光環

在職場上，多半還是不要像火雞比較保險。因此關鍵刺激提供了一個教訓：應該「少」注意固定的臉部特徵。做法是要留意我們的偏見、我們的演化傾向，方能看透一個人的外表，看清他（她）的行爲。

比方說，我們每個人都會對心理學家所謂的「魅力光環」著迷。我們腦子裡——還有基因裡——就是認定長相迷人的人的確比較好。所以電視上關於查理辛或茱兒芭莉摩如何過一天算一天（還醉死三天，不過他們對此依然毫無記憶）的報導雖然千篇一律，我們卻仍百看不厭。

某個研究中，有些男人拿到有魅力的女性照片，有些拿到沒有魅力的女性照片。然後他們透過電話與一名女子交談。以爲她長得漂亮的男人，同時也認定她很熱情、聰明、外向。（事後爲談話評分的觀察者說那名女子的反應也較爲熱情。）而以爲自己在跟一個醜八怪講電話的男人，可就沒有這麼有度量了。

這樣並不厚道。但在大聲斥責男人這群混蛋之前，你應該要知道當你含情脈脈注視著嬰兒可愛又胖嘟嘟的臉時，他們也是這樣：即使只是出生兩天的嬰兒，對於不好看的臉也會有較負面的反應。

這種天生的偏見非常自然。所有物種都會經過性擇（個體打敗競爭對手贏得異性的愛）與天擇（設法保命）的演化過程。有些能讓人在社會上展現魅力、受異性喜愛的東西屬於文化層面，可能年年不同，例如鼻環或Armani套裝。但也有些屬於生物層面，持久不變。

例如我們演化後，認為對稱與「均衡」的臉比較賞心悅目，或許是因為扭曲的臉暗示著同種繁殖的危險程度。總之，臉蛋漂亮的人從嬰兒獲得的微笑，與從成人獲得的約會機會，要比像是斜眼的人來得多。

他們也比較容易得到好工作。無數研究顯示長得醜對前途有害。

雇用醜人

某些情形下，外表確實是工作條件之一。「如果你是化妝品商，可能會想找個漂亮女子，」紀布羅威茲承認：「因爲有誰想跟一個醜女人買化妝品呢？」而且當你覺得某些人受到醜陋魔棒詛咒而歧視他們，這是完全合法的，只要你認爲的醜陋（ugly，源自古挪威語的uggligr，「引起恐懼」）與種族、年齡、宗教或性別無關。不過這需要審慎斟酌。

例如成衣商Abercrombie & Fitch（A&F）最近面臨一件集體訴訟案，遭人指控店內員工都是時髦漂亮的年輕人，而且剛好白人居多。最後公司同意賠償四千萬美元並招聘各族群員工而達成和解。

更重要的是，即使有人的長相令人退卻，歧視他卻可能是一種浪費，因爲許多工作與外貌無關。只要略施尊重，一個臉上長滿痘疤的電腦工程師表現不會比英俊的工程師差，而且對工作的忠誠度可能更高。

然而我們對醜人的偏見極深。「我相信長相迷人的人的確比較好。」有位無線通訊業的高階主管寫電郵告訴我：「不是天生比較好，而是因爲成長過程中受到的對待，使他們更適應社會生活。醜人則會因爲多年忍受侮辱與謾罵而產生情結。就像狗一樣：受虐就會變得凶狠，受愛護就會愛護人。我大體上認爲雇主要小心，不要雇用不好看的人。」

他說得毫不掩飾，我正打算送出筆具譴責的回函時，又收到一封電郵，是某大科技公司的內部稽核員寄來的：「我不是 Ralph Lauren 型的人物，沒有堅毅的下巴，也沒有濃眉或寬顎。我是個矮小的女性，嗓門很大。」很明顯地，她這一生中因爲身高、魅力（應該說缺乏魅力）與性別等關鍵刺激所受到的忽略或侮辱，使她積怨頗深。「三十年來，我都是扯著喉嚨說話。」她寫道：「眞的，所有人都聽得到。我要大家都注意我。如果你不注意我，每個人都會知道，因爲我的聲音在五條走道外都能聽到。」

她又說她發動同事針對公司的退休金計畫進行集體訴訟。事實上，已經有一審判她勝訴，她的雇主——已提起上訴——必須取消自一九九〇年代起過度精打細算的退休金計畫，損失高達數十億美元。（我打聽過了，她說的是事實。）你可以有兩種解讀方式：一是這更加證實不該雇用不具魅力的人，一是聰明的會計師與高階主管千萬切記，若無法避免雇用不具魅力的人，要小心不要一再侮辱謾罵。我個人寧可選擇後者。

實行起來或許很困難，但政策上確實應該盡量避免生物陷阱，例如娃娃臉的吸引力或是魅力光環。可是該怎麼做呢？紀布羅威茲建議雇主延後面談時間，以其他方式多了解潛在的雇員——如應徵信、推薦函、電郵或即時通訊與電話交談。戀愛能行得通的方式，事業關係上也能行得通：現代人經常以電郵作爲第一階段的約會方式，來判定對方眞正的想法，以免因肉體的性魅力而分神。事先建立關係也許便不會產生誤導的第一印象，無論是著迷或厭惡。

你也可以提醒自己注意潛在偏見，紀布羅威茲說：「我認爲這個人無法勝任管理工作，是因爲她眞的不行？還是因爲我對她的外表有偏見？」偏見不一定要明顯表現出來才會影響聘僱。一九七〇年代某個研究中，白人面試者遇到黑人應徵者會顯得緊張且較爲疏遠，結果是黑人表現不佳。當研究人員有點荒謬地訓練面試者對所有應徵者都採取同樣緊張、疏遠的態度後，白人表現同樣不佳。

紀布羅威茲指出，聘僱過程中這種下意識的扭曲可能擴展到種族之外的範圍。例如面試者可能對娃娃臉的應徵者較爲坦率，或是對一個「看似具有領導力」的人提出簡單問題。

在某實驗中，紀布羅威茲指導的研究生安珂・范・雷南坎夫（Anke von Rennenkampff）給了研究對象十八個問題，讓他們向應徵高階職位的人提問，九個正面問題（「你在大學最有成就感的事？」），九個負面問題（「你在大學最大的失敗？」）。結果發現應徵者的照片看起來愈陽剛，提出的問題便愈正面。「參與實驗者並不想更深入了解應徵者，」范·雷南坎夫說：「他們只想證明自己的第一印象是正確的。他們想確認的是自己的想法，不是客觀的資訊。」

玩弄面相

如果找工作時落入娃娃臉陷阱或因爲臉部特徵而受害的人是你呢？如果——誠實一點吧——醜不拉嘰的人是你呢？應該就是改變你自己，這點有時似乎還挺合理的。「有個人問我：『爲什麼別人老覺得我軟弱？』」心理學家艾克曼說：「於是我看了看他的臉，發現他的眉毛內側往上揚。」也就是說剛好反映悲傷與不確定的表情。「我告訴他：『修修你的眉毛。』結果眞的有效。」男人可以留鬍子以彌補薄弱的下巴，紀布羅威茲補充道，女人可以將眉毛畫濃一點以顯得更成熟。

展現最好的一面同時稍作美化，這絕對是高尚的傳統。牛頓爵士所散佈的自己的畫像都是目光炯炯、額頭寬闊充滿智慧的模樣，儘管朋友說現實生活中牛頓的臉「全然不似這般犀利精明」，亦無損其聲望。肥皀劇演員與報紙專欄作家也同樣會用二十年前的大頭照，有何不可呢？一想到面相注定命運，一想到我們得因爲人類同胞演化而來的小缺陷與不自覺的遺傳偏見成爲受害者，確實惱人。

你選擇換上什麼臉也可能因尋找的工作而異。例如，領導者最好能有陽剛特質。這或許是遺傳的傾向，因爲我們是雄性主導的物種。也或許只是長久養成的壞習慣，因爲過去一萬年來，一度被惠普科技前執行長菲奧莉娜稱爲「擁有二十吋長脖子和豆大般腦子」的男人始終頤指氣使。

無論如何，即使所有應徵者都是女性，陽剛味較重者還是比較吃香。研究者范・雷南坎夫要求一百二十人想像自己要聘僱一名高層主管。她提供的應徵信函除了照片之外，其他都一樣。有一位應徵者是男性長相的女性（高高方方的額頭、下巴較寬、唇薄、眉稜較突出）。另一位應徵者是女性長相的女性（臉頰較豐滿、鼻子較小、眼睛又大又圓）。范・雷南坎夫使用這兩人各兩張照片，一張男性化打扮（黑色高領衫、不化妝、頭髮後梳），另一張女性化打扮（頭髮蓬鬆、塗口紅、打領巾、低圓領口的套頭毛衣）。不難猜測，長相與穿著都較男性化的應徵者錄取了。兩方面都較女性化的人則表現最差。這便是工作上「適臉原則」的最佳例子。當范・雷南坎夫要求參與者選出適合需要溝通技巧與體貼他人等人事工作的應徵者時，結果恰巧相反，由雙方面都女性化的應徵者錄取，這也是適臉原則所能預測的。

該研究或許能給人一個希望，如果女性想應徵領導職位，只要作男性化打扮，機會便能從第四升至第二。換句話說，稍微動點手腳就可能降低面相宿命的影響。這個教訓范・雷南坎夫本身也謹記在心。她是個高䠷苗條的年輕女子，有一雙褐色的大眼睛和細緻的肌膚。但她卻把頭髮全部往後梳，臉上淡妝，小小的貼耳耳環，暗灰色長袖襯衫搭配深色毛線背心，深色長褲。

此外，你也可以藉由改變行爲或甚至只是改變臉部表情，而避免面孔給人的刻板印象。臉部特徵通常只會在面無表情時產生刻板的影響，一旦臉上有了表情便能改變一切。

舉例來說，我眉毛的模樣經常讓人誤以爲我在生氣。有時候女性會猶豫不敢與我同搭電梯。幸好我也有個又大又迷人的笑容，我想這該有助於消解怒氣。（就好像燦爛的朝陽照耀在我們同鄉經常去的紐澤西草地運動場上的垃圾山一樣。）

女性對於單獨與我同搭電梯依然感到猶豫。但紀布羅威茲認爲這些「對比效果」之所以能讓某些行爲更令人印象深刻，純粹是因爲太出乎意料了。例如，一位娃娃臉的女性若是有強勢的反差，可能看起來會更具領導力。一個長得像「決戰猩球」裡的猿人將軍的男性，或許可以用小小的、出人意外的溫柔舉動討人喜歡。（例如你可以想像一下，有個可愛的東西讓倫斯斐露出微笑會是什麼情形。）

雖然整容可能很令人動心，但是更健康的做法是保留媽媽給你的面孔，再依人們可預期的反應細心加以改變。

・當臉上佈滿贅肉與魚尾紋時，不妨把這些當作自己已超過出售期限的公告，或者可以作爲更受人尊重的工具。資歷較深的律師經常會像那些花大把銀子的當事人所形容，「像青蛙似的把嘴角往下垂，同時把嘴唇噘得高高的還往前嘟出來，以表現一副深謀遠慮，或是不屑，或是不確定的樣子。」眞相也許很美，也許美即眞相。但在法律界，鐘點費更勝二者，而讓自己看起來顎肉鬆垮、充滿智慧則是賺取鐘點費的好方法。

・如果長著一張娃娃臉，也許比較容易搏取信任，這通常是個優點。雷伊就是以一雙溫柔的眼神與卑微的態度影響了安隆。反過來說，當娃娃臉個體被發現有不當行爲，有時卻可能因爲對比效應而更顯邪惡或叛逆。正因如此，在犯罪報導中，娃娃臉殺人犯總是特別引人注目。

・假如你的長相較精明、較成熟，要告知員工被外調到重慶時（「有個減薪九十九%的外調工作，你有沒有興趣？」），最好請娃娃臉的同事或者熱心親切的人事同仁幫忙，因爲娃娃臉的人比較不會引起反社會的憤怒。這種策略深植於靈長類行爲中，當孩子打破媽媽心愛的花瓶時，會找可愛的弟妹去告訴媽媽，也是類似的心態。

當然，藉助手術刀也可以降低臉部刻板印象的影響。我們都有個迷思，以爲幾乎所有的腐朽都能化爲神奇——尤其是透過電視現場轉播的大型改造整容手術。傅弗舉了個例子，德州某家巴士公司的售票員由於下巴後縮而前途無亮。後來她動了植入手術，最後成爲該公司的董事長。

問題是一般人——至少巴士業之外的人——對於「贋品」都極度敏感。因此你的辦公室對手很可能會故意說出爲你整鼻子的醫生名字。你的敵手會在茶水間竊竊私語，說你的上唇「眞恐怖，一定是 Gortex 材質，一動也不動。」更糟的是，他們會盯著你注射過膠原蛋白的嘴唇，就像英國小報記者盯著女演員萊絲莉・艾許（Leslie Ash）一樣，賞你一個「鱒魚嘴」的封號。外人可能把你豐胸的結果當眞，可是引發的自然反應卻是通往臥室而非董事會。注射肉毒桿菌也許能紓解你揪結的眉頭，但當同事們聽到老闆妙語如珠而驚訝或高興地聳眉之際，你卻只能看似無動於衷。

整容有個令人難以抗拒的結果，那就是可能讓你逃過臉部刻板印象的愚蠢風評。而風險卻是最後可能和麥可・傑克森一樣，活像個逼眞的腹語娃娃。任君選擇。

黑猩猩幼兒直到三歲以前，尾巴都有一撮白毛，只要這個幼兒特徵還在，成年雄性便會放任牠們並忍受牠們的糾纏。在此關鍵刺激的保護下，即使幼兒企圖將正在交配的爸爸從媽媽身上推開，也不會受到處罰。從這個例子可以知道以動物推測人類是很危險的事。說白了：即使再娃娃臉的員工，當場發現祕書正與老闆做那檔事時也不能有類似的行爲。總之明年你就等著高升（至領導階層）吧。

12 耍猴樣

模仿的力量

我們崇拜的不是美之女神，也不是命運女神，而是時尚女神……巴黎的猴子首領戴上旅人帽，美國所有的猴子便起而效尤。

——梭羅

「我不記得女性怎麼穿，」葛斯納當上IBM執行長開完第一次高層主管會議後說：「但非常明顯的除了我之外，所有男性都穿白襯衫。我穿的是藍色，大大違反了IBM高階主管的穿衣哲學！」幾星期後同一批人再度開會，葛斯納因應公司文化，換上了白襯衫。

沒想到所有下屬全都穿著有色襯衫出席。

大家總喜歡取笑商界人士一成不變的直條紋衫，很有趣只是說得輕鬆了些。事實上幾乎所有社會動物都會互相模仿，不只有猴子會有樣學樣。「若有一隻餓肚子的雞狼吞虎嚥地啄穀粒，旁邊已經吃飽的雞看了也會跟著再吃。」夏威夷大學心理學家也是《情緒感染》（*Emotional Contagion*）的作者之一伊蓮·哈特菲（Elaine Hatfield）寫道：「螞蟻若與其他工蟻配成組則會更努力。」

那麼人類呢？儘管我們吹噓著獨立主義，卻是世上最善模仿的動物。我們會模仿電視上籃球選手的跳投，以及剛剛在海嘯災難中失去獨生子的母親沮喪的臉，聽到笑聲配音就會跟著哈哈大笑。

這是我們最基本、最持續的生物驅力之一：我們想和其他人一樣，至少想和我們視爲志同道合者一樣。於是企業律師與其他企業律師相同穿著，無政府主義者就像其他無政府主義者。也因此記者多半都邋邋遢遢，完全不會注意到胸前沾了煙灰這點穿著細節。我們確實刻意地爲自己創造模仿他人的環境。否則公司野餐時，又怎會出現跳排舞這種反常的消遣活動呢？而北京工廠的工人上早班之前總會一塊打太極，這種奇特的興趣又如何解釋？

模仿的力量非常巨大也很容易適應。觀察四週的人能讓我們學會如何把工作做好，如何讓自己像個社會物種，融入社群中不被遺落。在我們身爲部落動物的大半歷史中，若不遵循地方文化很快就是死路一條。(「那個怪胎竟不把臉塗成藍色！我們把他丟進狼群。」) 因此天擇確確實實將協調與模仿的衝動深植於我們的基因遺傳當中，甚至幾乎不再去考慮實用目的；模仿就是讓人覺得舒服。大腦裡有一種特殊細胞叫鏡像神經元，會使我們不自覺地模仿我們遇見的人，同時分享他們的情緒。與他人同步會使我們內心某個陰暗的角落發出一種深切滿足的嗡鳴。

模仿是天性

嬰兒出生不到一小時就會開始模仿臉部表情，然後繼續模仿言詞、表情、肢體語言、穿著風格、社會流行趨勢與時尚，直到死亡爲止。僅以發聲爲例，哈特菲便列出數字驚人的特徵，人類談話時不僅模仿這些特徵而且是同步模仿：腔調、說話速度、聲音強度、聲音頻率、停頓、回答速度、說話長短以及不同說話者輪流的時間長短。如果主導談話的人說話如擂鼓，其他人也會加快速度。如果他嗓門大，其他人也會盡量扯開喉嚨。這些行爲不只出現在受控的研究室實驗中，也出現在「嚴謹的工作面談、總統記者會、太空人與基地溝通」，以及一般辦公室的閒聊。

例如湯姆・伍爾夫（Tom Wolfe）在《太空英雄》（*The Right Stuff*）一書中，描述試飛員查克・伊格（Chuck Yeager）改變了一整個世代的飛航員的說話方式，因爲每個人都想仿效他面對壓力時的冷靜。那個聲音「從高空、從加州荒漠上方往下飄，飄啊飄啊，從組織高層飄入美國航空界所有範圍……軍機駕駛之後，不久便是民航駕駛，來自緬因與麻州與南北達科塔與奧勒岡的機師，都開始學起那種空洞、慵懶的西維吉尼亞腔，或是盡力改變自己的家鄉口音。這種慵懶口音正是出自所有具備『適當素質』者之最：查克・伊格。」

談話的模仿也往下飄啊飄，飄到地面上，採取更基本的形式。有位高階主管發明了一個非常不恰當的動詞「incentivize」（譯註：由名詞「incentive」〔誘因、動力〕而來），不久其他主管也開始叨叨訴說自己如何「incent」（激勵）手下工作，不但不用多付一毛錢，還能爲自己賺進豐厚的獎金。（他們要用的字應該是「incense」〔激怒〕吧？）

即使只是下班後打算回家，在高速公路上交通受阻放慢車速——例如在尖峰時間上塞車的匝道——之際，我們也會彼此模仿，因此在原始塞車原因已經消失許久許久之後，還是會透過模仿而產生一種虛幻的交通瓶頸。所以我們總會在塞了老半天之後，氣惱地發現什麼事也沒有。沒有小車禍，沒有救護車，根本是毫無來由地塞車。於是我們加快速度，嘟嘟噥噥罵著前頭的笨司機。五分鐘後，其他駕駛來到同一個因模仿所導致、令人驚愕的時空彎曲中，也以同樣的念頭詛咒我們。

我們是如此亦步亦趨地彼此跟隨，因此軍隊要過橋時，通常都得打亂腳步，以免將橋震垮。就連生化層面也有模仿現象：女性同事的費洛蒙會在不知不覺中產生轉變，使彼此的經期逐漸一致。

關於這種群體現象的理論不一而足，卻並非所有理論談的都是關於友愛或是與一體感產生共鳴的需求。比方說，我們喜歡和他人在一起、喜歡和他人一樣，部分原因可能是因爲人多才有安全感。生物學家威廉・漢彌頓（William Hamilton）在以〈自私獸群幾何學〉（Geometry for the Selfish Herd）爲題的報告中指出，動物經常成群結隊是因爲每個個體都希望自己與門外惡狼之間至少隔著另一個個體。（只不過每種防衛策略總會激發獵食者的反策略。例如海鱸獵食時，會直接從小魚群中央衝過使其一分爲二，然後攻擊其中一群的落後魚隻。結果原先安心躲在魚群中央的魚，可能就會先死。）

不管外人看來多麼愚蠢，和其他人做一模一樣的舉動通常都能躲避危險。例如有一種名叫海鳩的北極海鳥會在陡峭的崖面上築巢，幼鳥總是集體從崖壁上躍入海中，爲什麼呢？如果一兩隻幼鳥獨自躍下，幾乎難逃被北極鷗獵食的命運，如果大夥一起跳，雖然仍有幾隻會喪命，但北極鷗卻會因爲分心或過於飽足而放過其他小鳥。某位生物學家曾將此策略稱爲「拿鄰居去餵食」。

類似的防禦性群體衝動已深深根植於我們的生理，所以無論個體或公司都很難作新的嘗試，也很難終止過去熟悉且有效的做法。我們下意識覺得若不和其他人做一樣的事，很可能就會死。

有時候確實如此。例如，反映周遭人的臉部表情可能是一種生存機制。假設你正站在同事群中聽其中一人發牢騷，說「沒大腦」老闆故意讓她出糗。當你不經意抬頭，卻正好瞧見「沒大腦」逼視的目光，你臉上立刻閃過警覺的神情。（前面說過，從威脅到出現表情只需兩百毫秒。）你臉上的表情會隨即傳到身邊其他人臉上，讓他們也感到害怕。談話及時終止，誰都還沒來得及說「他來了」，這一切便已發生。

的確，因爲意識需要五百毫秒才能察覺威脅，因此在誰都還沒弄清楚自己害怕什麼之前，理論上這整個防禦性的交流就會發生，保住你們所有人的工作。而且這種下意識的溝通型態也不僅限於恐懼。例如中午在員工餐廳用餐時，你可以試試皺起鼻子露出噁心狀，再看看其他人有多快便停止進食，叉子懸在半空微微發抖。我們能成爲如此成功的社會物種，部分得歸功於這種快速的情緒展現與反應——又稱爲情緒感染。

然而這絕非人類專有的特色。在某實驗中，一隻恆河獼猴學會了從視覺信號得知自己即將受到電擊，牠若按下槓桿便能避開。關在另一個籠內的猴子，看不到警告信號，卻可以從黑白錄影畫面看到前一隻猴子的臉。當第一隻猴子恐懼地睜大眼睛，第二隻猴子便會跳起來按槓桿，以此亦能躲避電擊。奇怪的是這種生存機制在隔離飼養的猴子身上並不明顯。我們這樣的靈長類似乎需要正常的社會教養環境，才能學會如何以天生的臉部表情救自己一命。

性與擁擠的停車場

無論動物或人，之所以經常有如一丘之貉其實還有更多正面的原因。模仿他人常常是成功的捷徑。想想所有公路戰士們熟悉的規則：絕不進停車場空蕩蕩的速食餐館。選擇擁擠餐館的心態並不表示我們想等候座位，我們只是把停車數量、其他人的喧嘩聲，甚至排隊的不便，當成此處食物值得等候，或至少最近沒有人在此因大腸桿菌中毒的證明。動物也是如此。例如，椋鳥總喜歡在其他鳥已經成功覓食過的地方覓食。老鼠則會找出可以嗅到同伴氣息的甜食碎屑。

模仿的傾向甚至會影響選擇伴侶的方式。孔雀魚、流蘇松雞和曼哈頓的單身女郎都寧可捨棄孤單雄性，選擇已經有固定對象的雄性。

這是餐館停車場理論的另一形式：雌性以雄性吸引其他雌性的能力，來證明他或許確實擁有某些魅力。最近紐約有一位企業家便以此為前提，提供一種特別安排的護花服務：男人每小時花五十美元，便能和美貌迷人的女子在公開場合同進同出，因為誠如這家公司 Wingwomen.com 所說：「每個男人都知道身邊有女人的時候，會更容易認識其他女人。」

此外我們彼此模仿也是為了產生舒服親密的感覺。例如，兩個交談愉快的人經常會配合彼此的肢體語言，甚至連交叉腳踝或輕輕晃腳都一樣。這種姿態應該是我們溝通融合感與親密感的方法之一。在不知不覺中發生時，雙方都會覺得舒坦，就好像告訴對方：「我和你同在。」

測試這種影響的研究通常會設計讓研究對象不發覺自己被模仿。即便如此，結果仍顯示當交談對象以細不可察的方式模仿我們時，比較容易討我們喜歡。而我們被模仿之後，大致上也會比較喜歡他人；我們和全人類似乎是不可分的。

以上這些聽起來像是虛渺的一體感，也像是瘋狂、貪婪的自我的表現。抱持懷疑者也許會想像眾人爭相模仿的總裁，在辦公室隔板上方跳躍著，一面撒下玫瑰花瓣，一面用宏亮的顫音朗誦惠特曼的詩：「我渾身充電地唱著／我愛的人將我團團圍住，我也圍住他們……」（恭敬的資深副總裁這時敬畏地抬起頭來喃喃覆頌著，心想自己是否也能跳出如此巧妙的舞步。）但人們彼此模仿時所產生的融合感，卻能有高度實用的影響。

舉例來說，模仿似乎能使人動作一致。桌邊有人拿起飲料來喝，片刻後每個人都會跟著喝一口。交易廳內有人站起來伸懶腰，旁邊的人也會跟著做，然後享受短暫的社交休閒時刻。當截稿時間節節逼近，編輯室裡有個記者開始埋頭寫稿，其他人也很快動了起來，就像被工作狂熱所感染的工蟻一樣。

人類學家霍爾描述建築工人為他的房子加建書房的情形。「談話始終持續不斷，但內容並無太大關聯。他們是為了說話而說話。如果交談變慢，工作也會變慢。在同一個小小範圍裡工作的兩三人，似乎從未妨礙過彼此，而是非常緊密地合作。無論是砌磚、塗灰泥或抹平水泥，整個過程有如一支芭蕾，而談話則像是下意識的節奏，加強群體的聯繫而不至於妨礙彼此。」

以此方式找到工作節奏的團隊能連成一氣，於是計畫的各個部分便能接續得天衣無縫，有如神助。一人為句子起頭，另一人說完。一人想到新產品的點子，另一人把它推往光輝的新方向。就像一人背後傳球，另一人及時到達、接球、運球上籃。也像歌手們各自遊走到舞臺各個角落獨唱著，然後又自動慢慢回移，所有人在同一刻回到麥克風前，以同一音調唱出第一句合唱：「我要告訴你事情的進展……」這時你會感覺到脊背發涼、寒毛直豎，因為享受這些完美和諧的時刻是我們演化而來的天性。

奇怪的是人不只互相模仿，而且還始終不自覺地觀察並利用模仿，來進行相當世故的社會判斷。某項實驗讓試驗對象看了五十一分鐘的影片片段，每個片段都有不同的男女兩人坐在桌前談話。他們必須判定兩人互相喜歡的程度。事後測試對象說他們是依據兩人坐的距離，以及微笑、點頭、作手勢、表達感情的次數來判斷。三分之二的人說他們完全沒有注意兩人是否反映彼此的動作。

奧勒岡州立大學研究員法蘭克・柏尼瑞與其研究團隊接著又回到一分鐘的影片，詳細記錄座位距離、微笑、手勢與反映行爲（或是行爲一致性）。結果發現最多人認爲彼此喜歡的那組，不見得最常微笑或點頭——而且測試對象以一致性作爲依據的程度，遠大於任何人的想像。

我們互相模仿的傾向還有一個更嚴重的後果：雖起於表層卻在情緒最深處不斷迴響。換上周圍的人的表情、聲音、姿勢與動作之後，我們也能徹底感受到他們的感受。

一九六〇年代，當心理學家艾克曼與傅利森用自己的臉來記錄不同表情所牽涉的肌肉活動，他們不斷發現有幾個特定表情會觸動他們的對應情緒。代表眞正快樂的微笑（眼角起皺紋）會讓他們眞的感到快樂。傷心的表情會讓他們想到自己的失敗。後來更有許多研究證明這種回饋環是個生物事實：情緒產生臉部表情，臉部表情轉而產生或強化相關情緒。

這其中的生物機制也許簡單而直接得令人驚訝。例如，微笑確實會使大腦冷靜。製造微笑所需的肌肉活動會增加鼻子吸入的空氣量，降低附近的動脈溫度。略微低溫的血液到達大腦後，便能使人心情愉快。因此如果凶暴的主管果眞如他們所說，希望做出冷靜的決策，那麼他們認認眞眞地怒目瞪視可能就大錯特錯了。

具感染性的職場

情緒感染——受周遭人的表情與情緒影響——是我們日常工作中一股無所不在的力量，由於它通常難以察覺因而更顯詭詐。客服人員可能受不悅的客戶影響，而不經意地將惡劣心情傳給下一位客戶。醫護人員成天與生病或沮喪的人爲伍，回家後可能也會感到沮喪。

反之亦然：能散佈正面情緒的人自然也可以創造較爲快樂的工作環境。但即使是無顯著情緒的工作，負面情緒可能仍比正面情緒更具傳染力，因爲天生的負向偏誤會讓我們更快注意到威脅行爲，反應也會更強烈。

心理學家哈特菲與理查．雷普森（Richard Rapson）曾有過一名病患，是個平常都很樂觀積極的牙醫。她盡量不讓自己像其他牙醫一樣，彷彿能感受到病患痛苦（最後回家在自己的頭上鑽洞）。但有個星期她心情沮喪地出現在心理醫師診所。原來是診所員工一直爭執不休，她爲了解決他們的問題便熬夜擬定一份新的組織計畫，並詳細列出工作內容。有兩名員工看到之後立刻辭職。

心理醫師詢問牙醫後，才漸漸得知她的口腔衛生師婚姻出了問題，每天帶淚上班。她的行政主任氣憤難消，因爲她覺得無法將工作交代給新任兼職祕書。而祕書則因爲主任不信任她而感到屈辱。診所裡不是組織的問題，而是情緒問題：「我們談著談著，患者也逐漸了解自己是被感覺旋風吹得東飄西蕩，她感染了……憂鬱病毒。」

哈特菲指出，管理者若知道有情緒感染這回事，便能更了解影響員工心情的眞正因素，以及自己該怎麼做。那名牙醫放了兩天假，改善自己的心情。回到診所後，她請員工出去吃飯，每次請一個。她不再任由不快樂的衛生師設定心情，反而開始擴大她本身高漲的情緒感染力，漸漸地每個人都快樂起來了。

有些領導人正因爲有這種正面感染的神祕能力才能鼓舞士氣。例如，歷史學家傑佛瑞・瓦德（Geoffrey Ward）在他的自傳《一流性情：羅斯福現身》（*A First-Class Temperament: The Emergence of Franklin Roosevelt*）中，引述一名當代人士的話，描述海軍新任助理次長巡視手下一艘較爲簡陋的船艦的情形：「一上船，[羅斯福]立刻顯露出海上爲家的感覺。駛向海軍造船廠途中，他並未如預期般安坐在船尾座板上，而是穿梭在船首與船尾間。他帶著愉快的驚呼與內行的欣賞目光，走過從舵手艙到引擎室的每一吋船身。當船碰上另一艘船留下的水痕時，濺了他一身水花。他只是笑著閃避，並對同伴們說這艘船多善於乘風破浪。短短幾分鐘，他已經贏得船上每一個人的心，其後數年他更贏得他所涉足每艘船船員的心……他證明了……具有感染力的熱情是無價之寶。」

若非天生具有如此特殊的魅力——包括絕大多數人——至少可以偶爾停下來想想，自己可能在不知不覺中影響了周遭人的心情。每個臉部表情、每個細微的聲音變化，都是一種情緒噴嚏。情緒感染會持續發生，例如在櫃檯前由收銀員傳給顧客。在針對某家區域銀行三十九家分行的研究中，北加大研究員道格拉斯・朴（S. Douglas Pugh）發現較常微笑並注視客戶的櫃檯人員，會讓客戶心情較好，離開時也會較滿意。

因此有些管理者肯定會認爲自己命令員工微笑是對的，就像電影「上班一條蟲」裡那個暴躁的餐廳經理史丹，一天到晚要女侍喬安娜秀點「本領」。（「你想表現自己不是嗎？好哇，好極了。我也只有這麼點要求。」）

但他們沒有抓住重點。管理者也會傳染情緒。他們若想讓顧客更快樂，就得讓自己的員工有微笑的理由。（然而，史丹卻給了喬安娜當著滿屋子顧客對他比中指的理由。「好啊，這就是我的本領。」她說：「我現在就表現自我。看到了吧。我恨這個工作。我恨這個該死的工作，我不幹了。」）

一個人可以輕而易舉地操控整個團隊的心情。賓州大學華頓商學院教授西葛・巴薩（Sigal Barsade）將研究對象分成幾個小組，並要各組商量如何分配一筆金額有限的獎金。組裡每個人必須爲自己假想的單位裡的某人努力爭取。巴薩在每組都安排一名演員，也假裝爲自己人爭取獎金。雖然演員在各組說的話都一樣，卻可能有四種不同的心情：親切且積極、親切但低調、敵對但低調、敵對且猛烈。每組演員都會率先開口，他的心情也會強烈影響組員們接下來的活力。

演員該採用何種心情才比較容易成功，巴薩對此並不特別感興趣。但正如預期，親切且積極的態度能讓所有人更快樂也更合作。巴薩承認，「快樂能否導致更好的決策仍有待商榷，」但她引述其他研究指出，正面的環境會讓人樂於多花腦筋，更積極地去解決問題。

避免情緒感染

科技有時可以作爲躲避情緒感染風險的工具。例如在某家保險公司，有位區經理在面對競爭對手大幅削價時仍維持合理的保費，以致於失去市場競爭力，因而被開除。新任經理有很好的資歷，卻頂著總裁友人之子的身分上任，而且他除了幽默感令人生厭也有傲慢的傾向。資深職員仍心向著舊老闆，開會往往很快便演變成吼叫大賽。誰也不妥協。怒氣傳染開來久久不散。

後來其中一名主管建議利用電子郵件來處理事務，以保持距離。電子郵件向來有「搧風點火」的惡名，大家總是毫不留情地開砲，不像面對面溝通時多少有點克制。但在這個案例中，它倒成了冷卻的手段。由於彼此不再正面相對，資深員工也開始更客觀地考慮新老闆提出的問題。

將身體從會議激戰中抽離的方法，或許也能用來避開某些社會支配的風險。「雖然電郵會顯示寄送人，但在螢幕上打字似乎有種使眾人平等的功能。」矽谷某科技主管說。在男性主導的社群中，女性與位於低層者想發聲，透過電郵會比較容易。擁有中性姓名的人有可能在團隊中工作數月，卻始終未曾暴露會面或講電話所傳遞的第一個訊息——也就是他們的性別。

爲錢模仿

顯露正面訊息——如銀行櫃檯人員對顧客微笑——的價值似乎是顯而易見。但除此之外，刻意模仿顧客與客戶也已成爲常見的生意手法，至少從一九六〇年代，肢體語言變成熱門話題以來便是如此。例如，售車業務員都知道反映顧客的肢體語言可以建立關係。治療師也會配合患者所釋放的視覺、聽覺與動覺訊號，這種技巧有時候卻頗令人氣惱。例如當患者說：「我就是不懂。」治療師便回答：「你感到很困惑。」

有些研究指出，有意識的反映行爲其實是有效的，很可能可以幫助患者向治療者敞開心胸。汽車銷售員甚至覺得這種行爲有時候還能有立即的現金價值。在二〇〇三年一項名爲「爲錢模仿」的研究中，荷蘭研究人員發現當客人點菜後，女侍若能一字不漏地加以重複，會比她不重複時收到更多小費。研究人員推測：「模仿也許是有力的工具，能夠（在任何情況下）爲個體建立並維持正面關係。」

但模仿也可能伴隨風險。大部分時間，我們會自動配合周遭人的行爲與情緒，這就像呼吸一樣自然而不自覺，並不需要我們誇口的認知能力。事實上，我們一旦有了意識反而變得奇怪——例如，談話談到一半忽然發現自己學著老闆把手交叉到腦後。（「我什麼時候變成這種諂媚小人？」）

更糟的是，當我們懷疑有人在模仿自己，可能會有被嘲笑或操縱的不舒適感。例如每當有人口吃，他身邊的人經常會動起嘴唇，甚至可能連他們都結巴。不自覺的移情作用通常無傷大雅。但若是忽然察覺別人刻意地、有目的地模仿自己，像是售車業務員模仿顧客，交易卻可能因此泡湯。（要讓情緒感染成爲你的助力：起身走出大門，業務員也會起身跟隨，很可能還會降價。）心理學家哈特菲認爲刻意的模仿很容易產生不協調，而非建立關係。「你可能模仿三件事，」她說：「但在你模仿這三件事的同時，卻有另外八千件事正在發生。因此節奏怪異。那不像芭蕾，反而像是假裝人類的機器人。」

同樣地，模仿老闆看似好主意，卻只能點到爲止。莫里斯便針對過度模仿上級提出警告：「下屬其實可以藉由肢體動作的模仿來減低上級的自信。他可以模仿眼前所見到的雙腳打開、身體斜靠等高層姿態，而不是貼坐在椅子邊緣或唯唯諾諾地傾著身子。即使他口頭上禮貌十足，這樣的連續動作仍具有強烈影響，至於實驗的時機最好留待遞出辭呈的前一刻。」

舉例來說，好萊塢製作人布萊恩・葛雷瑟（Brian Grazer）留了一個很獨特的直豎髮型，某天有個員工也頂著一模一樣、不可思議的髮型來上班。這種模仿手法幾近拙劣，於是那名員工便被趕回家去。

不管怎麼說，你有多想和老闆一樣呢？當梅爾維爾・葛羅夫納（Melville Bell Grosvenor）於一九六〇年代擔任國家地理雜誌的總編輯兼總裁時，員工都稱呼他爲「船長」，因爲他有海軍官校的背景而且熱愛航海。下屬們會自行購買遊艇，也會穿著橡膠平底鞋、戴著水手帽來上班以示忠誠。攝影師兼作家路易斯・馬登（Luis Marden）也買了艘船，但卻說：「幸好船長對過火沒興趣。」

模仿——而非創新——的衝動確實是商界的重要事實之一。任何新產品成功上市後，便會出現大量複製品——TiVo 數位錄影機、iPod 數位隨身聽與威而鋼都是近來顯著的例子。有些公司更以模仿對手爲策略。例如，松下電器在日本又被稱爲「眞似下」（「眞似」意爲「模仿」），因爲他們的策略就是針對新力產品製造出高品質的仿造品。

聰明的公司還會自我模仿，從最好的創作中擠出更好的產品來，或是將成功的創意轉變爲風格迥異的產品系列。（瞧瞧人類想像力何等豐富：由旋轉棒棒糖 Spin Pop 產生了旋轉電動牙刷，繼而產生了 Dawn 旋轉電動盤刷與 Tide 電動潔衣刷。依此看來模仿顯然划算：P＆G每年光靠牙刷，全球銷售額便高達兩億美元。）

有些公司則堅決對抗模仿。例如，惠氏藥廠便利用訴訟、保密協議書與遊說的力量，即使正常的專利期限已過數十年，每年八億銷售額的雌激素藥品普力馬林——取自懷孕母馬的尿液——仍由該公司壟斷。

還有些公司故意歡迎別人模仿。像是ＩＢＭ便藉此將其個人電腦樹立爲業界典範，而最近推出的刀鋒伺服器主機板架構，以及釋出五百項專利供開放原始碼軟體的開發業者使用，亦都是故技重施。

有些表面上爲開創性的公司，生死卻全由模仿掌控。印度孟萊塢與香港的電影模仿好萊塢，好萊塢反過來也模仿他們。他們也全都在模仿自己，又是續集又是前傳地做到爛。有人劫機與搶銀行成功，便有人學著劫機、搶銀行，有主管的薪資條件豐厚，便有主管跟著要求相同合約。威爾契與奇異簽定終身津貼合約後兩個月，他的友人也是昔日奇異的同事賴瑞・波西迪（Larry Bossidy）也和聯合訊號公司（AlliedSignal）簽了類似的協定。六個月後，曾以奇異公司董事身分投票通過威爾契合約案的查爾斯·奈特（Charles Knight），也以同樣條件與艾默生電氣公司達成協議，又經過一個月，ＩＢＭ給了葛斯納相當於威爾契的待遇（贊成者當中又有奈特），讓他退休後仍可享用公司的飛機、汽車、辦公室與住宅。證券商終於不在華爾街上任意亂晃，他們會跟著其他證券商買進賣出，因此——根據《物理評論通訊》雜誌（*Physical Review Letters*）最近一篇分析——行動起來也更像非洲草原上的牛羚群。

模仿者注意

只要大家都小心不抄襲，不違反非競業條款，不侵犯版權與專利，那麼還有理由抑制模仿嗎？或是對模仿感到遺憾嗎？也許股票被套牢的人例外吧。

模仿是自然的，這是我們的預設模式。唯一重要的是避免愚蠢的模仿。我們模仿成功模式總是模仿得很愚蠢，這點似乎是可信的，就像餐館停車場理論一樣。但我們天生規避失敗、模仿成功的衝動，在職場上也可能造成危機。在〈追求卓越：流行狂熱、成功故事與適應性競爭〉（In Search of Excellence: Fads, Success Stories, and Adaptive Emulation）這篇標題尖刻的報告中，兩名康乃爾大學的研究人員認為企業管理理論跟隨著流行狂熱的（更不用說是愚蠢的）週期暴起暴落，應該要歸咎於大眾長期對事業成功故事的著迷。

「成功故事在商業演說中的崇高地位，已經到了將嚴謹的理論或比較分析排除在外的地步，」

尤其是當一個新理論剛剛起步之際，報告作者大衛・史特朗（David Strang）與麥克・梅西（Michael W. Macy）論證：「我們認爲過度關注表現反而可能產生無益的，或是近乎無益的創新熱潮，緊接著則是放棄的熱潮。」

舉例來說，品管圈的概念於一九八〇年代初興起，目的在於讓生產線勞工也能積極參與品管的改進。據說這是日本公司之所以能打敗美國對手的「管理祕訣」。更有無數文章極力稱讚美國早期採用此概念的公司的成功奇蹟，如洛克希德公司（Lockheed）便號稱「節省成本三百萬美元，瑕疵降低十倍，投資報酬率六比一，員工滿意度九成。」

當品管圈成爲熱門話題期間，「沒有任何文章追蹤品管圈的失敗」，據史特朗與梅西說。而當品管圈流行風於一九八〇年代初期橫掃所有財星五百大企業之際，似乎並無人發現洛克希德本身已於一九七九年放棄了品管圈。到了一九八八年，財星五百大在此所投注的心力幾乎全部失敗或消失。

出了什麼問題呢？史特朗與梅西建構了一系列的數學模型，從本質上證明，幾乎任何愚蠢概念都能透過模仿成爲熱門的管理新潮流。他們是這麼說的：「假設每家公司都使用不同的創新方法，而且每個方法都完全無益，又假設所有公司在高度競爭市場中的成功機率平等……最後總會有恰巧使用相同創意者接連成功，只是遲早罷了。」

觀察者會認爲既然創新之後發生了某件事——在上例中就是成功——那麼必定是因爲創新

才會發生。「儘管只有幾家公司膽敢模仿先驅者，但使用相同創意的第三人成功的機率已經稍稍提高。最後將會有連續三個成功案例，到時可能連抱持懷疑態度者都會改觀。」

此時在現實社會中，高價的顧問紛紛開始繞著最新醞釀的「偉大點子」（先前那無益的創新方法）打轉。史特朗與梅西稱之為「帶原者」，他們就像病媒似的迅速將偉大點子散播到企業市場各角落。以品管圈為例，「諮詢業務如火如荼地展開，從一九八〇年兩間諮詢公司、十一名全職顧問，到一九八三年已增至六十間公司、四百六十九名顧問。五年後，卻有三分之二的公司在市場上消聲匿跡。」一部分諮詢顧問則是繼續以「工作豐富化」、「全面品質管理」、「再造」等偉大點子，搭上下一波熱潮。

史特朗與梅西斷定「管理者都格外聰明，也承受莫大壓力要把事情做好，而顧問則收取費用提供熱門的革新之法。」因此商界的流行熱潮頗令人困惑。但他二人的結論是「發生這種一窩蜂的行為並非不顧及這些成績壓力與高額顧問費，而是肇因於此。顧問會拿成功而非失敗的例子作宣傳。而管理者則有來自董事會與股東的壓力，必須模仿成功同業。」最後當採用者發現這偉大的點子無法在自己公司複製出傳說的成功效果，這個點子便會消失。但屆時最初的提案者早已奔向出口，勞工也已普遍擺脫這整個經驗，繼續腳踏實地做事。

如此說來，如果模仿成功是非常自然的事，又如果管理者不斷面臨為公司找尋成功新出路的壓力，他們如何能避免再為下一個偉大點子／無益的創新付出高價？史特朗與梅西將此番研究的內涵濃縮爲所謂的「蒙田的啓發」(Montaigne's heuristic)——「啓發」意味著在不確定的環境中選擇最佳行動途徑的簡化規則。

這份啓發來自於十六世紀法國散文作家蒙田描述的一樁意外事故：有個無神論者來到希臘的沙摩斯瑞斯島，見到船難倖存者留下的奉獻品十分讚嘆，一名信徒便質問他，這麼多生命顯然都是神明所救，他怎能不信神？無神論者的回答很簡單：淹死的人數更多，他們就是不夠資格留下供品。

由蒙田的啓發可知，下回若有顧問前來宣揚最新的偉大點子，「他的目標不只是被拯救的信徒，還有爲數更多的溺水者。套現代說法，就是不只在英特爾與微軟，也要在王安與Digitals當中尋找最好的業務。」

要讓顧問走出業務宣傳的陳腔濫調：「好，那你現在說出幾家施行失敗的公司，以及失敗原因。」好好理解過去的成功經驗是不是每個人都能模仿。是否只適用於特定情況？或者只適於領導少數眞正信徒？模仿成功或許仍是有用的策略，但前提是你必須提出質疑。

只可惜，史特朗和梅西說：「現代商界的趨勢……卻是反其道而行。」

不過這或許已不再那麼重要。或許高階主管與顧問們的靈感熱潮來來去去，與擁擠的足球場看臺上的來往人潮並無太大差異。遊戲照舊進行。專家逐漸多以自律網路的角度，而少以管理階級或其他精英要求的角度，來觀察顧客與員工等族群的行爲。要了解這種現象，從自然界出發最容易。

沒有副統領

某個冬日傍晚，在波札那奧卡凡戈三角洲。河馬懶洋洋地躺在水中只露出眼睛。陽光灑向地面，在天際畫出一道橙色線條，忽然有一群小鳥魚貫似的湧入，千萬成群，回轉起伏靈動自如彷彿一隻滑溜的生物。有隻紅頸隼俯衝入溪流中，叼起一隻鳥當晚餐，鳥群立即反向振翅而去。這突如其來的逃亡移動仍舊和其他行動一樣整齊劃一，素有「鳥類蝗蟲」之稱的奎利亞雀仍源源不斷地湧入。水塘蘆葦毛茸茸的頭頂被夕陽餘暉一照，乍看有如點燃的蠟燭，但很快便被前來棲息的鳥群壓彎成漆黑一片。

牠們如何辦到？鳥群、魚群、牛羚群與昆蟲群如何能舞動得如此完美？誰在發號施令？舞蹈老師在哪裡？心羨的人類觀察家長久以來都認爲這樣的一致性需要中央管控，需要一個受忽略的副統領指揮上下左右——不過既然數以百萬的鯡魚群能橫越十七哩水路，或許還需要一整個組織的司令官、訓導主任、隊長和盯梢者。結果這個假設證明是錯了。

成群結隊的個體大致上都是靠自己決定下一步，沒有人告訴牠們什麼時候要做什麼。科學家稱之爲自律行爲：亦即動物在盲目遵循著基因中幾個基本規則之際，所建立起的複雜架構。成千上萬獨立行動的個體透過對區域訊息的回應，多半還只是透過模仿身旁同伴，卻便能表現出完美的和諧。我們或許不應該如此吃驚。說到底，有哪種階級組織能快速到面對獵鷹瞬間俯衝轟炸的威脅時，立即協調出同步反應？

過去的問題在於，除了中央管控之外，誰也想不出任何機制來解釋這種一致性。直到一九五〇年代才發展出另一個想法：複雜行爲的發生也可能不靠管控，而靠自律。最初科學家是看到簡單的化學與物理反應也能產生複雜形式，例如沙丘上的風紋，或是平底鍋均勻加熱後，出現在油表面的一連串六角細胞。後來其他專家又將這種自律行爲的研究擴展到動物界，以螞蟻、蜜蜂與其他群居昆蟲爲首。

眾人恍然大悟的時刻在一九八〇年代中到來，一名複雜行爲的電腦動畫專家克雷格‧雷諾斯（Craig Reynolds），著手複製一群鳥飛射出去在空中穿梭的情景。這時生物學家才想到群中個體並非服膺某高層的指令，而是反應鄰近其他個體的動作。雷諾斯發現他可以利用電腦模擬（或稱「boids」）來展現鳥群所有的飛行行爲，程式設計只須遵循幾個簡單的規則：避免與鄰近同伴撞擊；配合同伴的速度與方向；保持靠近。

模擬出來的鳥群無論斜飛、俯衝或是敏捷卻又彷彿舞蹈般的快速動作，都逼眞得連鳥類學家也難辨眞僞。此後，boids 模型軟體陸續被廣泛應用，包括了從「蝙蝠俠大顯神威」到「海底總動員」等影片中，企鵝群與魚群均無須人類控制便能自行移動的動畫畫面。過去幾年來，自然界也到處可見自律行爲。

自律摩天大樓

白蟻丘是自律行爲最驚人的產物之一。有些高達十五呎，彷彿非洲景觀中怪異的古代督伊德教遺跡。每座蟻丘和金字塔一樣底層寬闊，然後慢慢縮成一根手指粗細且微微彎曲，像是向天示意。如果白蟻和人一樣大，最大的蟻丘會比我們最高的摩天樓高上三倍，複雜程度也相當。

蟻丘最深處的中央大廳就好像〇〇七電影裡某個天才瘋子的裝配廠。到處都有四分之一吋長的蒼白勞工忙碌工作著，有著古銅色大頭、琥珀色腹部的士兵急急往外去保護巢穴，彎曲的大顎劈啪作響。大廳有六七個土架，粗短的小腳支撐著像蜂窩似的橙色纖維結構。這是個沒有陽光的花園。白蟻在此養出菌類，用來軟化牠們搬進來的乾硬草片。

這些複雜得不可思議的結構，每處都是容納百萬以上個體的小城，使白蟻得以控制四週的非洲荒野。白蟻吃的草比牛羚、南非水牛和其他大草原哺乳動物全部加起來還要多。但眞正神奇的是這一切背後並沒有天才瘋子掌控，全是白蟻在沒有藍圖與監工的情形下自行完成。

白蟻丘是怎麼開始的？將白蟻放在鋪著一層均勻土壤的盤子裡，首先會經過某位法國研究人員所謂的「不協調期」，工蟻隨意地堆起又卸下土粒，誰也不太清楚自己在做什麼。但終於在一個地方堆積了足夠的土球，於是大家便同心協力繼續往上堆。

白蟻還是不知道自己在做什麼，又要往哪去。但工蟻用口水搭砌土粒，而口水中含有費洛蒙，能吸引其他工蟻前來幫忙堆土。這個正面回饋環引發了建築狂熱，土柱一一架起，擴展成牆，加上頂蓋，蟻丘於是慢慢成形。不同結構的實際形狀都是自然產生，沒有任何藍圖，而是受到物理與化學因素以及白蟻本身體積的影響。

若有入侵者破壞丘壁，工蟻會因為環境的改變趕去堆砌土球，修補破損壁面。當地道遭破壞，工蟻本身的費洛蒙濃度會增加，白蟻便會在那一帶堆滿土粒。一兩個星期後，丘壁再度堅固如昔，若無事然。這一切完全無須老闆吩咐：「去解決問題。」

實行民主

即便是階級分明、智商頗高的物種，似乎還是具有驚人的自律訣竅。有些研究人員稱之為民主。比方說，紅鹿的移動通常不是雄性首領下令，而是因為大約六成的成鹿「投票」決定要起身顯現急躁。大天鵝利用轉頭作為催促飛行的信號，當信號到達一定的密度門檻時，隊群便會起飛。就連大猩猩大多也要徵求隊群中多數成猿的同意才會決定移動。（傳奇性的獨裁就到此爲止了，八百磅級大猩猩。）這些物種都有清楚的階級。但索塞克斯大學的研究員賴瑞莎・康拉特（Larissa Conradt）與提姆・羅普（Tim Roper）認爲，權威個體要強制下屬執行命令，經常都得付出過高的代價。動物高層有時可能會將隊群的行爲導入某特定方向，或是利用隊群的行爲，但卻鮮少規定隊群該有什麼行爲。

那麼人類呢？我們可不是企鵝或魚。我們會思考自己在做什麼，並不斷發明更好的做法。但在某些情況下，我們也會自律——例如某些模仿行爲，像是本章稍早提到的幽靈塞車事件。羅普說，當開會的人開始翻紙或將手平貼在桌上，這也是一種自律形式。其中的訊息和紅鹿的投票同樣清楚：這個會開太久了。管理者若忽略這種未言明的感覺，就得承擔很大的風險。

階級制度與自律行爲之間微妙的平衡關係，多半會隨著組織逐漸擴大而改變。十來隻胡蜂組成的小群體，可能階級分明、管制嚴厲。蜂后認識所有的下屬，能夠檢視整個蜂窩以決定接下來該做什麼。但較大的群體通常較爲自律，階級也較不鮮明。蜂后不可能無所不在，管理蜂窩的任務也從蜂后轉移到工蜂本身。

在人類職場上自然也是相同情形。西南航空創辦初期，創辦人賀伯・凱勒赫（Herbert D. Kelleher）是公司的靈魂人物。他「很喜歡和員工開玩笑，見面招呼時也不吝於擁抱親吻。」《華爾街日報》報導：「早期的員工——有許多人把他當成父親而不是老闆——都想討好他、模仿他。」可是到了二〇〇一年他退休時，公司已有三萬五千名員工。如今員工們彼此監督，對可疑的病假、濫用公司供應品與申請莫名其妙的加班費等提出質疑。

談到人類職場上的自律行爲，指的多半是個體選擇如何參與、如何合作。階級制度不再企圖控制個人行爲。康乃爾大學社會學家梅西說，以此模式建立的工作環境比較不像各自呆板地演奏指定樂譜的交響樂團，卻比較像即興的爵士樂團，各人演奏各人的，呈現出來卻又不只是雜亂的噪音。「你必須仔細傾聽其他演奏者——要能和他們的表演搭配，卻又不能和他們一模一樣。」模仿、和諧與情緒感染等可敬的力量再度掌控。

階級制度主要是用來建立鬆散的遊戲規則。研究自律行爲的科學家談到了「調整參數」，也就是以細微的變化產生「分歧點」，轉換成另一種差異驚人的自律形式或行爲。在自然界，參數的調整大多是透過環境因素。（例如當氣溫降到一定程度，分歧點產生，水立刻結冰。）但在人類社群中，創造或改變環境的卻經常是管理者。例如，當交通管理者在尖峰時段停止收取高速公路通行費，使交通型態頓時改變，就是調整參數。當建築師設計一個促進高度社交或高度孤立的工作環境，也是在調整參數。我們的行爲經常在下意識裡，繞著這些新參數自律。

過去十年來最成功的新行業中，有些利用開發網際網路來創造看似自律的網路。Amazon、蘋果的 iTunes 與 Netflix 全都企圖創造意見發表社群，讓一般顧客評論書籍、歌曲與電影，藉此引導其他顧客消費。

自律網路也證實了即使沒有任何公司管控，還是可以創造並改進產品。其中最著名的例子是Linux電腦作業系統，最初由萊納斯・托瓦茲（Linus Torvalds）編寫後放到網路上，讓開放原始碼社群的每個人都能加以改進。一九九一年，托瓦茲在一封電郵中輕描淡寫地說Linux「只是一個興趣，不會有太大或專業規模。」

如今Linux在網路伺服器作業系統市場上已經打敗微軟，也發展出一系列嵌入式裝備，可適用於自動櫃員機、TiVo錄音機、Linksys無線路由器與PDA。Linux自律網路包含了世界各地的志願者，他們大多是受到名聲、信任與互惠等古代部落的社會力量所驅使。最近《哈佛商業評論》將它譽爲「第一個也是唯一能夠挑戰微軟階級式軟體開發的市場力量。」

自律網路與社群也活躍於網際網路之外。這是人類的基本行爲，也是動物的基本行爲。卡內基美隆大學研究自律行爲的教授凱瑟琳・卡莉（Kathleen Carley）表示，任何一個新開始大概都會有這類非正式、高度合作的努力。這種情形在受合約規範、可以像鳥群一般瞬間轉向的小公司屢見不鮮，尤其以防禦與保健部門爲最。卡莉說，公司裡一兩個員工共同討論一個點子，決定再找另外三人一起研究出有利的結果，然後便出去找補助金。但公司卻可能忽然聘請新人找新的補助款，甚至方向有了一百八十度轉變。

她舉了麻州劍橋的研究開發公司BBN爲例。該公司最初提供隔音諮詢服務，後來卻創造出ARPAnet——網際網路的前身——並率先送出個人對個人的網路電郵。最近他們又開發一個系統，以標準桌上型硬體便可即時將任何西班牙語、英語、中國話或阿拉伯語的音訊轉譯成文字，並建立索引。

即使某些大企業的管理者，也開始多從促進員工非正式的自律行爲著手，而少著重於命令與控制。多倫多商業策略專家大衛・提寇（David Ticoll）便以賭場集團哈拉斯（Harrah's）爲例。該公司現在隨時提供關於VIP貴賓的身分、所在與賭博行爲等資訊，因此前線員工便能利用權限照顧他們自己覺得好的客人，不過「仍受明確的規定與績效目標所規範」。

同樣地，英國石油公司（BP）於一九九○年代開始減少溫室氣體排放量時，並未採取傳統型式由上而下的污染管理，而是創立一個內部市場，讓各營業單位能夠自行買賣廢氣排放量。英國石油利用自律不僅提前達成溫室氣體排放量的目標，也降低了成本。（該公司目前正轉向外部的廢氣排放量交易市場，參與者更多，機會也更多。但自律的原則仍維持不變。）

提寇認爲這些案例顯示一種新的商業模式正在崛起，「這種生產或經銷系統受到階級制度嚴密控制，又具有混亂的自律特色。」他舉例說Amazon、蘋果iTunes和Netflix全都「精明地促進自律交換行爲」，但是「三家公司又都從頭到尾完美地設計了顧客的經驗，比起典型的階級零售店是有過之而無不及。」

卡莉指出對某些公司而言，自律技術並不適用。令管理者害怕的是這些技術可能需要放鬆控制，而權力線與資訊線經常緊密相連的科技部門尤其擔心。一個開放、合作的環境能讓人人獲知一切訊息，卻也能讓員工懷著重要的知識資產出走。「這並不全然是好的。」她補充道。

但她又說自律行爲已經「喚起公共關係方面的想像」。科技的進步讓提案者可以利用令人目眩神迷的平面設計「加以塑造、進行模擬」，喚醒漫不經心的主管。商業顧問已經開始宣傳這個概念。

換句話說，自律網路很可能就是下一個偉大的點子。模仿者依舊應當小心。

二十世紀前半，羅伯・耶克斯（Robert M. Yerkes）還是耶魯的心理學家時，他在黑猩猩圈地裡裝設了一個自動飲水機，就像一般公司常見的那種。他起初擔心員工得一一教導猩猩如何使用，結果就連初來的猩猩也只須觀察模仿其他同伴便能學會。耶克斯形容飲水機旁的情景便是黑猩猩文化生活的實例。

其實似乎不只如此吧？當那毛茸茸的手指碰觸到辦公室的飲水機按鈕時，應該要有華格納的音樂——最強音——做配樂，就像宣布企業靈長類的肇始。

不久之後，一群黑猩猩便圍坐下來，發明了下午茶時間。

13 兔子當午餐

論企業獵食者

我有隻兔子。非常奇特的兔子。但我不喜歡牠。沒辦法——獵食動物總是比較吸引我。我天性就是如此。

——出版業主管彼得・歐森（Peter Olsen），關於他的 Steiff 動物玩偶收藏

哈，去他的神經經濟學和演化心理學。

其實你就是想當個該死的獵食者。你希望資深主管看到你就發抖。你心裡的 Steiff 動物玩偶是會吃掉男人、女人、小孩的魯德拉亞花豹。你最大的希望是成爲機會均等的怪獸。

朋友，這點我可以幫你。但你眞的有必要這麼老套嗎？各大企業花費數百萬開發意味深長的圖案商標，藉以建立形象，而他們的主管也到處喋喋不休地談論身爲獅子、狐狸、老虎與鯊魚的經驗。太平凡了，就像在四季飯店燒烤廳裡吃午餐時，要求用番茄醬搭配野牛肉薄片。

想成爲獵食者就得展現一點本領，不是嗎？要有某種冷酷的衝動生吃那一條條血淋淋的肉，就像戰地記者看完一場大屠殺之後，帶著反胃的菜鳥到他最喜愛的西貢餐廳，還愉快地點了「韃靼牛排和紅酒」。

不就是這樣嗎？名留千古的獵食者不都像連續殺人魔漢尼拔喜歡吃蠶豆、喝托斯卡尼產區的 Chianti 葡萄酒一樣，會在歡樂中展現一種病態嗎？

董事會上那些容易興奮的小夥子恐怕要大失所望了，因爲動物世界並非如此。就算是眞正兇猛的獵食者，謀生也得非常講究手段。動物的確可以教會我們如何挖出幾顆蹦蹦跳的心臟、幾塊油亮亮的肝臟。但我們要學的不是牠們的血腥凶狠，而是精明投機。有幾個熱門典範源自於動物世界，我們就先來清除這些迷思吧。

・**你不該是八百磅的大猩猩**。事實上，從來沒有這種動物存在過。一般雄性銀背大猩猩要是有一半重，就該大肆慶祝了。更何況大猩猩也不是獵食者，而是素食者，水果和竹筍百吃不厭。

我曾參與拍攝 Discovery 頻道一部關於平地大猩猩的紀錄片，只見雄性首領一天下來只是放屁、摳鼻孔、打呵欠。接著還是一樣，只不過順序顛倒。一再重複。像極了某些辦公室。但這恐怕不是你想呈現給觀眾看的畫面。至少當BBC高層主管將自己公司與魯伯特・梅鐸(Rupert Murdoch) 的英國天空廣播（BSkyB）形容爲英國廣播界的兩隻八百磅級大猩猩時，心裡肯定不是這麼想的。（又或者是呢？）

・**抓住那隻獅子**。你也不該胡亂拿獅子當模範，儘管你可能以自己的吼聲或咬功自豪。有一回在波札那旅行，我看見一頭公獅子又吼又咬地，卯足了勁向母獅子求歡。最後母獅子像個疲憊的妻子似的，擺出獅身人面獸的坐姿準備交配，公獅子爬了上去。我有位同伴是國家地理雜誌的攝影師，立刻開始呼颼、喀嚓起來（我是說拿起相機——只是在如此漫長的旅程中誰也說不準）。獅子交歡的偉大時刻僅僅持續十秒鐘。「非用驅動馬達不可。」攝影師嘟噥著說。

下回當總裁們在頒獎典禮上得意洋洋地互捧對方像獅子時，想想這個，一面帶著欣賞甚至敬佩的心點頭。還要提醒自己，現代職場就像我們在色倫蓋提的演化一樣，確實有必要了解自己的自然史。

．**食人魚是貓咪**。食人魚是企業割喉行爲的另一常見典範，誠如《華爾街日報》稱頌精通收購藝術的加拿大人傑若．史瓦茲（Gerald W. Schwarz），「有如食人魚追蹤金魚般，神不知鬼不覺便完成交易」。但食人魚的獵食很少像一般傳說中那種輝煌、恐怖的浴血戰，也從未有人提出文獻證明食人魚確實吃過人。

在多次任務當中，我曾在餵食時間爬進全是飢腸轆轆的食人魚槽中，我曾在內格羅河裡與食人魚同游，我也曾站在深達臀部的亞馬遜河中捕捉又釋放食人魚，最多也只是被輕輕咬一口。

我一路走來所遇到最危險的動物就是國家地理電視裡面，一個滿腦子預算的助理製作。她替我買了件大紅色泳衣以便拍攝魚槽系列，事後竟直接從我身上扯下，好拿回去退錢。這件泳衣顯然有瑕疵，因爲我沒死。

食人魚群其實是大眾錯覺與群體狂熱的例子。魚群通常只在兩種情形下才會聚集：一是在鳥類棲地與漁場，因爲有固定的食物落入水中，食人魚便會結集一決雌雄；一是洪水氾濫的平原，水位下降將牠們困在迅速乾涸的水池中。第一個情形，牠們可能一不小心就會變成其他食人魚的晚餐。第二個情形，反正大家都快死了。該當記取的教訓是：當你追隨人潮時要小心，要隨時留意出口。

聰明的食人魚多半會偷偷地搶食。牠們隱藏在黑暗中，冷不妨閃出去咬住獵物尾巴，然後又迅速游開。有位冷酷的研究人員論證，攻擊尾鰭就相當於狼咬斷鹿的後腳關節腿筋，讓獵物殘廢以便於殺戮。但事實上食人魚幾乎從不眞正進行殺戮。

牠們要的其實只是一片尾鰭或一部分像屋瓦般掀下來的魚鱗。鱗與鰭可能有高達八成五的蛋白質，而且——最值得稱耀的是——這些還會再長。因此食人魚便能在附近躲一陣子，幾週後再重施故技。

有些食人魚甚至會僞裝，尾隨其他種類的魚群。牠們趁一旁的魚不注意便咬下對方的尾巴，然後又裝無辜地繼續游著。

食人魚這種較爲溫和的策略也能應用在人類職場上嗎？當然可以。這很普遍，例如 PayPal 會從 eBay 的每筆交易中搜括一點小錢，又如投資人利用不同市場的股票或債券差價賺取套利。重點不在於要狠，而在於要心機，可能還要有點鬼祟。

當然，這有時候也會違法。有幾家 Taco Bell 墨西哥速食店和 Kinko's 影印中心的主管，就被發現爲了節省成本而竄改員工的工作時間記錄。Family Dollar、Pep Boys、沃爾瑪與美國玩具反斗城的員工也指控主管有同樣舉動，一般稱之爲「刮時間」。

・**當個「坐著等」的獵食者**。馬克・吐溫曾寫過：「蜘蛛在尋找不打廣告的店家，以便在店門上結網後，安靜過著不被打擾的日子。」但馬克・吐溫卻誤解了蜘蛛對平靜的喜好。蜘蛛每天要吃下自己體重一成五左右的東西。想想看如果你的新工作內容也是這樣：理想的應徵者每天要捕捉四五隻兔子，並加以宰殺、剝皮、烹煮，天天如此，沒有備槍。如果你速度夠快又十分愚蠢，你或許就只能追著獵物跑。

大多數蜘蛛寧可結網，讓晚餐自動送上門。不僅這招坐著等的策略高明，蜘蛛還懂得以不對稱的方式結網，將比較容易抓到獵物的下半部結得較密實。（何必無謂地跑上跑下呢？）這個策略可行，對我們而言是好消息。某英國研究人員估計，全國蜘蛛每年補食的昆蟲重量很輕易便能超過人類居民重量。

坐著等策略運用在人類職場也能成功嗎？Google網路搜尋引擎便有如蜘蛛網。獵物——也就是你——打入字串指定搜尋範圍，例如中央暖氣系統或裸體好萊塢新星。答覆時，想要引誘你入網的製造商與零售商提供的「贊助連結」便會出現在電腦螢幕上。Google並未讓贊助連結商染指左側螢幕的編輯搜尋結果。這項區別能讓使用者更確定要進入哪側網頁。

反過來說，試圖利用垃圾郵件大肆宣傳則像是不帶槍追兔子。你不但惹惱了兔子，最終多半還得餓肚子、滿臉泥巴。(也許正因如此，發送垃圾信件的人經常看似拼命想擠進較高級的拖車住宅區的貧困農民。)

不是我想挑馬克・吐溫毛病，只是另一個坐著等策略的實例顯示，他可能也誤解了廣告的普遍價值：有些零售商讓大公司大打廣告，卻只要將自己較廉價的品牌放在名牌旁邊的貨架上，不需要等太久便能見到顧客上門。

甚至有些小型家庭生意也學會利用全國連鎖店，而不只是乖乖等著挨打。例如，面對 Lenscrafters、Pearle Vision 與 Target 百貨的競爭，加州拉法葉一家名叫 Art and Science of Eyewear 的眼鏡店便運用各種策略終於存活下來，策略之一是把店面搬到兩家生意興隆的連鎖店星巴克與冷石乳品（Cold Stone Creamery）中間。店主安娜・范提斯（Anna Fuentes）說：「這些人很聰明，會作市場研究。我們就搭他們的順風車。」

捕食理論

你愈是觀察動物，就會愈了解生存並不一定要動盪不安。動物通常不會每天花十或十二的小時謀生，牠們太聰明不會這麼做。事實上，獅子每天的遊蕩時間多達十二小時，有時還會任由完美的獵物在幾十碼外吃草，甚至不會抬頭噓牠們。看似慵懶的表象常常是爲了斟酌風險與報酬，作出謹慎的選擇。

過去三十年來，愈來愈多生物學家依據經濟理論來了解動物每日捕食所作的決定。起初看到以平均每人收入成長率、統計決策理論或資產保護原則等字眼來描述動物行爲，或是看到「動物捕食時，應該要求風險酬勞，也確實這麼做了」之類的句子，總有點不知所措。

但生物學家與經濟學家都發現動物作決定時並不笨，牠們還不至於飢不擇食。在既定情況下，動物選擇最佳行動途徑的能力其實比我們強，因爲動物和多數企業主管不同，牠們已經習慣沒有防護網。

即便是小小的尖鼠也要對自己冒的風險與可能的報酬作出極度複雜的判斷，尖鼠斟酌這些事情的頻率比一般ＭＢＡ要高，原因很簡單：當ＭＢＡ搞砸的時候，他損失的只是別人的錢，但若是尖鼠估算錯風險－報酬方程式，很可能就會一命嗚呼。這是非常有效的教學機制，也許應該多多用在ＭＢＡ身上。這使得動物對於市場的細微變化具有高度敏感性。

一九八六年，生物學家大衛・史蒂芬斯（David W. Stephens）與約翰・克雷柏（John R. Krebs）在頗具影響力的著作《捕食理論》（*Foraging Theory*）中，蒐集了各種經濟學方法來研究動物行爲。此書並不適合有數學恐懼症的讀者，公司也不例外。書中用來表達狐狸狩獵行爲的方程式是最簡單的：

$$R = E_f/(T_s + T_h)$$

其中R是攝取比率，E_f是獲得的淨能量，T_s是捕食花費的時間，T_h是與獵物周旋的時間。

這是一本讓田鼠喪膽的完整祕笈。同時也暗示了在自然界求生存也和商界一樣，必須仔細留意成本。

此書已經成爲動物捕食的研究宣言，同時也闡明了一些令人意想不到、在下意識塑造人類「賺錢花錢」模式的生物基礎。

克雷柏與他兩名牛津大學動物學系的同事艾力克斯・凱塞尼（Alex Kacelnik）與艾德華・米契（Edward Mitchell），後來開了一家名叫「牛津風險研究分析」（Oxford Risk Research & Analysis, ORRA）的顧問公司，將捕食理論與實驗經濟學應用到商業界。在一個案例中，他們直接利用椋鳥捕食蟲的研究，來分析某家英國能源綜合企業如何尋找鑽油井的地點。椋鳥讓地質學家與工程師想出了管理該企業的油井投資組合的新方法，據ORRA估計，五年間預估有五億一千九百萬美元的利潤差異。

先前我們只從鳥類學會一個令人半信半疑的教訓：早起的鳥兒有蟲吃，如今這可是邁了一大步。凱塞尼如此解釋：「椋鳥可以選擇『固定』或『高風險』的補食地，在前者幾乎肯定可以得到一定數量的蟲，在後者則可能得到大量的蟲也可能一無所獲。牠應該上哪去？某位油業主管聽到我們正在模擬這類決定，便說：『咦，這聽起來就像我們找油的時候會碰到的問題。』」

於是牛津這幾位生物學家同意坐下來，與油公司一同探討如何藉由生物觀念讓公司對於風險有不同看法。例如，鳥和油公司都想在極大的不確定感中作出最好的選擇。當凱塞尼與克雷柏起先研究山雀後來研究椋鳥時，他們認爲最理想的補食行爲應該是始終選擇安全、穩定的地點。以常識判斷，油公司也應該專注探勘目前已知產量最高的地區。

但事實上，鳥光顧固定地點的同時也會到高風險的地點探險，顯然是爲了監看成功的變化機率。這種採樣的突擊是合理的，因爲椋鳥和其他動物生活的環境隨時都在變化。「即使你不能立刻獲得最大收益，增進知識也有一定的價值。」凱塞尼說。

油公司顯然忘了這個教訓。探勘團隊顯得過度小心，不敢進入不熟悉的區域。另一方面，他們似乎高估了已經開採出一定油量的區域的成功機率。他們在熟悉區域鑽一口油井得花兩千萬美元，但若是較實際地估計儲油量，這些井可能永遠無利可圖。

全錄公司的研究人員也開始探索捕食理論的商業應用，以找出更好的方法搜尋網路上的資訊。他們論證網路購物有六成五左右的失敗率，原因之一就是網站無法配合我們演化出來的補食行爲。但在此之前，我們先來探討捕食理論幾個較簡單的教訓：

- **要挑對獵物**。在一個傳統的捕食理論實驗中，克雷柏研究了大山雀這個歐洲物種。他將鳥個別關在籠子裡，鳥籠下方有個小開口，再利用輸送帶讓大小不一的大黃粉蟲幼蟲通過這個窗口。小幼蟲體積爲大幼蟲的一半，身上還貼著膠帶，鳥吃蟲以前得先將膠帶移除。有些鳥只需五秒鐘便能處理一隻小幼蟲，有些則需要近乎兩倍時間。無論輸送帶的速度為何，比較熟練的鳥總能吃到大小幼蟲。但當大幼蟲大約每六點五秒便會出現時，處理小蟲的時間對動作較慢的鳥來說不划算，牠們也就放棄了這一塊。

對機會成本的敏感度顯然是基本的動物行爲：如果某獵物或機會可能妨礙你追求更好的機會，你就不該去攻擊或追求。這不一定代表要忽略微不足道的機會。即使動作慢的鳥偶爾還是會再吃吃小蟲，以免有所錯失。你要學會的是隨時評估自己的能力以及通過你窗口的機會的性質。

對威爾契領導的奇異這種大企業而言，挑對獵物就是專注於高成長的大市場，其中奇異可能是數一數二的競爭者。另一方面，成本較低或盈利目標較低的小公司，靠著奇異所淘汰的便可存活。

對動物而言，是否挑對獵物攸關一些基本問題，如尋獲獵物後殺死進食的難易程度、塡飽肚子的程度以及獵食者一開始的飢餓程度。一些比較無關本能的成功標準經常使已開發世界的人類轉移注意力，因此我們常常盯錯獵物。

舉例來說，當「電鋸」鄧勒普於一九九〇年代初進入史谷脫紙業（Scott Paper）時，也許並未做什麼大事，但他指出了整個公司追求錯誤目標的事實。主管們認爲他們的業務是賣紙，一種價格漲跌不定的產品：「我一說到市場，他們就說噸數……我一提到利潤，一定會有人說：

『我們賣了幾噸。』史谷脫太注重噸數，因此總是把紙賣給普通的商店品牌，其實如果推出自己的產品也許能有雙倍利潤。」

就主管的個人觀點來看，他們追求的是對的獵物。講求噸數很安全，每季目標都能達成，機器能不停運轉，勞工有事做，大家都開心——除了股東之外。

同樣地，某家高科技服務公司最近一份研究顯示，業務人員經常追逐一些小利益，因爲比較容易得到與處理。但透過電腦仔細追蹤這些交易，便能算出這種方式眞正的成本與報酬。因此假如業務經理也像獅子一樣留意機會成本，他就會發現大筆交易的報酬率每小時有兩千美元，比小交易多出一倍。

如此看來，每有一次小機會到來，公司就要抬起頭噓一聲，恐怕並不划算。

・**要挑對地點**。多年來黃石公園裡的北美灰熊都只靠垃圾與遊客餵食塡飽肚子，日子過得很輕鬆。大家都覺得熊變得太肥太懶，什麼事也做不了。於是當一九七〇年，園方決定減少人類餵食量時，有評論家認爲熊會餓死。事實上，園方最後還殺了不少繼續釣食 Twinkies 蛋糕的熊。

但存活下來的熊終究還是靠著依稀記得的技巧開發自然市場。牠們沒有一再重複同樣動作，而是在各個地點間游移，根據季節與環境變化尋找新的機會。

這些熊似乎隨時都在計算，在哪裡能以最少的花費獲得最大利益。例如在多雨的春季，蚯蚓會聚集在髮草（hairgrass）底下，熊便到處拍打草叢、舔食蚯蚓。鱒魚產卵季節，熊就會在河水溪水邊打轉，每天打撈起百來隻兇猛的鱒魚。麋鹿產子季節，牠們就敏銳地搜尋山艾灌木叢，看看白天鹿媽媽讓小鹿躺臥在哪裡。（爲什麼不乾脆吃鹿媽媽就好？這是實踐捕食理論，也是挑對獵物的例子：成鹿速度很快，又有隊群掩護，北美灰熊可能追上整天也吃不到一頓大餐。但小鹿追不上成鹿的腳步，所以牠們的生存策略便是靜止不動地躺著，希望媽媽傍晚回來以前別被大灰熊發現。熊評估或然率之後決定去找幼鹿。在此情況下，尋求多頓成功機率高的小餐似乎是划算的，至少對每年六月的一兩個禮拜來說是如此。我曾在黃石的野外看見一隻熊在一小時多一點的時間便殺了五隻幼鹿。）

小麋鹿獵捕完後，北美灰熊轉而尋找較簡陋的伙食。例如八月期間，牠們會前往山頂，多少可以在幾個區域發現行軍蟲供其大快朵頤。

這些和職場行爲有何關聯呢？人類就和北美灰熊一樣，有時候也必須從又肥又懶變得又瘦又靈活。在我們先前耕耘地點的賺頭減少之前，就得邁出那艱難的一大步，前往有利可圖的新地點。

例如一九九〇年代初期個人電腦紀元開展之際，ＩＢＭ仍緊守著可獲利卻快速落伍的System/360主機。新任總裁葛斯納所面對最艱鉅的挑戰，就是率領一群已經習慣輕鬆成功又多半不受一般競爭所苦的員工，試圖讓他們「在現實世界中生存、競爭、獲勝。這就好像一輩子受圈養的獅子突然要學會在叢林中求生存。」

葛斯納親自和員工開會，在會上展示敵人的照片（微軟的比爾・蓋茲、昇陽的麥克里尼、甲骨文的艾利森這些惡名昭彰的獵食者），並引述他們對於IBM逐漸沒落的幸災樂禍之詞：「IBM？我們根本不會再想到他們。他們還沒死，不過已經無關緊要。」這就好像在虎斑貓的座談會上展示食人動物的照片。IBM依舊製造主機電腦，但如今卻是全世界最大的顧問公司，並能因應資訊系統顧客的需求改變它的焦點。

其他公司也都困在一個多少有利可圖的垃圾堆中。拍立得公司由於過度專注於拍立得照片技術，以致於一九九〇年代中期的主管完全忽略了即將來臨的數位攝影革命。於是拍立得在短短幾十年間，從道瓊股市五十大熱門股票跌落無力償債的谷底。（然而當它跌跌撞撞步上破產法庭，卻還給了笨蛋資深主管與董事們六百三十萬的津貼與其他費用。）

克萊斯勒、通用與福特目前的利潤幾乎都來自SUV休旅車和大型貨車，又是一個誘人的垃圾堆。二〇〇三年由於市場需求旺盛，通用讓員工加班增產二十萬輛貨車，同時又在其他製造了二十萬輛滯銷傳統轎車的工廠進行裁員。而且依合約，暫時遭解雇的員工仍可領取九成工資。

一年後瓦斯價格飆漲，SUV的需求量頓時驟降。儘管每輛車必須提供五千元折扣才能賣出，底特律的三大車商仍繼續大量生產SUV。昂貴的設備、聯盟契約以及僅針對一個優點的專注管理，使得底特律無力應付快速起伏的需求。日本車商沒有被困在同一塊區域，部分原因是最初推出的ＳＵＶ沒有那麼成功。

但除此之外，豐田有八成的車輛由彈性裝配線生產，反觀福特與克萊斯勒卻只有三成，而這些裝配線可以在短短一個週末便轉換車型。日產所訂定的目標則是「任何人都能在任何地點、任何時間製造任何數量的任何車輛」，也就是說幾乎能立即配合全球的需求改變生產量。

要學會有彈性、懂得識別獵物，或是感知特定獵區變化不定的價值，絕非易事。但這已逐漸成爲已開發世界中的生存關鍵，在開發程度較低的國家更是向來如此。如今隨著好工作漸漸轉移至第三世界，你可以更輕易地想像黃石公園的北美灰熊被趕下垃圾堆的心情：已經不能再肥胖快活地過日子。安全網已經撤走。

對了，還有公園管理員提槍來追你呢。那麼，你是否比一般的熊聰明呢？

• **要知道何時前進**。事實上，動物通常不需管理員來告訴牠們，該是放棄某樣好東西尋求新機會的時候了。研究顯示牠們總會根據自己努力獵取的食物是否增加或維持穩定來評估一個地點。

也就是說動物可以感知經濟學家所謂的邊際價值。如果下一個捕食地點遙遠（例如黃石的北美灰熊遠赴山頂參加大黃粉蟲幼蟲盛宴），那麼即使收益減少，動物也很可能會多停留片刻。如果下個地點不遠，或是競爭對手使目前的地點變得危險，動物便會稍微加快速度達到生物學家所說的「放棄時間」或「放棄密度」。

伊利諾大學生物學者布朗在旅行途中，偶爾會利用「放棄密度」來判斷當地的貧窮程度。富裕地區的人常常會放棄尚未啃乾淨的雞腿，因爲他們知道雞腿多的是。經濟較不穩定的人會咬下雞腿末端的軟骨，並且將骨頭啃得一乾二淨。至於窮苦的人則會咬斷雞腿骨，吸出骨髓。

「放棄密度」也會在不知不覺中影響我們的購物方式，購物本質上也是捕食活動。我們會前往商場或是車商聚集區，如此便可減少從一地到另一地的時間成本。我們一家一家比較價格，直到可能獲得的資訊已經不值得我們再去見下一個售車業務員時，便是到達邊際價值點。接著張口就咬。

電腦已經大幅縮短了這個過程，但我們基本的捕食行爲依然沒變。全錄在加州的帕羅奧圖研究中心（PARC）的研究人員認爲，人們在網路上搜尋資訊與動物獵食的方式相同：我們試圖找一個有利的地點，待到收益減少時再跳到另一個可能有利的地點，或是放棄之後利用新的搜尋引擎重新來過。

舉例來說，某商學院教授現在都在同一個有利地點 www.autobytel.com 買車，他可以比較這一區內所有的車型與各車商提供的不同價格。因爲他非常注意自己的時間價值以及地盤的重要性，於是他打電話給他選擇的車商，說出他的付款卡號與他的出價，告訴業務員如果接受的話就送車過來。如果業務員送來的合約加收額外費用，教授就會聳聳肩說：「抱歉，當初不是這麼說的。」他大可以轉頭就走，因爲他的總投資——花費在搜尋與處理的時間——共計十五分鐘。

據PARC研究員史督華·卡德（Stuart Card）、艾德·齊（Ed Chi）與彼得·皮洛里（Peter Pirolli）說，在網路時代，誤解我們演化的捕食行爲可能會造成巨大損失。可以上網的美國勞工每天幾乎要花半個工作天在網上——二〇〇三年，每週十八小時。可以選擇的網站約有五千五百萬，檔案更超過五千億，很容易便會迷失、分心，或被不可靠的資訊誤導。從賣家或網路供應商的角度來看，也更容易失去潛在顧客，因爲進入一個網站的成本極低，所以只要一個不高興就能放棄，另覓他處。

PARC研究員大多以「資訊氣味」（information scent）一詞來描述搜尋過程。假設有個給付分析師用她最喜愛的搜尋引擎搜尋「其他癌症療法」。搜尋結果出現一大串的相關網站，每個網站描述中的關鍵字就是氣味線索，告訴她該網站值不值得參觀。若是如此，許多網站都散發出錯誤的氣味，看似不太可靠甚至有欺騙之嫌。因此，爲了讓自己快速進入較有利的地點，分析師決定略過網址以「.com」結尾的商業網站（在搜尋字串中加上「-.com」），並只集中搜尋以「.edu」結尾的大學網站。或者她可以選擇忽略提到「杏仁」或「苦杏仁」的網站，追蹤包含有「國家衛生研究院實驗」等關鍵字的氣味線索。

「資訊氣味」的重要性如今已廣泛爲網站設計者所接受。這使得網路業「有了全新的思考方式，」麻州一家專門設計網站的研究公司「使用者介面工程」(User Interface Engineering)的賈瑞·史普爾 (Jared Spool) 說：「在我們開始談論資訊氣味之前，誰都無法解釋爲什麼有些網站感覺比較好。就是比較好。現在我們可以針對資訊氣味，說：『喏，看吧。』」

但史普爾又說，網站設計者尚未從捕食理論找到能使網站散發好的資訊氣味的工具。PARC研究人員曾以兩個軟體做實驗，試圖尋找傳送這些工具的方法。ScentTrails（氣味蹤跡）追蹤使用者搜尋過程的腳步，利用這個訊息預先在可能相關的網站偵測相同氣味的蹤跡。然後它會根據各個不同連結的相關性，作出不同程度的強調顯示。

PARC的齊如此描述這個觀念：「搜尋引擎的過濾機制就好像把森林的樹都砍光，最後只剩一棵結滿果實的樹。與其這樣，何不在有果實的樹上結絲帶就好？」以此方式增加氣味線索後，搜尋的速度快了一半以上，齊說。

PARC研發的另一個實驗軟體Bloodhound（尋血獵犬）利用捕食理論，測試網站在讓訪客前往目的地時的導覽問題。大公司一般都聘請顧問進行這類測試，花費可能高達三萬美元。Bloodhound可以自動做同樣的事，並且可以反覆測試同一網站，看看小變化對於網站的使用便利性有何影響。Bloodhound從搜尋字串開始，這就像拿一件T恤或個人物品放在獵犬鼻下。接著牠便循線穿梭在網站中找出獵物。

設計聰明的網站（如www.landsend.com）會有條有理地爲商品分類，並使用好的、能提供資訊的關鍵字讓訪客獲得清楚的氣味蹤跡，進而找到不同的產品或服務。設計不良的網站（如www.macys.com）會製造嗅覺錯亂，因爲缺乏清楚的氣味蹤跡。比方說，一家零售商可能會在首頁放入太多產品，看得頭昏腦脹的訪客便會跳到另一家零售商網站。又或者氣味蹤跡可能逐漸消失，致使Bloodhound絕望地倒地呻吟，顧客也改投他處。

但這是個令人遺憾的處境，我們如此豐富而血腥的獵食歷史，最後竟演變成按電腦滑鼠，捲動螢幕尋找資訊畫面的玩意。商界人士談起獵食動物時，心裡通常不是這麼想的吧？

他們心裡想的是要把人嚇個半死，無論多少捕食理論或眞實的動物行爲都改變不了這種想法。這慾望太強烈了。所以且讓我們暫時唱唱反調，同時想想是否在某些情形下，運用恐懼也是有效的策略。

在一個充斥著可怕的大型獵食動物的地方，你必須高度警覺才能保命。新熱帶地區的樹蛙把蛋下在水池邊相當隱密安全的葉叢中，幼蛙能愈晚孵化、下水，存活率就愈高。若是多一點時間發育，牠們就愈能逃過水中獵食者的大嘴。但孵化太久也有危險，因爲有時候蛇會攀藤而上找幼蛙玩耍。

樹蛙的求生之道就是在出生前提高警覺。即使是蛋裡的胚胎也能感受到蛇漸漸靠近的震動，因此當蛇吃了幾個蛋後，其他幼蛙就會提早孵化，跳入水中逃生。

14 恐懼的地景

爲什麼混蛋似乎都能蓬勃發展？

如果一擁有小馬就揮打牠的鼻子，牠或許不會喜歡你，但從此以後卻會異常留意你的舉動。

——吉卜林

數年前某日，A&F的執行長麥克・傑佛瑞（Mike Jeffries）前往北卡羅萊納州巡視門市。當時五十五、六歲的傑佛瑞剛動過拉皮手術，卻因個性之故，並不理會醫師囑咐仍外出旅行。他臉上塗著凡士林，眼角有發炎症狀，剛剛拉緊的皮膚有種病態的黃，他還怒氣衝天。氣空間的設計、氣商品的擺設、氣一疊襯衫最上面那幾件的顏色。「他對著大夥大吼，」某位前任員工說：「尖叫：『顏色錯了！看了就噁心。什麼爛顏色。』」那些年輕店員——全都像A&F型錄中的模特兒——既困惑又驚惶，個個盯著老闆的臉看。對，他們心想，顏色，便爭相去換。

「什麼顏色根本無所謂。」前任員工回憶道：「他第二天再來，可能又會把那個顏色擺上面。」

傑佛瑞就是商業媒體經常讚嘆爲衝勁十足的那種企業領導人。自從一九九二年掌權之後，他將這間老古董公司——最著名的是為羅斯福總統供應露營器材——轉變為深受大學生族群喜愛的成衣商。他讓A&F門市數量成長了將近四倍，盈餘也不斷增加。有一本管理教科書還介紹他的管理手法。

誰都不會以為傑佛瑞是因為和善而獲得這樣的成績，比較可能聯想到的應該是「驅策」、「果斷」等字眼。他對於某些事該怎麼做都有明確的想法。例如，傑佛瑞每天早上都依循例行程序，把車停在與公司總部成直角的方位，從一扇旋轉門進入，在裡頭丟張紙，又從另一扇旋轉門出去，然後再從前一道門進入。他在辦公室會穿著幸運鞋，一雙破舊不堪，連腳趾頭都藏不住的麂皮帆船鞋。他會用一支幸運筆記事，手上還沾著漏出的墨水。他要求員工穿A&F的衣服，但不能是黑色。誰穿黑衣服上班就可能被炒魷魚，離開前還要接受公司標準的激勵喊話：「你是什麼東西，大笨蛋？」

每週一早上八點開業務會議，有時候得開到半夜，可能是因為傑佛瑞派回答不出問題的員工去找答案，其他人就這麼等著。無論如何，沒有加班費幾乎是肯定的。「提早下班啊？」若有人在六點半離開公司，同事就會問。若有員工兩天都穿同一套衣服，通常不是因為他們採取公司目錄中的自由風格在外風流，而是因為在辦公桌前熬夜。

「你要放棄你的生活，以及所有自尊。」前員工說：「都被他們拿走了。基本上你就是個笨蛋。」你的收穫就是學到了經驗。「因為他們給的期限很短，你會學到如何因應工廠和布料供應商。你會學到如何經營自己的事業，正確地經營。這點他們做得很好。你還會學到如何待人，因爲他們待人的方式完全錯誤。」

許多員工受不了太多綽號，太多次被筆記本K頭的經驗而離職。即使必須歸還六千美元的搬家津貼，他們還是離職。已婚有小孩的員工也經常離職，因爲他們接收到的訊息是他們已經與年輕人的市場脫節。公司對這一切似乎並無所謂。誠如某位發言人曾說：「我們並不打算和顧客一起變老。」

猿類首領多半會贊同，其中有些還受雇於財星五百大企業。他們多數人都會小心，不會大聲說出當混蛋的策略價值。他們知道若像「電鋸」鄧勒普那樣大聲嚷嚷，下場經常是被自己的電鋸給鋸了。他們也知道許多常見的惡劣行爲違反了公司政策，但只要帳目好看，企業領導人總會忽視或甚至默許這類行爲。且不論公司政策如何，實施原始雄性暴力的管理者似乎常常處於領先，性情較好的人則顯得蹣跚。

舉例來說，一九八〇年代末期，美國某電訊公司的一名資深副總裁便讓他的同事終身難忘：他是「我在企業界所遇過的頭號混蛋。每次互動前他總要先冷嘲熱諷一番——這通常只是坦白地提醒你：他比你重要。」即使他讓助理叫你進辦公室，他還是劈頭就問：「你來幹什麼？」

另一方面，假如很不幸地你是會議召集人，他會掉過頭去處理電腦上一些或許比較緊急的事，同時問道：「你知道這場會議要花公司多少錢嗎？」指的是「他的」薪水，不是公司付給你的那點零用錢。

「他手下的人公開開玩笑說，會議程序中必須排進幾分鐘的『支配我遊戲』。」業務部副總裁也曾私下說：「天啊，他乾脆直接在我身上撒尿，一了百了。」

雖然每個人對於他不斷耍手段爭利都十分反感，但卻似乎並未影響到這混蛋的前途。同事說，他管理的組織有效率、有成績，只要他的混蛋行爲沒有外揚，公司根本不在乎。這位資深副總裁繼續高升爲某家醫療產品大企業的總裁。儘管股市表現不佳，他二〇〇三年的薪資共計四百二十萬，還不包括四十五萬股公司股票的選擇權。這顯然是卑劣的報酬。

這些人從哪來，又爲什麼會有這樣的行爲？科學家有時會使用一種實驗老鼠，將其催產素基因剔除。結果，這種所謂基因剔除老鼠會罹患社交失憶症，亦即無法建立社交記憶或普通的社交關係。牠會變得沒有價值，一心只專注於食物、性與庇護。這難免讓人想到企業界的管理階層也有許多這類基因剔除鼠，例如某位主管對下屬的配偶說「幸會幸會」時，似乎忘了他們已經見過十七次面。（下次再遇到這種情形，這位透明配偶應該說：「幸會，基因剔除鼠先生。」他很可能再也不會忘記你，只不過對你另一半的事業恐怕並無助益。）

但除了基因突變之外，無疑還有許多不同的方法可以造就利益至上的人格。令人不安的是這些人爲何能在光天化日下存活，甚至蓬勃發展。

不快樂的同事們提出不少理論，似乎不無道理，理論之一：混蛋沒有朋友或休閒生活，只能將所有黑暗的能量貫注於提升事業。混蛋會極力爭取升官，好人卻會克制。他們會機伶地向上級展現陽光面，面對下屬卻又面目可憎（「天使外表魔鬼心」策略）。或者恰恰相反，他們知道老闆很高興自己有個混蛋副手，這樣他才能裝好人（瘋狗－公子哥合作關係）。最後也是最令人不安的，他們之所以成功經常是因爲他們的績效良好。不管我們承不承認，恐懼顯然具有極大動力。

隨機的殘酷

利用毫無預警的隨機敵意引發恐懼，或許也能發揮策略功效。（我們現在是站在唱反調的立場，記得吧。）一旦涉及珍貴的事物——例如食物、地盤、升官或是可能成爲性伴侶的對象——就可能有衝突。在這些可預期的情況下，衝突也可能依循漸進的規則，由競爭對手透過儀式展示力量與攻擊意圖：一人怒目瞪視。另一人怒目瞪回去。兩人彼此衡量實力。必要的話逐漸進入下一階段（貼得太近），然後再更進一步（碰撞推擠），經過小心設計的幾輪暗示與反暗示，直到其中一人說：「好吧，我看我就算了。」如此一來，無人受傷便分出勝負。

但現實卻不一定如此。狒狒——還有某些主管級的人——有時候會毫無來由就發動全面攻擊。大草原上某個平靜的午後。大夥或是散坐在地上互相理毛，或是往草堆裡翻找吃的。一頭地位低的雌狒狒正恭恭敬敬地做牠的事，雌性首領卻突然毫無來由、莫名其妙地對牠發怒尖叫。

下屬嚇得跳了起來，雙眼外突、肌肉緊繃、腎上腺素暴增，連忙跑進灌木叢中找地方藏身，對手則緊追在後。這是怎麼回事？有助於我們了解人類職場上的某些行為嗎？

UCLA人類學家瓊恩．席克（Joan B. Silk）在一篇報告中提到當個難以預料的混蛋的好處，報告的標題十分諷刺：〈隨機的攻擊與無意義的恐嚇：社會群體中地位競爭的邏輯〉（Random Acts of Aggression and Senseless Acts of Intimidation: The Logic of Status Contests in Social Groups）。席克認為對狒狒而言，「隨機選擇下屬進行隨機攻擊是經過天擇演化出來的策略之一，」因為類似的攻擊「能讓攻擊者以最低的代價對被害者造成最大的損傷」。措手不及的下屬沒有時間逃跑、奮起反擊或召集盟友前來保護，因此攻擊者的風險很小。

然而被害者卻可能付出慘痛代價。無法預期的懲罰壓力更大得多。牠永遠不知道什麼時候終於安全、可以放鬆，因此牠的壓力荷爾蒙濃度隨時都很高。長期下來，牠本身的攻擊行為便會受到壓制，甚至不試圖反抗，而這顯然正是大混蛋要的結果：對手飛快閃避，下屬言聽計從。

將教訓刻寫在神經細胞上

主管剛上任通常會特別凶暴，他們顯然贊同吉卜林的想法，一開始就該抽打小馬的鼻子。在最基礎的生物層面，這麼做似乎有效，因為被害者本身的大腦也會配合牢記這第一步棋的教訓。

大約一百年前一項略帶惡意的實驗顯示了壞老闆與其他令人不安的人格，如何盤據被害人的自律神經系統：瑞士心理學家艾都華・克拉帕雷德（Édouard Claparède）有名女病患因大腦受傷而無法有意識地建立記憶，克拉帕雷德每回和她見面都要重新自我介紹。他很好奇想知道她心裡在想什麼，又或者她只是想刺激他。總之，有一天他走進病患等候的房間，照常介紹自己然後與她握手。她立刻縮手，因爲克拉帕雷德在手指間藏了一根大頭針。下一回克拉帕雷德再伸出手，病患便不肯再握。雖然對其他事情她毫無記憶，卻隱約知道克拉帕雷德有點刺人。

克拉帕雷德無意間證明了大腦藉由不同管道記憶不同事情。名稱、地點以及Cheez Whiz乳酪區上一季的盈收等訊息，經由紐約大學神經科學家喬瑟夫・勒杜（Joseph LeDoux）所謂的「幹道」通往大腦皮質，這個大腦區塊與語言、解決問題、控制衝動等重大事物有關。皮質使我們具備人的特質，自從我們某個類猿人祖先演化至今，皮質體積已經大了兩倍。握手時遭針刺，以及其他痛苦、恐懼與危險的事件，也都經由幹道記錄在意識中——除了像克拉帕雷德的病患這種大腦皮質受損的人之外。

但在我們所有人的體內，恐懼與危險的訊號首先取道「小徑」，將訊息快速而雜亂地送到大腦一個有如杏仁的區塊，叫杏仁核。如果皮質使我們具備人性，杏仁核顯然就是使我們具備獸性的區塊之一。這是所有恐懼的所在。

二十世紀初，研究人員誤以爲恐懼反應由感覺與運動皮質控制，便做了一項恐怖的實驗，將實驗貓的整個大腦皮質移除。出乎意外的是，貓遇到威脅仍然會蹲低拱背、縮耳露爪，發出高低咆哮聲並張口去咬。勒杜認爲原因在於貓的杏仁核完好，仍可藉由小徑收送訊號。

杏仁核對於勒杜所謂的「自然觸發」會有自動反應，例如蛇，這是我們早期演化期間的主要威脅。當你一看到蛇，杏仁核就會立刻射出訊號讓你頓時僵住。這個訊號會啓動其他一連串生理反應：腎上腺分泌壓力荷爾蒙。眉毛揚起、眼睛睜大以便看清威脅。血管收縮、心跳沉重，希望能快速逃離。膀胱與結腸準備出清。你的全身已經做好挑戰或逃避的準備。約莫到了此刻，你步履沉重的意識才終於說：「啊……有蛇！」假如你賴此求生，就死定了。

杏仁核對於日常生活的「教訓觸發」也會有反應。若有某人或某事嚇壞了你，杏仁核不僅會讓你記住，還會讓你未來面臨相同威脅時能立即反應。這是存活機制。關於此人爲何陰險，杏仁核不會儲存記憶細節。只須「教訓觸發」——聲音、臉的形貌、刮鬍水的味道——便足以啓動戰或逃（fight-or-flight）的反應。

杏仁核的訊號也能讓大腦其他部位的神經細胞群同時啓動，由皮質釋放大量的意識記憶，因而提高了自動反應的層級與複雜度。這些所謂細胞群體之間的聯繫，非常難以抹滅。因此即使粗暴的老闆終於聽從顧問的建議進行改革，卻可能數月或數年內，當他走進會議室，眾人的怒氣還是往上衝。因爲他已經將他惡劣行爲的教訓刻寫在同事的神經細胞上。

這也是爲什麼隨機攻擊在一般商界，尤其是在必須合作的群體中，如此危險的原因之一。

也許混蛋本身並未意識到，但失去信任確實可能使他受損。據席克說，在狒狒群中，隨機攻擊策略的主要缺點是「支配者與下屬的互動會變得困難，即使牠們並無惡意。」下屬會退縮，露出一貫恐懼咧嘴的面貌以示安撫。

同樣地，因恐懼而迴避的傾向也可能毒害人類職場。例如，義大利乳品集團 Parmalat 的財務長佛斯托・透納（Fausto Tonna）素以脾氣暴躁聞名。在公司爆發重大財務醜聞而宣告破產後，Parmalat 某員工透露：「如果產品線經理要在犯錯與打電話徵詢透納意見之間作選擇，他們會毫不猶豫地犯錯。」

需要另一隻老鼠來咬

組織中一旦有了隨機的攻擊行爲，便會迅速蔓延開來，因爲哺乳動物有一種釋放壓力的策略叫「轉向攻擊」（redirected aggression）。史丹佛生理學家薩波斯基如此形容：「無數的心理內分泌研究顯示，生物體在壓力或沮喪的情況下，如果能讓沮喪心情有出口，後續的壓力反應就會變小。例如，老鼠受電擊時，若能有根木桿可以咬，或是有個轉輪，或者最有效的發洩方式是有另一隻老鼠可以咬，那麼電擊引發的（糖皮質素）分泌便會減少。」

公司通常不會給壞老闆另一隻老鼠來咬，公司給的是下屬，因此遇到壓力會有什麼後果就太容易預測了。假設你的老闆遭受他的老闆隨機攻擊（「你是什麼東西，大笨蛋？」），你的老闆便發洩在你身上，你轉而向助理大吼，你的助理去找女友嘮叨，委屈的感覺依此串聯成一個菊鏈。我們身為社會哺乳動物有一個凶惡的本性，找另一人發洩——即便是踢一條笨狗——能降低我們本身的壓力荷爾蒙濃度。瞧瞧剛被你踢過的狗：牠很可能會去找笨貓發洩，或者把木條咬得粉碎。

有個十分無力的中階主管轉向攻擊的方式是，從公司通訊剪下對手的照片或簽名等具有強大力量的東西，放進冷凍庫。有時候她還會將其剪成碎片，加水凍成冰塊，然後再倒入大量威士忌當作餐酒，但由於她已經戒酒，因此用冰紅茶代替。這和老鼠咬木桿的道理差不多。

「將某人凍在冰塊裡，」她說：「這是只有在事態非常嚴重，以及身心可能遭受嚴重創傷時才會採取的激烈手段。」被問及是否用臼齒咬碎冰塊時，她回答：「那太蠢了。」頓了一下。「有時候會。」接著她以安慰的口氣補了一句：「目前，我的冷凍庫裡沒有人。」

生物學並未規定轉向攻擊或為其辯護，只是有助於解釋罷了。了解本能的衝動或許也有助於預防。研究顯示長期下來，即使親切、具同情心的次級主管也可能受老闆粗暴的管理風格影響。好的次級主管若是意識到此傾向，便可以避免這個過程，保護下屬不受傷害。如果他為自己的健康著想，就會轉而發洩在打沙包、踩腳踏車或甚至咬冰塊上。聰明的女上司比較可能向好友尋求「溫和而友善」的支持，以應付來自高層的煩惱。

無論如何，薩波斯基指出，「我們絕對不希望自己社群裡的主流壓力管理方式，是藉由引發別人的潰瘍來避免自己潰瘍。」

恐懼的狂熱

好的上司通常都知道在職場上恐懼並非好事。就算他們自己沒有想到，顧問也會不厭其煩地重複。恐懼會導致心不在焉、士氣低迷、身心疾病、員工跳槽、破壞行爲或者更糟的情形。一開始就被抽打鼻子的小馬，經常會等待時機一腳飛踹主人的肚子。

但是在許多企業主管甚至於某些下屬的大腦的某個原始角落裡，其實並不相信。比方說，英特爾的葛洛夫寫道：「品管大師戴明提倡要壓制企業中的恐懼，這個愚蠢的看法令我十分不解。經理人最重要的角色就是創造一個環境，讓每個人積極努力在市場上求勝。在創造與維持這股熱情方面，恐懼扮演著主角。恐懼競爭、恐懼破產、恐懼犯錯、恐懼失去，全都可以是強大的動力。」

因此企業領導人經常會助長恐懼的狂熱，顯然希望能利用威脅恐嚇的言語，激起屬下的動力狂熱。想讓單純的薪水奴隸變成戰力軍，這似乎是有效的方法。達特茅斯商學教授理查・達凡尼（Richard D'Aveni）在他的著作《超優勢競爭》（*Hypercompetition*）中論證，比起單純成爲第一，殲滅敵人是更具強制性的任務。但這種動力狂熱卻也似乎像極了群體襲擊的黑猩猩上下蹦跳、叫囂、投擲排泄物，以作好攻擊的心理準備。

例如，羅傑·安里柯（Roger Enrico）於一九八〇年代任百事可樂總裁時，決定將開發檸檬萊姆蘇打的宣傳活動命名爲「Overlord」（霸主），因爲——如他所說——「若是成功了，七喜與雪碧就會自覺有如諾曼第侵略中受害的一方。」安里柯顯然將自己想像成羅克中士，雙肩各斜背一條子彈帶襲擊「猶他海灘」。

The Limited的萊斯里·韋斯納（Leslie Wexner）也曾發起一次名爲「Win at Retail」（贏在零售點）——縮寫ＷＡＲ（戰爭）——的業務宣傳活動。當大螢幕播放著眞正的戰爭畫面，韋斯納有如巴頓將軍似的大步跨過舞臺，告誡他的業務人員說「零售就是戰爭！」在一個以「自覺性感且各方面都十分自信的女性爲主要訴求對象的服飾公司」，這場戰爭顯然還包括了火箭推進式手榴彈。後來他們將活動重新命名爲「Must Win」（非贏不可，咬牙切齒的發音隱含某種殺人的衝動），但此時才意識到可能產生認知差異顯然已經太遲。

事實上，販賣女性睡衣不是戰爭。商場不是戰場，讓人陷入戰爭般的狂熱有一大危險，就是動物情緒會矇蔽理性以致於無法理智地分析行爲。「打倒」、「殺死」、「埋葬」外部敵人這種令人熱血澎湃的號令，經常也會導致公司內部敵對的行爲。

在ＣＢＳ的芝加哥子公司ＷＢＢＭ，管理階層有一度不僅鼓勵不同的新聞節目與對手電視臺競爭，還要彼此競爭。因此假如六點新聞的製作人獲得內線消息，她會偷偷派遣手下去採訪。五點新聞的製作人直到看到稍晚的新聞，才發現同事不僅搶先播出獨家，還向他隱瞞了一條重大新聞消息。

監製讓員工無論私下或工作都會彼此競爭。他會喊出某人的名字，然後當著編輯室所有同仁的面破口大罵：「我從來沒看過這種爛新聞。你再不小心點，就讓你去播週末氣象。」（二合一的侮辱，連帶打擊了聽見他辱罵的週末氣象播報員的士氣。）監製與主播間的性關係更會影響新聞的安排。

然而在這種組織裡，恐懼狂熱總能持續不斷，因爲似乎很靈驗。WBBM一位退休人員回憶道，那裡是「全國最好的新聞編輯室，也是全世界最不正常的地方。那裡充斥著卑鄙與競爭，但每個人都用產品的品質與名聲來包裝自己的生活。在宴會上，他們不會說：『我是電視臺製作人。』他們會說：『我是WBBM的新聞製作人。』」某前製作人說：「大家受刺激後深陷瘋狂狀態，工作量與品質都很驚人。因爲恐懼。」

Miramax的昔日員工也都覺得，在這個幾乎完全奠基於轉向攻擊精神的行業中，雖然溫斯坦兄弟仍以暴躁與恐嚇出名，但那段日子終究是他們職業生涯中最刺激的經驗。Miramax的前行銷主管丹尼斯・萊斯（Dennis Rice）告訴作家畢斯金：「大家都討厭在那裡工作，但卻又愛Miramax所象徵的一切，愛他們在獨立製片界創造的奇蹟。那是一種非常陶醉的感覺，身爲其中一分子是會上癮的，所以你會設法對他們的作爲以及一路上死傷的人睜隻眼閉隻眼。」Miramax前發行副總裁傑克・佛利（Jack Foley）回憶爲溫斯坦兄弟工作的情形：「他們的精力與脾氣，甚至他們的惡毒都具有核子威力，但跟他們站出去那種感覺太棒了。」

這是怎麼回事？恐懼的狂熱眞有它的道理嗎？

暴君有理？

大家都知道爲粗暴的上司工作可能令人痛不欲生。也有許多證據證明粗暴的行爲不僅普遍而且損失極大。最近一些研究顯示，聲稱自己前一年度曾受欺凌的勞工比率，最低是鋼鐵工人的百分之四，最高則是英國國家健保局的百分之三十八。（根據在紐約州立大學紐帕茲分校研究相關議題的喬爾・紐曼〔Joel H. Neuman〕指出，比例懸殊可能反映出對欺凌的定義不同，涵蓋範圍可能從肢體暴力到怒目瞪視。對於欺凌的感受也可能依產業與國籍而異。而且和病理技師之類的比較起來，欺凌鋼鐵工人你無疑會更小心。）隨時都大約有百分之二十的人覺得自己的老闆很粗暴。

這些人幾乎沒有人說自己的經驗「是奇蹟」、「很陶醉」或「太棒了」。如果眞會說這種話，也是被虐員工安全脫逃以後的事。某項研究顯示，大約有半數受虐待的員工會把時間花在擔心自己所遭受的待遇以及躲避對手上面，只有百分之十二的人會眞正換工作。

潛藏的醫療費用使得欺凌行爲對經濟與士氣所造成的負面影響更爲確鑿。眞正的肢體暴力其實不多，紐曼說。「可是另一個東西……」他露出苦笑：「那是水滴式的折磨。如果有人罵你笨蛋，或是不給你有意義的工作，他們看不到你在淌血，看不到你的高血壓。但誰知道有多少管理者要爲屬下中風負責？」

從壞上司的角度來看，隨機攻擊的凶暴之美便在於這些損失不會記到他的帳上或有損他的名聲。可能經過多年後，才會出現高血壓、免疫力降低、HDL（「好的」）膽固醇減少、心血管不良反應、動脈硬化、生育問題與其他疾病等症狀。但是公司卻有實際的損失，由於員工士氣低落、健康受損，因而醫療費用提高且生產力下降。

只可惜要想衡量恐懼狂熱是否偶爾也能增進產能，恐怕困難得多。不過讓我們再唱一會反調：假如沒有葛洛夫的偏執，英特爾能如此成功嗎？傑佛瑞的隨機攻擊是否將A&F提升到新的層級？如果哈維・溫斯坦是個好人，Miramax能成爲一九九○年代最重要也最具影響力的獨立製片公司嗎？這就好像在問如果鬣狗變成素食者會如何。但爲什麼惡劣的——或者說是麻煩的——行爲有時候能爲每個人帶來利益，至少在短期內是如此？關於這點，有幾個原因似乎還頗爲成理。

獵食者能造就健康的獵物群

出乎我們意料的是，與太好的人共事反而可能令士氣低落。例如一九九○年代，路・普萊特（Lew Platt）升任執行長時，他第一個考量就是將惠普打造成完美的工作場所。由於他太想讓員工覺得工作受重視、有保障，以致於愈來愈像公家機構。

「員工可以連續四五年考績很差，」某位人事主管後來向商業記者安德斯抱怨：「要趕走他們幾乎就像趕走具有永久任職權的教授一樣困難。大家都覺得公司應該養他們一輩子。」普萊特認爲對員工太苛刻會有不利影響，此想法十分合理。但從自然界看來，這種做法也得適可而止。

動物社群通常都遵循著對牠們虎視眈眈的飢餓獵食者所強制的紀律。牠們當然不樂意，還要擔心短期內成了隊群中的弱者而遭到獵殺。但適度的威脅感是有益健康的，能使牠們保持機靈，隨時提高警覺。長期下來，較不敏捷靈活的成員一一被獵食者拔除，經過這痛苦的過程之後，隊群也變得更強壯。若是少了獵食者，大家都會變肥變懶。

例如在最近一項研究中，科學家觀察一群從高度獵食區轉移到幾乎沒有獵食行爲區域的孔雀魚。天擇過程頓失後，經過十五年多，大約相當於三十個孔雀魚世代，「便有了喪失逃生能力的驚人演化結果」。保持警覺確實是代價昂貴的行爲，因此孔雀魚能有意想不到的休息機會，短期看來是有利的。但到頭來牠們卻變得更虛弱、更不堪一擊。同樣地，惠普的員工當然能享受普萊特所提供的一時的安全感，但長久下來，公司就變得疲軟無力。

其實，將企業領導人比喻爲公司內部的獵食者容易引起誤解。他們比較像是牧羊人，挑出隊群中較弱的成員，讓他們接受……轉業輔導。他們有如牧羊犬，在保護員工的同時也咬著他們的腳踝讓他們朝正確方向前進。

普萊特卻是隻無益的牧羊犬。安德斯在《完美演出》一書中，描述普萊特在加州蒙特利舉行的一次主管會議上，無法進行改革的情形：「惠普的溫和面經過六年的培養之後，員工與主管都不願意在全體討論並一致通過新方向之前，貿然採取任何措施。『爛好人心態』已經紮了根。身處這樣的環境，普萊特就好像在會議中心外的岩岸上驅趕海鷗。也許會引發一陣拍翅鼓動，實際上卻改變不了什麼。」

惡上司的奇異魅力

一般人經常違反自己的直覺，寧可和佔自己便宜的人在一起。乍看之下，這似乎是人類天性中較悲慘的怪癖之一。一九七〇與一九八〇年代，研究爲達目的不擇手段的馬基維里式行爲的專家，時常發現具有操控、剝削傾向的個體對研究對象有強烈的吸引力，不免感到驚愕。在某案例中，研究人員本身也懊惱地承認對這些所謂的「高馬基者」有著「荒謬的欽仰」。

起初他們以爲高馬基者只是善於「印象管理」——也就是說他們有足夠的魅力與機智，不必明顯表態便能獲得他們想要的。因此研究人員設計了筆試以去除面對面的魅力影響。例如有一回，他們要求研究對象寫出若與另外兩名同性被困在荒島上，他們會如何。低馬基者寫的是分享有限食糧等溫馨故事。然而有一名高馬基女性寫道：「瑪莉和珍妮都是爛貨，老是不停抱怨……要眞是餓極了，烹飪器具又有限，不知道該怎麼把她們煮來吃。」

想當然爾，研究對象將故事中高馬基者的性格評定爲「比較自私、不體貼、愛批判、傲慢、不可信任、強勢、不可依賴、多疑」。生物學家兼賽局理論專家大衛·史隆·威爾遜（David Sloan Wilson）表示，研究對象連公寓也不肯與他們同住，何況是荒島。但若是「共同操控他人的工作團隊關係」——亦即我們在商場上建立的關係——他們便願意接受高馬基傾向的人。

這並不代表測試對象欣賞流氓惡霸。吸引他們的是策劃者、密謀者，是那些聰明到無須太過粗暴便能佔到他們便宜的人。社會學家通常會區隔惡霸與比較高明或是比較「利社會」的個體，前者使用高壓控制手段，後者則能找出更好的方式遂其所願。

但兩者可能只有一線之隔。人類職場上的上司總會在利社會與高壓之間不斷變換支配領導風格，一切視群眾、情況或他們午餐喝了什麼酒而定。一個利社會的上司，醫院急診室裡親切又有人緣的主任，若遇到週六夜晚有連環車禍的傷者被推進醫院，他也可能大吼或是嚴厲斥責屬下的不當處置。軟體公司的業務經理在接近季末時，可能會變得兇惡嚴厲，下屬則多半以更努力工作回應。

堪薩斯大學的派翠西亞·荷利（Patricia Hawley）在最近針對青少年的一項研究中，除了將強勢個體分爲高壓型與利社會型之外，還有一種「雙策略型」。雙策略型的人會使用利社會手段，諸如主動提供協助、互相施惠、結交盟友。必要時，他們也會運用威脅、排擠、散播謠言與肢體攻擊等典型的欺凌手法。同儕與下屬將利社會型的人列爲最迷人的領導者，這點並不令人意外。但雙策略型者卻也出奇受歡迎，而且遠比任何吃苦耐勞的下屬更吸引人，雖然受訪者似乎非常清楚自己受到壓制或操控。

「惡朋友（或惡上司）的魅力」不只是被虐狂的展示，也不只是追隨強勢個體的演化傾向。荷利指出，雙策略者在彼此關係中展現的是眞正的社交技巧，能和這樣的人在一起很令人興奮。「這些孩子本應令人厭惡，卻不然。他們能交到好朋友（除非你招惹了他們）。」與具有控制、剝削或甚至偶有暴力傾向的人交往，有何實質益處，這點無人研究過。但其好處有時候可能多過於損失。尤其在事業上，與不計後果也要贏回戰利品的人共事，應該是值得的。

即使就個人表現而言，在比較挑剔與嚴格的老闆手下做事，通常也會做得比較好。當然，激勵員工做事不見得要破口大罵，但有時我們似乎也認爲辱罵是恰當的。例如划船賽中，重量級的八人賽艇逐漸逼近最後五百公尺之際，原本溫和的小舵手也會大聲質疑每個划槳手的男子或女子氣慨，甚至對個人咆哮辱罵，這時你可以感覺到船彷彿重新振作往前飛射。一個溫和依舊的舵手通常便不會受邀參加下次比賽了。

同樣地，WBBM與Miramax的員工牢記的恐怕不是被欺凌與斥責的痛苦，而是達到他們似乎力有未逮的目標那種特別的滿足感。因爲他們受到驅策。因爲恐懼。

有一次在肯亞，某靈長類學家旅行至偏遠地區時車子拋錨。他不得不在夜幕降臨前，步行數小時穿越大草原。不幸的是他尚未到達營地，便遇上一群獅子。他連忙爬上最近的一棵樹，爬到獅子搆不著的地方，最後獅子覺得無聊便信步離去。後來他回去開車時，特地停下來看看那棵樹。幾乎比樹枝粗不了多少，也沒有手腳可以攀附之處。他知道若非有獅子緊跟在後，他是絕對爬不上去的。

該是檢點的時候了

夠了。我們就別再唱反調，回到現實吧。以恐懼管理的上司也許能打贏小戰役，卻經常輸掉整個戰爭，將公司帶向沒落甚至破產，一如 Sunbeam、安隆與 Kmart。通常過度公開顯示偏好衝突風格的人，若不是落得不幸下場，至少也會在職業生涯中面臨意外的空窗期。誠如紐約州立大學研究員紐曼以精準的學術用詞所說：「那堆屎遲早會沾上你。」

德克．雅格（Durk Jager）於一九九九年接任P&G執行長時，公開譴責公司不該「將員工寶鹼化」，致使他們說話、思考、表現都一個樣。他顯然是想把他們「雅格化」。《華爾街日報》問他是否如傳說中那麼壞，他微笑道：「更壞得多。」荷蘭空軍退役的雅格開玩笑說，荷蘭經驗很快就會成爲公司政策。華爾街分析師稱讚雅格是「策略思考天才」，善於發現問題的核心，一針見血。但雅格大肆改革的企圖太突然也太直率，因而引起全球騷動。上任才十七個月便被董事會拉下臺的時候，P&G股票已經跌了三十七個百分點。

・約翰・梅克（John J. Mack）由於精通成本控管加上專橫的作風，素有「利刃梅克」之稱。他經營摩根史坦利時吃了一次大敗仗，後來轉往瑞士信貸集團，很快便讓公司恢復盈利。但他粗暴的態度確實令人刻骨銘心。有一回，梅克要求蘇黎世的董事會提高紐約銀行主管的薪資，當董事們問他原因時，他劈頭就說：「我這麼做不是爲了錢。我不需要錢。我比你們任何人都還要有錢。我只是需要錢來留住我們的人。」

他說的也許有理。但不久後，董事會冷不防地將梅克拉下共同執行長的位置。公司聲稱是因爲策略歧異。但分別有三個消息來源向《華爾街日報》透露「比你們有錢」的說辭，可見梅克粗魯的強勢用語讓較爲謙遜的歐洲同事基於非常私人的理由，而難以容忍。

・斯里蘭卡某動物行爲研究專家之子桑傑・庫瑪（Sanjay Kumar），以他所認爲的達爾文模式建立了組合國際電腦（Computer Associates）帝國，培育一種極端競爭、意見強烈分歧、表現不佳者隨時解雇的文化。有時連顧客也會在過程中遭受壓迫。一九九九年當艾伯森（Albertson's）超市拒絕簽訂多年期授權書，庫瑪與同事便威脅要關閉整個連鎖超市所仰賴的現有軟體。某個景氣不錯的年度，組合國際的所得總額躍升了三十三個百分點，但最後這家公司卻成了惡毒、懷疑與惡質業務的代名詞。庫瑪與其他高層主管後來因會計醜聞被迫下臺，檢察官對他們提起刑事訴訟，投資人也提出告訴，要求收回因作帳所發放超過十億美元的主管分紅。

因行爲粗暴、惡劣而喪失的機會很少如此公開。一般人只會壓抑。這種事天天在成千上萬的小地方上演，所以犯錯的一方從來不會注意。有時候損失微不足道：例如不久前，在紐澤西州雷班的一家音樂專賣店，有個顧客態度惡劣地要求櫃檯店員在電腦上找某個樂手的專輯。苦惱的店員在電腦上打了「走開，別煩我，去死，去死，去死！」的搜索字串，然後以遺憾的表情說：「對不起，先生，今天好像沒有庫存了。」

但有些時候，當下屬向傲慢的上司隱瞞反對意見時，損失之大卻可能無法衡量。例如二〇〇三年二月，哥倫比亞號太空梭最後一次升空前，太空總署人員並未提出他們對艙體損壞的疑慮，因爲他們擔心「會受到同儕與管理者的嘲笑」，不得不一切照舊進行。雖然太空總署已有一次悲劇紀錄，即一九八五年挑戰者號的爆炸事故，管理階層卻仍默許這種封閉心態的文化繼續存在。在這兩次意外當中，有十四名太空人喪生。

製造恐懼的狂熱也可能導致員工報復。在紐澤西一家化學公司，管理階層解雇了五十名員工。其中有一名主管在職三十年，薪水十八萬六千美元，對於公司派守衛「像押解犯人似的送我們走出大樓」，深感不滿。他回家後便著手破壞電腦系統，讓公司損失了兩千萬。

粗暴的領導術或許在Miramax或WBBM行得通——至少看似行得通，那是因爲員工從事的是相當短期的創作計畫，所以他們很容易「認同創作團隊，並忍受惡劣的領導人。」主管培訓師泰瑞・皮爾斯（Terry Pearce）說：「而且如果產品成功，你身爲其中一分子便能一生引以爲榮。」但多數人的工作並非如此。「假設你在金融界服務，或是以製造晶片爲生，的確很難有某個令你興奮得迫不及待想要完成的特定計畫，遑論認同。」在日復一日乏味單調、幾乎毫無創意可言的工作中，員工需要的是能體會他們工作價值的老闆，而不是惡霸或混蛋。「如果你是做領帶或賣漢堡的，眞的很難。」

皮爾斯的專長是教導企業主管削弱對立與壓制的傾向。他首先做一個全面的觀察，並與下屬進行面談，然後以匿名方式讓上司聽聽周遭人對他的管理風格有何看法。他們可能會十分震驚。大多數領導人從不知道自己有多麼作威作福，「他們就是會這麼做。」

接著皮爾斯會努力讓老闆了解這種行爲如何扭曲整個組織。皮爾斯說，你可以利用恐懼驅策人，如果你想要的只是「聽命行事的人，只花七成五的精力在工作上的人，」服從卻不盡力的人，不願提供創意點子的人，幾乎隨時都在寄履歷的人——這表示跳槽率很高。

多數客戶都能明白這不是他們想要領導的——至少不是董事會希望他們領導的——組織模式，便展開了痛苦的改變過程。但也不是百分之百。有個客戶聽到屬下猛烈批評他「電鋸艾爾」式的管理風格後，還說：「我有需要改變嗎？」

「不用，除非你想待在這裡。」皮爾斯的合夥人回答。

「那倒是很合理。」客戶回答。

「你目前運用的風格會有立即的短期成效。但你手下的人不會待太久。」合夥人解釋：「如果你想一輩子當拯救危機的專家，不想領導任何人，那麼你當然也可以這麼做。」

皮爾斯說：「他就這麼做了。兩三個月後他離職了。他專門扭轉危機，進公司兩三個月，把事情搞定，砍人頭，然後離開。他成功嗎？他很有錢。公司付他高薪去做吃力不討好的事。但他不是領導人。」

如果狒狒能做到……

學習相反的管理風格可能十分費力。一個藉由無情攻擊爬到高層的人，忽然發現自己需要傾聽、學習、表現痛苦、與他人的情緒交流（除了恐懼之外），以及慢慢建立信任，這就像芝加哥市議員某天醒來忽然發現自己得學習卡特，也像阿富汗軍閥得向安南看齊。

這麼說也許不會讓人好受些，但就連粗暴好戰的狒狒顯然也不太喜歡欺凌行爲，盡可能不欺負同伴也照樣過得好。即使原本可能是頭號混蛋的狒狒首領，顯然也可能受到隊群文化影響而產生好的行爲。史丹佛兩名生理學家薩波斯基與麗莎．薛爾（Lisa J. Share），在肯亞的馬賽馬拉保護區研究草原狒狒，至今已經超過二十五年。一九八〇年代中期，森林隊群中最粗壯剽悍的雄性狒狒，因爲吃了某家觀光旅館垃圾堆裡受牛結核病菌污染的肉而盡數死亡。雌性與較溫和的雄性得以存活是因爲牠們不敢光顧垃圾堆。

研究人員停了一段時間沒有觀察森林隊群。但當他們一九九三年再回去，卻愕然發現該隊群發展出一種輕鬆、互助，甚至群居的文化，這在狒狒學中十分罕見。強勢的雄性不僅花費異常多的時間與成年雌性，以及幼年、少年、青少年狒狒近距離相處，而且似乎不再以衝撞啃咬來達到目的，而是依賴更多的愛與互相理毛。

這並不表示牠們忽然變溫和了。「我們所說的還是狒狒。」薩波斯基說。（他曾如此概述狒狒的社會生活：「如果狒狒每天花四小時塡飽肚子，那麼便還有八小時可以互相耍狠。」）但是牠們已經比較會選擇耍狠的時機——或許可以說變得比較理性。在多數狒狒隊群中，強勢雄性會花許多時間接近並趕走地位低的下屬，純粹是爲了騷擾，因爲地位低者並不具競爭威脅。不斷的欺凌行爲使得地位低者的壓力荷爾蒙皮質醇長期偏高。

在改善後的新森林隊群中，強勢雄性也會有接近驅趕的行爲，但幾乎完全針對地位較接近的眞正敵手。如此一來，下屬不但擺脫了無數與長期壓力相關的健康問題，就連研究人員爲牠們注射會產生短暫焦慮症狀的藥物，牠們也顯得較爲冷靜。以人類而言，就表示不受欺凌的下屬產能較高，也較有能力應付眞正的威脅。

薩波斯基與薛爾認爲森林隊群最値得一提的是，所有溫和的強勢雄性都不是從結核病前存活至今的軟弱雄性。當狒狒成長到青少年時期，通常會離開自己出生的隊群，到鄰近隊群去尋找棲身之處。因此所有這些開明的雄性都是後來加入的。森林隊群中有某種特殊因素使牠們沒有走上一般狒狒走的捷徑，成爲大壞蛋。

薩波斯基與薛爾發覺，儘管新加入者起初常有惡劣行爲，但狒狒文化的守護者雌狒狒仍以牠們對待原有雄性的友善態度對待牠們。生活在較健康、較合作的社群所獲得的「社會資產」，顯然讓雌狒狒得以忍受欺凌，直到「新來的混蛋」慢慢了解「在這裡這麼做是行不通的」。

以人類而言，就像那個相信自己的能力也相信職場環境的支持的高級助理，溫柔地告訴好戰的執行長說「這樣我根本沒法和你一起做事」。就像某家醫院的護士受到醫生嚴厲斥責時，其他護士便會回應他們所謂的「粉紅密碼」，走過來站在受害者身旁，然後以困惑的眼光默默盯著醫生看。

大多數醫師（和森林隊群的狒狒一樣）最終都會明白，在文明社會中，公然發怒攻擊畢竟不是達到目的的最佳方式。

人類戴上肩章是爲了讓自己看起來更雄偉、更強壯，而紅翅黑鸝戴肩章卻是爲了表示自己沒有惡意。雄鳥絕對有能力上演兇猛的全武行，牠們肩上有亮麗的紅色斑紋，必要時可用作掌控地盤的宣示。但這個地位的象徵也可能招來雄性對手的猛烈攻擊。

因此紅翅黑鸝便演化出一種肩章，可以蓋下來將肩膀的紅色斑紋完全遮住。牠們若想探勘更好的地盤，或想溜到附近地區勾引其他雄性的後宮佳麗，便可微服出巡。

即便是在自家地盤上，雄鳥似乎也認知到放低姿態的重要性。當研究人員做實驗時剪下某些鳥的肩章，牠們被迫「隨時展現作戰姿態」，也必須花更多時間對抗鄰近雄性的入侵。這些雄鳥「過度展現作戰姿態，而（被視爲）破壞了敦親睦鄰的契約，因此也不能再在邊界地區共享和平。」

有時候太過兇猛就是不值得。

15 與隊群齊奔

爲什麼孤狼都是輸家

這是個蟻群。一個新的商機掉在地上，五千人便一擁而上，當機會沒了，人便全部消失轉往其他計畫。

——英特爾員工形容其公司文化

爲什麼職場上有那麼多不快樂的人？爲什麼他們績效不彰？部分原因是許多員工不知道自己在做什麼，不知道自己的工作在整個大結構中的定位。還有更糟的，他們常常不認識工作上的夥伴。以上兩個問題的根源不只在於現代生活的層面不規則擴展，也在於我們以爲忽視人類身爲社會與情緒動物的基本天性並無所謂。

你到底是誰？

在自然界，多數社會動物一生都待在一個群體中，並很快便認清每個成員與他們在隊群中的位置。就連羊也能辨識五十張不同的臉（我是說羊臉）。但現代企業中的人太常換工作，即使同一份工作也得常常跑來跑去，因此不知道鄰座或會議桌對面同事的姓名也是常事。他們難得回家一趟，可能也搞不清孩子或繼子的名字。

藍領階級始終覺得自己只是一具大機器中可汰換的小齒輪，至少從二十世紀初泰勒(Frederick Taylor) 將時間與效率管理引進生產線之後便是如此。但如今連高層主管，而且可能是全世界各據點都要向他們報告的部門主管，也有這種令人迷失的匿名感。若要誠實描述時下的管理工作內容，可能會是：應徵者要從頂樓乘降落傘下降，沿途弄清每個樓層的情形，並在抵達地面之前，實施成本效益法讓事情更有效率。收起降落傘，移往下一棟大樓，重複相同動作。

當麥可·卡佩拉斯(Michael Capellas) 接掌破產的電訊公司世界通訊(後來改名為MCI)，擔任執行長時，他召集前百大主管開會，問他們有誰認識在座的所有人。無人舉手，就連他問有誰認識一半的人，還是無人舉手。卡佩拉斯應該告訴他們：「拜託，這連羊都能辦到。」不過他決定將高階主管集中在維吉尼亞的總部，好讓他們摩肩擦踵之餘，能感受到更大的責任以及不讓夥伴失望的本能需求，這些很明顯都是原來的世界通訊所缺乏的特色。

卡佩拉斯的方向正確。除非認知到員工是社會動物，否則沒有任何人類組織能夠長期成功或甚至存活。但也不一定要把他們集中一處。只是在快速變遷與擴展的現代生活中，每個組織都需要找到一些方法去滿足員工強烈的合併本能。人類經過演化後，大部分時間都住在同一家庭、同一宗族、同一部落、同一地景，熟悉的面孔藉由共同的經驗與血脈關係聯繫在一起。認識並信任一起工作的人，這是不變的原則，有時候這個聯繫還攸關生死。我們一切基本特質還是要在這種緊密連結的小團體中，才能發揮最大功效。

事實上，對親密關係的強烈需求早在四百多萬年前便已建入人類等社會靈長類的基因當中，單靠幾百年的企業歷史實在難以解除。在馬斯洛研究了普通猴子與典型人類後列出的需求層次中，社會需求（如信任、尊重與歸屬感）緊接在生存需求（包括食物、庇護與安全）之後。他認為這些比自我實現更重要。簡單地說，被社群所接受比能夠追求幸福，或是隨心所欲，或是發揮最大潛力都更重要。

在現代世界，能讓我們滿足這項社會渴求的主要地點通常就是工作，因為其他比較傳統的社群型態大多已經消失。我們清醒之際，在公司的時間比在家還多。愛情、友情與約莫四成的婚姻都始於工作。然而我們與工作社群的關係卻經常是短暫的。公司總是自喻為「一個快樂的大家庭」，但大家都知道它不可能取代真正的家庭。昔日的公司能承諾終生的聘僱與福利，因而能搏得員工真實的、近乎家人般的忠誠情感。

但如今實施全球經濟，公司與顧客都一致會問：「我到哪裡能買到更便宜的？」彼此的關係也就大打折扣了。大多數快樂的大家庭用晚餐時，爸媽不會在餐桌上宣布：因為能源成本提高，不得不趕走兩個孩子。儘管他們可能有此想法，但仍盡量不說類似的話：「提米，你再不把青菜吃掉，我們就把工作轉移給中國的飢餓孩童。」

「大」非夢事，唯難而已

當業務版圖橫跨二十多國，成群的雇員可能從未謀面時，認識同事或與其建立關係都似乎不可能了，更何況是互有責任感。一個經過演化、適合與一百五十人左右的團體面對面生活的個體，很容易迷失在一萬倍大的企業中。因此現代人對事件的恐懼在高速旋轉下已經失控。

即使在最遙遠的組織裡，我們的援救力量仍在於小團隊。在大群體中，我們充其量只是數字。但在小團隊中，即使是大企業內的小團隊，我們就變成人了。「我們可以讓員工對公司品牌有正面看法，」倫敦商學院教授尼可森說：「但員工第一個認同的卻是他們所屬的小團隊。通常只有透過這種團隊，才能讓員工爲整個公司的事業犧牲奉獻。」

這是美國軍隊從越戰中學來的慘痛經驗。作戰期間，士兵甘心赴死不是爲了他們的旗幟、國家或某個理想，而是爲了同袍，或者少數能激發忠心的領導人。當美國軍系有計畫地斷絕發展類似關係的機會，士兵依個人班表輪番上陣，自私的心態難免便取而代之。

反觀第二次世界大戰，一〇一空降師五〇六傘兵團的E連隊一開始也只是一群年輕人的隨機組合。但兩年的準備期間，他們在長官理查・溫特斯（Richard Winters）謙遜、能幹、自我犧牲的領導下，建立起緊密的連結，即使面對百分之一百五十的死傷率仍奮戰不輟。個人已經成爲團隊的一分子，怎能讓隊友們失望？也正因爲這股連結的力量，《諾曼第大空降》（*Band of Brothers*）這本書與電視影集才能如此撼動人心，而最終得以擊敗希特勒也非偶然。「你是英雄嗎？」某E連退役軍人的孫子問道，他回答：「不是，但我是英雄連的一分子。」

即便是在單調的工作職場上，團隊要想成功也必須仰賴同事間的社會連結。最好的團隊便依靠此連結讓成員更努力，達到他們作夢也想不到的目標。這種連結是自然形成的，通常不是由上而下，而是平行建立，多半透過閒聊與非計畫性的相處。聰明的管理者知道屬下間的這些社會互動，可能是他們成功的關鍵。能力差的管理者則經常對這類互動嗤之以鼻，甚至可能企圖阻撓。

例如一九九〇年代初，區域電話公司NYNEX傳送T1高速傳輸線路的系統便運作失敗。管理階層在未詢問基層人員的情況下裝設了電腦化系統，使工作流程自動化，也更合理化、更有效率。但由於從下訂單到確實安裝好T1線路共需三十五天時間，公司（如今屬於Verizon）令主要顧客十分失望，因而失去了市場。

管理階層認爲解決之道在於新的電腦系統。但當企業人類學者派翠西亞·薩克斯（Patricia Sachs）進行研究後，她發現這是公司只注意時間與成本問題，而絲毫不在意員工做事方式的典型例子。該公司的「問題票證處理系統」基本上就是高科技版的老式泰勒主義。它將工作分解成許多部份，加以數位化，而員工個體充其量只是輸入／輸出的機制。

員工告訴薩克斯過去有問題時，他們便拿起電話說：「喂，傑克，我這裡有問題，你能不能幫個忙？」然後兩人討論幾分鐘找出解決辦法。看在管理階層的眼裡，這有點閒扯淡的嫌疑。高科技系統便是專門爲了消弭這類對話而設計的。現在當員工遇到問題，就登記一張「問題票證」，幾小時後會有另一個不知名的員工以電郵回覆。對話被消除了。但是，薩克斯表示：「你可以說問題的情節，還有工作社群」也都沒了，因爲誰也不知道還有誰在做同樣工作。也沒有人會費心訓練新進人員，因爲這個系統讓他們毫無功勞可言。

最重要的是自動化過程花的時間更多，而非更少。解決之道就是重建昔日那種非正式的社會網絡來解決問題。其中一個動作是把業務和工程師安排在同一個辦公室，工會成員與管理階層一塊做事，一開始必定互看不順眼。依照傳統的階級觀念，雙方最終仍會隔室而處，但至少已經夠接近，可以彼此呼喊了。

如此他們便更容易協調工作細節，也有助於他們的團結。此外公司還聘請一名「技術協調人」，以確定你找來解決某一特定問題的同事是正確人選。忿忿不平的員工又重新有了清楚的目標與團隊認同感，而顧客也在下訂單三天後便收到T1線路了。

將胖媽媽丟向火車？

認識一同工作的人眞的有差別嗎？比方說，如果因爲工作性質之故，聯繫時間十分短暫（就像你乘著降落傘快速通過一樣），還值得多此一舉嗎？即使大家湊在一起完全是權宜之計，我們還會建立社會連結嗎？

或許我們應該改用讓管理人一目了然的說法。在普林斯頓大學的大腦、心智與行為研究中心，神經科學家們很喜歡讓測試對象做所謂的「電車難題」選擇。其中一個版本是有輛電車失控，如果繼續往前跑會撞死五人，但如果你趕緊扳動前面的轉轍器，電車便會駛上另一條軌道，只撞死一人。你會去扳嗎？大多數測試對象都是想也不想就答會。

但這次假設你站在軌道上方的天橋。軌道上沒有轉轍器，只有五個人站在前面，除非你能讓失控電車停下來，否則他們便死定了。在你身旁有個極為壯碩的人，光是龐大的體積便足以使電車停止，拯救五條無辜的人命。但顯然她不會如此慷慨就義，那麼你會去推她嗎？幾乎所有測試對象都立刻回答不會。

哲學家總是認定我們以理智的思考作這類道德判斷。但照理智看來，兩個情形的結果大同小異：都是犧牲一人拯救五人，那有何差別？

普林斯頓的神經科學家使用核磁共振攝影，研究測試對象在回應兩種狀況的選擇時大腦的活動情形。如果受害者只是某處軌道上的統計數據——如第一個狀況——與社會智力及情緒相關的大腦區塊維持平靜，我們似乎能理智地看待問題。但涉及個人後，便加入了情緒因素。在天橋的狀況下，同樣的大腦區塊（後扣帶腦回、顳上溝與中額回）便活躍許多。主導的科學家喬許・葛林（Josh Greene）推測，我們長期演化成小社群的結果讓我們天生「感興趣的是與我們有個別互動的人，而不是統計資料。」

為什麼這麼要緊呢？電車難題使得「照面時間」的概念再度變得重要，因為由此可見情緒的關聯是如何影響著我們工作上的各個層面。葛林說，若有礦工被困在礦坑內，採礦公司「可能會花數百萬將他救出」。但同一公司對於事先花點小錢作簡單的防護措施以避免意外發生，卻可能猶豫不決。教訓就是：無論你想做什麼，都要擺張臉上去。

不僅如此，你還應該常在辦公室露臉。你應該聊聊天（但不是閒晃）。你應該建立脈絡（但不要太刻意）。你應該小心，不要對自己的電子通勤過於自滿。由NYNEX的例子可知，建立個人聯繫是完成工作較好的方法。而且一旦到了扣減預算、裁員三百人或外移更多工程師的時候，你將不會只是某處軌道上的統計數字，你將是決策者必須以血腥雙手推下天橋的一張臉。

可是天啊，我們又要再度談論合作行為了。

虛擬的蜜月

除了安排近距離工作以增加照面時間外，維持小團隊的規模似乎也能獲得最佳成效。向來以研究團隊為主的心理學家兼諮詢顧問李察・哈克曼（Richard Hackman）有個「經驗法則，我會要求哈佛課堂上的學生分組時，確實遵守『一組不超過六人』的規定。」多出一兩個人或許看似無關緊要，但每多一人便會大幅增加一對一的關係數，我們情感與理智上的注意力也必須增加。「即使六人小組也有十五對的組合，」哈克曼說：「七人小組卻有二十一對組合，兩個小組運作的效率高低有顯著差異。」

當小組增加到二十人時，利物浦大學人類學家丹巴爾指出：「我必須掌握自己與其他組員間的十九組關係，以及其他十九人之間一百七十一組的關係。」眞是令人心驚。丹巴爾以解剖學觀點所推得的理想小組規模和哈克曼想法一致。他發現說者與聽者間的距離愈大，話語辨識程度會以一定速率降低。也就是說，「在最低噪音的情況下，有大約五呎的絕對限制，超過五呎，聽者便聽不到足夠的說話內容……即使以最小的六吋距離肩並肩圍坐，欲使每個人都能聽到說話內容，圓圈也必須以直徑五呎爲上限，人數約爲七人。」（那名主管以爲圓形會議桌主要是讓大家看見獵物宰殺過程，但會不會也是爲了聽見肌肉撕裂的聲音？）其他研究也多半顯示最理想的團隊規模爲六至八人，其中也包括董事會在內。

那麼爲什麼工作團隊的規模經常膨脹許多？據哈克曼說，這不是爲了讓團隊更有效率，而是要分散責任（亦即罪責），或是不遺漏任何擁護者的政治正確的做法。他警告說，類似團隊的「最後結果通常連最基本的要求都無法達到，更遑論有任何創意。」但管理階層多半膽怯，較大的團隊隨處可見。因此大家心裡不時會浮現「你到底是誰？」這個問題，只不過通常不會說出來，而是禮貌性地佯裝熟悉。

在動物世界中，不相識的個體首次碰面多半情勢緊張。根據傳統想法，壓力荷爾蒙皮質醇濃度會驟增，陌生人便利用拳頭建立社會階級制度。但最近有些生物學家提出另一種詮釋，猿與猴會刻意盡量減少首次碰面的衝突。牠們會避免大動作與大聲量，攻擊動作也大多儀式化。「事實上，第一次會面顯然很少發生激烈打鬥，競爭的序曲鮮少獲得相同回應。」加州大學戴維斯分校靈長類學者莎莉・門多薩（Sally P. Mendoza）如是說。研究南美一種高度社會性物種松鼠猴時，門多薩發現雌性首次相聚，有時皮質醇濃度反而降低，這個情形可能「隨著新隊群的組成持續數月」。她論證不同物種有不同的規則、習慣或甚至生理適應，來促進社群的形成，並在區別社會角色時緩和緊張情勢。

如果這個詮釋正確，那麼人類群體成員會坐下來輕聲細語、彼此順從的「蜜月期」，便是靈長類的基本行爲。聰明的管理者應該設法促成自然的熟悉過程。重點不一定是延長蜜月期，而是幫助員工迅速度過蜜月期，以免每次集會都像第一次一樣充滿試探。團隊愈快達到信任與舒服的階段，便能愈快開始著手解決眞正議題。

舉例來說，想幫助員工在形形色色、面容快速變化的同事群中找到自己的位置，可重寫的名牌應該是每間會議室的必備物品，即使只寫上「湯姆——資料處理」也好。這似乎有些取巧，但介紹的方法也能有所幫助，例如走到每人面前，請他們用一句話描述自己事業或個人的成功經驗。

這種簡化的技巧有時就連視訊會議也能派上用場。南加大商學教授安・馬吉札克（Ann Majchrzak）便對這樣的團隊進行調查。她的報告指出聯合利華南美區團隊的成員分散在五個國家，上午開通信會議時，他們的確會很快地以麥爾斯—布利格司的性格特質自我介紹：「我是艾斯特凡，大家都知道我的個性是會把想法說出來。」

這好像比取巧還糟。將五個差異頗大的拉丁國家的人，依據賓州一個無聊的家庭主婦伊莎貝・麥爾斯（原姓氏布利格司）發明的性格測驗加以分類，可能令人感到非常不安，至少會覺得怪異。但人人都渴望在社會上有個立足點，麥爾斯—布利格司顯然是個起點。群體結合之後甚至發展出自己的語言 Portuñol——部分葡萄牙語部分西班牙語——來完成業務。

據馬吉札克說，殼牌化學公司有個財務團隊建立了內部網路的「小組室」，將組員的照片排成時鐘的樣子。組員辦公時隨時將小組室視窗開著，發言者可以如此自我介紹：「十點鐘的凱特」或「三點鐘的伊布拉辛」。小組室裡也提供工作資料與過去的會議記錄。組員還可以貼上個人資料，如特殊成就、專長與興趣，讓他們有機會充實一下自己的側寫。（但要小心！你可能一不留神就給了太多訊息，如前帝傑投資專員羅夫所坦承：「我夢見一位主管穿著黑色緊身連身皮衣，用一條糖果做成的鞭子在抽打我。」）

在虛擬的宇宙中加上橫跨二十四個時區，電話似乎顯得落後了，但電話溝通仍是拉進組員距離的基本要件。聲調所傳達的細微差異與情感，可能是其他任何方式所不能及。透過電話當然能聽到確實的話語，但更重要的是能聽到話語間的空檔。你很快就能分辨出對方的熱情是眞實或只是虛應敷衍。

面對面的社交——早上一起喝咖啡、吃貝果，下班後一起喝啤酒——仍是誘使人在後續計畫中繼續合作的最佳方式之一，但在現代社會卻經常難以實現。馬吉札克的研究中描述某化學加工公司有個異常龐大的團隊，四十名專家分散世界各地。當團隊在成員從未眞正碰面的情況下，達成每年爲公司節省兩百多萬的目標時，領導人舉辦了慶祝視訊會議，並送蛋糕到各個據點。慶祝會是虛擬的，但至少蛋糕是眞的。

群體

無論有沒有發起人，同事之間都自然會拉黨結派，可能依部門或專業，可能依族群或性別，也可能依休閒興趣，如射飛盤或參加合唱團。我們會和想法類似、地位相當、薪水接近的人結黨。聯合與我們類似的人——即使只是表面上——排擠局外人，這是重建部落氏族或黑猩猩隊群那種緊密的社會網絡一個快速而粗糙的工具，也是我們爲發展信任、合作與互惠做好準備的一個方式。

人們通常用來幫助同一群體成員的慣例之一，便是將彼此間明顯的障礙物減到最低或移除，藉此表達我們同舟共濟、站在同一線上的感情。例如ＩＢＭ最初規定員工穿白襯衫，就是爲了讓保守的白領顧客感覺較舒適。後來因爲穿著隨性的顧客認爲太古板、過氣，也就廢除了。

在可口可樂也一樣，員工恪遵公司的老格言團結在一起：「如果裝瓶商開凱迪拉克，你們就開別克。如果裝瓶商開別克，你們就開福特。如果裝瓶商開福特，你們就走路。」執行長史蒂夫・海耶（Steve Heyer）之所以在可口可樂一敗塗地，有一部分是因爲他迎面衝撞這個含蓄的文化。進入公司後，他不僅搬到高級住宅區，還在可樂之神羅伯特・伍德羅夫（Robert Woodruff）曾住過的街上買了一棟房子。而且他開賓士車。

穿著與言談相似能夠製造一種凝聚感。有時候相似來自某個儀式性時刻，例如當體育隊員全部理光頭站在一起，如同撞球檯上的撞球。通常這種密碼是慢慢地，而且似乎是不知不覺地發展而成，就像夫妻最後會長得像對方，或是像家裡養的狗，任誰也始料未及。

舉例來說，安隆的交易大廳便是這麼一群精英的棲地。交易員都是「陰晴不定、不能受干擾且彼此緊密相連。」在公司瓦解前不久也是其中一員的布萊恩・克魯佛（Brian Cruver）說：「安隆交易員讓我第一個注意到的是每個人都長得很像。山羊鬍十分普遍，此外他們都保持乾乾淨淨但偏戶外型的外貌。如果沒有每天穿某種藍色襯衫，就好像不屬於這個團隊。」

第一天上班時，克魯佛發現自己被十來個穿著相同藍襯衫的交易員所包圍，他不僅注意到組員們下意識遵循的文化，還失策地大聲說了出來。「什麼時候發下來的？」他問藍襯衫人。

誰也沒有笑。

群體也經常發展出自己的暗語或語言（如 Portuñol）。這多半是實用的工具，充滿了和當下問題有關的專業術語。但也能用來辨識組員，擁抱自己人的同時排擠外來者。例如，當程式設計師伍曼說男人的做愛技巧讓她覺得「像個退出次常式（user-exit subroutine）」，就是鄭重宣告自己職業身分的方式之一。非專業的局外人可能根本聽不懂，只能憑直覺猜到她指的是做愛技巧差勁。

安隆交易員也有他們自己的術語。「一元」代表一百萬，「吐」表示認賠賣出。猥褻的言語則是會員的標誌。當害羞的年輕專員向安隆副總裁薛倫・瓦金斯（Sherron Watkins）抱怨，他「從未在商業會議上聽人用過『肏』這個字眼。」瓦金斯冷冷地建議他去參觀一下交易大廳，「也就是說：『我屬於這裡——你呢？』」

「最重要的是內部笑話，」克魯佛在安隆回憶錄《解剖貪婪》（*Anatomy of Greed*）中寫道：「笑話會擴大、變化、存活多年。」克魯佛最後明白了，要成爲文化中的一分子不是去評論它而是要順應它：「如果你聽不懂笑話，也要付諸一笑，只有這樣下次才可能再『受邀』聽笑話。」

公司最終走向毀滅，當然是因爲幾乎每個成員都樂意認同群體、配合玩笑。至今這依然提醒著世人，放低身段認同群體的衝動是何等強大，偶爾又是何等危險的力量。

一家親

親戚關係是在群體中建立親密感的傳統方式。攀親帶故在靈長類是很自然的現象。和人類世界的梅鐸家族、安涅利家族與豐田家族一樣，猴與猿也會偏袒。在許多物種中，若有出身低賤的成員威脅到高層家族的子孫，母親與祖母便會出面保護。玩耍時她們也會干涉，好讓獼猴小少爺和長尾猴小少爺隨心所欲。奇怪的是就連次等的雌性也會額外幫助天生強勢的幼兒。這些代理阿姨在維護傳統秩序的穩定之餘，顯然可以獲得既定利益。

新的一代就在打敗家族下屬的習慣中安然成長，權勢地位也因此代代相傳。於是，獼猴、狒狒、長尾猴等物種全都有——套生物學家的說法——「像企業單位般營運的」家族王朝。這些王朝似乎完全奠基於家族勢力，而非實力——甚至不是猴子眼中的實力：尖牙較大或性情較粗暴。

攀親帶故演化成一種自然行爲，部分是因爲這是任何群體建立信任與合作的捷徑。在與自己相似的人群中我們會比較舒坦，而還有誰比近親更像我們？正因如此，年輕的表兄弟姊妹一聚在一起，立刻會產生親密感。

誠如親屬選擇理論所言，近親的成功與我們也有生物學上的利害關係。我們與兄弟姊妹和孩子有半數基因相同，與姪兒（女）和外甥（女）有四分之一相同，與表（堂）兄弟姊妹有八分之一相同。無論就長期的演化，或是立即的短期效果（因爲他們也有同樣動機予以回報），幫助他們就相當於幫助自己。

例如，在中西部一家工具機公司，創辦人的第二任妻子身爲董事，第一任妻子生的兩個兒子分別擔任研發與生產的副董事長，公司董事長是他的姪子，齒輪部門由女婿負責。這裙帶關係還不僅止於管理階層。公司有條不成文的政策，可優先聘用現任員工的家屬。絕大多數的女性員工都是原有的男員工的妻子或前妻。「所有的小公司都是這樣經營的。」一名家族成員說。

關於家人是否是建立事業的安全基礎，專家意見不一。招攬親屬可以建立信任與合作，卻也可能使遭到不公平排擠的非親屬士氣低落。當家族利用一股多投票權或其他方式控制公司並獲取不當利益，尤其容易招怨，就像魯伯特・梅鐸僅擁有梅鐸集團百分之三十的股份，卻能讓兒子拉克蘭（現年三十三歲）掌管《紐約郵報》，詹姆斯（三十一歲）掌管英國天空廣播公司。

《財務期刊》（*Journal of Finance*）中最近一項研究發現，家族管控的公開發行公司市場表現明顯比非家族企業更好。根據推斷，家族企業成員信任度、合作度與個人投資都較高，因此表現較好。但哈佛商學院有一份較新的報告，將先前針對家庭企業的分析又細分爲兩類，一是創辦人仍是總裁，一是已由晚輩接任總裁。如一般所料，創辦人領導的公司比非家庭企業更能創造市場價值，但哈佛的分析發現後代卻會「損毀價值」，尤其是第二代。

關於創辦家族世代掌控一個企業，除了財務上的結果之外，是否還有任何科學論據？當創辦人決定將公司交給下一代，就等於認定他們也繼承了他的商才。也許是吧，但也很可能無關遺傳。

即使在動物身上，攀親帶故似乎也是後天重於先天。例如狗繼承了神經與嗅覺技能而善於嗅物。狗主人一再施行選擇性繁殖，利用遺傳來加強德國牧羊犬等品種的此一特徵。也難怪小德國牧羊犬若由受過毒品偵測訓練的母犬養育，有八成五會顯現毒品偵測的天賦。

出人意料的是同樣的幼犬若由未受過訓練的母犬養育，只有一成九會顯現此天賦。也就是說即使狗可能有家族遺傳的傾向，卻也得跟著媽媽、張大眼睛（或者應該說鼻孔）才能學習到這項家族專長。俄亥俄州威明頓學院心理學家威廉・海爾頓（William S. Helton）認爲，後天培養的重要性獲得證明後，「或許能讓人更了解人類家族展現共同專長的現象，例如巴哈家族的音樂技能，或白努力家族的數學技能。」

與狗相提並論其實並不如憤怒的巴哈迷所想像那麼牽強。許多創立偉大王朝的人類家族婚配也和狗的育種一樣，始終是刻意實行選擇性繁殖。家長總會想方設法讓門當戶對的下一代結合。例如高盛（Goldman Sachs）投資公司早期數十年間，創辦家族之間屢屢聯姻。另一個合作的案例：福特汽車現任執行長不僅是福特汽車創辦人亨利・福特的曾孫，也是費爾斯通（Firestone）輪胎公司創辦人哈維・費爾斯通的曾孫。

還有一點和狗的育種一樣，有些創始家族甚至透過世世代代、四等與六等親間的近親通婚，企圖濃縮他們寶貴的精華。長期在金融界有輝煌成績的羅特希爾德（Rothschild）家族與杜邦（du Pont）家族，便是顯著的例子。表親通婚以及事業與家族利益緊密交織的情形，從北非到中亞地區仍相當普遍。

專家怎麼想或許並不那麼重要。攀親帶故只是一般人都幾乎自動會做的事，這是人性。最近一項研究發現，史坦普五〇〇指數（S&P 500）公司中有三分之一，創辦家族成員仍扮演重要角色。另一項針對東亞三千家企業所作的研究，也發現其中有三分之二由家族或個人掌控。而某些家族公司創下的穩定與長壽紀錄，其實也令人難以辯駁。例如全世界最古老的旅館日本栗津的法師旅館創立於七一七年，至今已將近一千三百年，卻仍由創辦家族繼續營運。

我在這裡做什麼？

在緊密聯繫的小群體中最能出自本能地展現強烈歸屬感。不過在公司裡，也可能獲致一種團體認同感。儘管全球經濟品質下降，你的位子以及你接任者的位子隨時可能被願意接受更低工資的第三世界勞工所取代，但由於人類的社會與情感天性太明顯，因此公司文化還是能令人產生動力。

爲什麼還有人願意爲這種雇主賣命？

純粹作爲討論議題：假設某公司認爲再也無法滿足員工的基本生存需求。馬斯洛滾一邊去吧。如今是山姆·沃爾頓（Sam Walton）說了算，而沃爾瑪能滿足購物者價格需求的唯一方法，就是將生產外移到某個窮鄉僻壤。即使如此，勞工仍無法獲得足夠的工資養家活口。

照理說這樣的公司應該也會忽視員工的社會需求，對吧？勞資關係純粹是現金交易，雙方都沒有承諾。若是期望勞工忠誠，未免太不合理，不是嗎？但我曾在距離美墨邊界十五分鐘車程的華瑞茲城，遇見住在髒亂簡陋紙板屋內的車廠員工，他們卻仍能認同自己的工作。主要是認同一起工作的同事，但對公司也有一絲的自豪。

任何公司只要自問該如何滿足這些社會渴求，而不是予以忽視或企圖壓制，便能有更好的表現。有一明顯的做法就是讓員工與公司文化休戚相關。就最低限度而言，簡單介紹組織的目標與價值能幫助新員工在單純的工作技巧之外，獲得重要的目標與認同感。這些價值應該包含在不久的未來——最好在開始挨餓之前——便能滿足員工的基本生存需求。但即使在這段時間內，公司文化也給了員工某種可以依附的東西——不完全像家庭，比較像是古老部落文化的迴響。

即便是工資過低的勞工也想成爲團體的一分子，這點非常自然。在自然界，離開出生時的隊群、試圖加入新隊群的狐獴、野狗或狒狒，經常要忍受數個月的不安定與虐待。牠在地盤邊界遊蕩，希望在大夥都吃飽後撿些剩餘食物。牠會被找麻煩、大聲咆哮，卻仍甘心守著這個隊群。或許牠逐漸被隊群同化，也或許隊群成員已經習慣牠的存在，最後終於接納牠成爲隊群一員。

許多物種的個體即使被接納之後，仍無法享有交配特權，多年內都維持在生殖力不成熟的狀態。(有點像是無法生育的年輕勞工。) 但忍受這一切都是值得的，因爲加入隊群能受到庇護免遭獵殺，偶爾有剩餘食物可吃，有社交的安慰，有屬於較大組織的滿足感，而且即使是最低下的新成員也可能有朝一日爬上高位，徹底享受權力的利益。

以上這些都不足以成爲虐待人類勞工的正當理由，但至少值得我們注意的是，公司文化與自然界的文化何其相似。例如，螞蟻知道自己群體的氣味，也藉此辨識其他螞蟻。黑猩猩群隊控制著個體的生死。狼與隊群齊奔——不是任何隊群，而是自己所屬的隊群。鯨魚群與鳴鳥群都有供辨識的方言，成長過程中學會之後，一生中可能還會不斷轉變。這和成爲LG、賽諾菲安萬特藥廠（Sanofi-Aventis）或豐田汽車文化的一分子，倒也無太大不同。

唱公司歌

對社會動物而言，單純只是某物種的成員似乎是不夠的。正確的歌聲、氣味或方言——或是商界中正確的專業術語——可以用來辨識同一社群的個體，而這個入夥權對於個體存亡可能有莫大影響。以抹香鯨爲例，以脈衝訊號回應社群特有的脈衝訊號密碼（coda），似乎會影響到攝食的成功與否。年輕的雄性牛鸝最初只是隨意啼鳴，但當雄鳥唱出某地「方言」，雌鳥便會以「求偶誇示」回應，這種正面強化的形式可誘使雄鳥的學習明顯加速。而雄性山白冠麻雀鳴唱當地「方言」，可有更多交配機會與更多子嗣。

那我們呢？松下有一首公司歌，日本員工天天得唱。對他們性生活的影響嘛……不詳。但找出文化成員的標記是標準的人類行爲，然後依此標記或是謹慎迴避，或是在新尋得的親密關係中如沐春風。(「我們全都要催產素，謝謝。」)

聖荷西州立大學人類學家珍・英格利希魯威克（Jan English-Lueck）研究矽谷野人的人種學，已經超過十年。她說，當科技業中兩個陌生人各帶著孩子在當地公園相遇，就好像「一名吐瓦雷族戰士帶領部眾奔馳過北非的西撒哈拉沙漠，」遇見了一名陌生人。他是信仰的夥伴嗎？說不定還是遠親？或者他「可能在夜裡割斷他們的喉嚨〔？〕……矽谷這兩名陌生人也同樣交換著看似閒聊的談話，其實是想找出他們經歷中共同的雇主，或者共通的專業。」

員工融入公司文化的價值必須顯而易見：有共同的信念與價值觀時，工作會協調得更好，比較有目標，忠誠度與約束力也會比較大。然而不少組織卻未能幫助員工找到融入文化的方法。或許是因爲實在太明顯，也或許雇主認爲這對於盈利似乎並無直接助益，等於是浪費時間。他們常常根本弄不清自己的文化。「文化隱藏的部分比顯露的多，」人類學家霍爾曾說：「奇怪的是，最難以發現它所隱藏的部分的，正是身處其中的人。」

無論原因爲何，大多數雇主在溝通公司文化方面都做得很差。有位行政主管在一家有文化意識的科技公司待了許久，這裡所有的管理者都透過相同的方法與語言加以適當訓練，因此他們能夠彼此溝通，也能了解他們的世界裡的成功要素。後來他換工作，到一間世界著名大學任職，該校三百年的文化就和牆上的長春藤以及每天傍晚從鐘樓傳來的樂聲一樣豐富。但這名主管如此形容他報到的情形：「他們告訴我辦公室在哪裡，我得自己去找。」他花了幾年才學會校內的語言，也才開始了解學校文化，如果他能早點進入狀況，這些年的產能應該能提高許多。

文化賞鳥

你可以隨便到哪個組織、隨便問哪個人，我敢打賭大多數員工都搞不清楚公司的基本目標，也不知道身爲公司一分子有何好處。「我只是個總機小姐。」他們會聳聳肩說，或者「我只是在這裡工作。」要是能問問你自己公司裡的同事，就更好了。現在就做。他們會一臉疑惑，以爲你瘋了。但他們可能也會承認從來沒有強烈的歸屬感，因爲根本沒有人告訴他們應該要屬於什麼。

這些都理應涵蓋在公司宗旨裡面。但作家理查・伍爾曼（Richard Saul Wurman）曾針對三十六家公司作過非正式調查，他打電話過去直接便問接電話的人公司的宗旨爲何。其中只有五人能做到，而且不到半數的人能說出找誰可以取得相關資料。伍爾曼得到的回答有：「我想電腦上應該有，但一時找不到。」和「什麼叫做宗旨。」

有了網路之後，想知道公司的宗旨更爲容易了。但在許多公司的網站上，要不是找不到就是得按好幾次滑鼠才能找到。找到之後，卻又經常乏味到毫無意義，有一家還大膽宣稱：「本公司秉持著對人類價值的最高敬意，保證透過創新、經濟之法，日復一日傾注心力，提供顧客最完善的服務。」

這家印度重要的ＩＴ委外服務公司 Wipro 顯然認爲「傾注心力」是他們最與眾不同之處。也許是吧。但是，如果能解釋一下他們傾注了哪些心力豈不更好？（而且還「日復一日」？在宏偉的願景中特別提出麻木重複的工作特性，這是明智之舉嗎？）

無論如何，書面宗旨的說服力仍比不上面對面的經驗。安隆開宗明義地將「尊重（Respect）、整合（Integrity）、溝通（Communication）與卓越（Excellence）」列爲公司宗旨，高階主管更爭相發送印有「ＲＩＣＥ」縮寫的Ｔ恤。但不久同一批主管便以身作則，讓新進同事知道他們眞正的使命其實是開開心心地偷老奶奶的錢。

有些公司可能規模太大，員工無法與較大的企業文化產生情感聯繫。像沃爾瑪就得設法與全世界一百四十萬名員工溝通公司的大目標。由於很快便有將近半數員工離職（或許公司的大目標忽視了員工本身的成長），第二年又得與六十萬名新員工重新溝通。以類似的規模，公司文化很容易便會失控。眞正信奉公司文化的沃爾瑪員工可能會自認爲是世人的減價者，可能靠著爲消費者提供低價品的信仰生活、呼吸。但某前執行長最近卻承認，在大眾眼中沃爾瑪已經從深獲人心的犧牲者變成不可一世的勝利者。

經濟週期與正常的公司成長模式也可能破壞公司文化。捷藍航空仍有年輕的時尚感。但在一度傲視群倫的美國航空，乘客顯然已經成爲累贅。最近有位悶悶不樂的空服員向《紐約時報》透露，他們私下有句口號：「搭不起公車就找我們。」她又說：「乘客不會抱怨捷藍、西南或其他的空中沃爾瑪，因爲他們知道本來就是陽春服務。搭乘大型客機的乘客仍然以爲還能有撲克牌、雜誌、花生、餐點，以及漂亮的空中小姐供其使喚。再也沒有了。」

這個文化似乎是對我們說（如果我們安安靜靜地爬上前去，就像受到純潔蟻鳥的美妙對鳴所吸引的自然學家一般）：「坐下。閉嘴。把錢拿來，但別奢望我們就會以禮相待。」

賞鳥的隱喻也許比表面上看起來更有用。如果顧客、合夥人與未來的員工都能在受困之前偵測出公司的文化，結果將會更好。可是公司行號總是刻意極力展現快樂大家族的面貌。例如，某人前往加州一家科技公司應徵總裁助理時，特別問到公司的文化。人事部的資深副總裁卻對她說：「喔，我們沒有什麼公司文化。我們只在乎完成工作。」

助理接下工作後才發現那其實是個警訊，卻已太遲。原來這家公司的文化是「非常難纏、非常陰險、非常僞君子」。要是她能事先花點時間觀察公司的文化，也就不必痛苦地工作三年。做法其實很簡單，就像在一旁窺視動物的行爲——此例中，則是窺視員工在員工餐廳的舉動，或是他們上班時的樣子。辦公室的門是開還是關？走廊上與公共空間是否生氣蓬勃，或者大家都目光閃爍疾步而行？同事會隔著隔板聊天或是個個埋頭苦幹？

客服顧問理查·蓋勒格（Richard Gallagher）曾誤向一家「服務態度始終堅持頂多敷衍了事」

的電腦公司買手提電腦。有一回開車到西岸，蓋勒格發現該電腦公司和他的一家客戶共用停車場。「第二天，我特地一大早前去躲在窗邊，坐等著看兩家公司員工上班的情形。我那家客戶的員工抬頭挺胸，在停車場與人揮手招呼，大家有說有笑地進辦公室。而另一家公司的員工則靜靜地拖著步伐，許多人都拱著肩膀，眼睛盯著地面，彷彿要被送進監獄的囚犯。」

當群體相遇

你觀察的時間愈久，公司文化自然就愈複雜。通常並無單一的公司文化，可能有一部分熱鬧得像交配季節的鴨塘，而走廊另一端卻像冬天的陵墓。

不同的文化偶爾也可能互相牴觸，或是互補，或是融合後改頭換面。認清這些對立的文化，找出如何相安無事之法，這是每個人求生存的基本挑戰。如果熟知文化，在對的時機說對的話，也許就能爭取到你覬覦已久的主要產品商。若說錯話，你申請的一千萬預算可能從此不見天日，你個人甚至可能被炒魷魚。文化直接換算成現金成果，清楚明白。

例如，公司管理者崇高或強有力的社會關係，對公司業務或許看似幫助不大。這些關係也許從未影響過財務報告，但在特定範圍的商界卻可能眾所週知。一九九三年一項研究便發現，在企業併購的爭奪戰中，卓越的文化地位象徵能夠提供保護，地位高的公司比較可能戰勝地位低的目標，倘若它本身成了併購標的，也比較可能爭取到高價。一項針對澳洲航空合併案的研究發現，地位較低的公司的員工也承受較多合併後的負面影響。

當這類公司合併後發出文化撞擊的巨響，其實多半是雙方高層系統求生作戰的聲音放大的結果。就好像兩個部落的酋長與勇士互相碰上了。例如一九八〇年代中，通用以二十五億美元買下裴洛的ＥＤＳ，通用總裁史密斯卻發現有一名新任下屬竟然賺得比他多，如此違反階級禮數令人難以忍受。

這種衝擊循階而下不斷重複，可能需要多年才能解決，而解決的方法有時十分冷酷而瘋狂。例如電腦時代來臨前，紐澤西州有兩家報社合併。較小報社的總編輯被貶爲新組織的地區編輯，而他對成爲新任總編輯的對手深感憤恨。兩人坐在開放的編輯室中，距離僅二十呎。

地區編輯總會事先知道記者即將以電傳打字送來什麼新聞，而他人生最大的樂趣就是將一則大新聞保留到截稿前五分鐘，總編已經辛苦編排好頭版的時候。然後他便以長剪刀夾起電傳打字稿——大約三呎長的黃色紙帶——拿去攤在總編的桌上。

「派特森剛剛送來的。」他會這麼說，頭斜偏四十五度，Pall Mall菸的煙霧飄入他的左眼，遞出的剪刀有如利劍。這儼然是一場儀式化的攻擊，編輯室全體人員無不興味盎然地冷眼旁觀。

「不過可能要放頭版。」他會說，然後露出微笑。

只可惜地區編輯手下的記者知道自己的未來繫於總編輯身上。於是不久後，他們學會只要採訪到可能放頭版的新聞，便事先偷偷提醒總編輯，這麼一點合縱連橫的小手段，隨便一隻黑猩猩都懂。因此早已將頭版準備好的總編輯，從不理會指向他喉頭的剪刀，但仍謹愼地維持禮貌。

「非常謝謝你，艾爾。」他會說。

他們

假如對群體的認同感與強烈的聯繫感是正常的靈長類行爲，那麼反過來說，我們也會將所有不屬於「我們」的人視爲「他們」。明白這點的企業領導人都會將炮火對準某個敵人，或在必要時捏造一個，以便讓員工團結一致不再互咬。例如葛斯納試圖將志得意滿的ＩＢＭ震醒時，便以三名主要對手「強奪」市場的方法爲例，極力想燃起員工的怒火：「這個競爭的焦點必須放在直覺，而非理智。我們必須從心出發，而非從大腦。他們進入我們的家，拿走我們孩子和孫子的大學學費。這就是他們的所作所爲。」

以孫子的大學學費爲藉口也許稍嫌薄弱了些。但葛斯納顯然是企圖誘發古代對立部落間的威脅感與敵意。

即使在同一家公司，也經常分成多個內部群體，鼓動成員對主流文化產生偏見。當公司自覺規模擴大後停滯不前，爲了重拾年輕活力，經常會組成獨立的「臭鼬小組」，肩負起破除傳統的大任。例如蘋果便是藉此創出了Macintosh，這個小團體的成員個個是頂尖精英，甚至不肯讓Apple II那些付他們薪水卻遊手好閒的人進他們的大樓。

昇陽電腦也有類似的臭鼬小組，某昔日成員回憶道：「高層吩咐我們不能向任何人透露我們在做的事，也包括其他昇陽員工在內。公司有些座談會，員工可以去參加，分享工作經驗。我也能去，但不能說話。神祕感就出現了。帶領臭鼬小組的人並不十分成熟。他們說這麼做是爲了防止企業抗體的攻擊，但我懷疑其中多少有一點『我知道你們不知道的祕密……』的成分在。」另一方面，他們確實知道一些祕密，像是該團隊所研發出來、爲公司贏得巨大利潤的Java程式語言。

「我們／他們」的想法絕對自然，但並不代表絕對健康，也不一定是企業領導人用來創造文化最聰明的方法。哈佛靈長類學家藍翰認爲他所謂的「內部群體／外部群體偏見」，是從我們某個兇殘的、像猩猩般、拉幫結派的祖先所遺傳下來的黑暗面。他寫道，這種偏見可能多半是「愚蠢而殘酷」，但是「在具有悠久的群體相互攻擊歷史的物種中，卻又絕對可以預期。」

藍翰在討論人類暴力起源的論文中提到，我們與內部群體連結，主要是爲了增強實力以便將外部群體打得落花流水。這種話很能迎合較爲冷酷的企業領導人的口味，但卻是個高度可疑的論點。

一個緊密連結的群體作戰時當然會更兇猛。內外群體間的爭執經常一發不可收拾，這也是原因之一。例如在某家工廠，管理者讓兩個班制的員工彼此友善競爭，結果雙方愈來愈對立，最後導致工作不安全。另外在中西部某農業區的一家工廠，新上任的經理則是很不智地挑撥族群對立。

工廠有不少員工都已經待了幾十年，不僅為工廠建立起穩固的聲譽也視工廠為家。這裡一向是由當地技師負責工廠運作，經理主要則是在總部當他們的靠山。但公司特地派這個新經理進行重大改革，一來因為不斷革新是公司的特色，二來是為了符合全球化的新標準。光是這點便已足以引起爭端，不料還有下文。當地社區以白人為主，新任經理卻是個三十五六歲、正快速竄升的非裔美國人。當他開始遇到阻力，竟犯下一個致命的錯誤，求助於最明顯與他同一陣線的人，也就是要求工廠內少數黑人充當眼線。

當公司派顧問前來了解問題時，工廠已經失控。經理堅持己見，黑人員工支持他，白人員工則是一說起來就面紅耳赤。「要不是那個間諜網路，他不會惹出這些麻煩。」顧問說：「不管你是什麼膚色，都不能這樣做。你一旦引進族群元素，就等於埋了炸藥。」顧問向總公司方面作了祕密報告，那個經理隨即被換下來，(也許看在他馭人有術的份上）而改派到人事部，快速竄升的職業生涯至此嘎然而止。

非我族類

內部群體與外部群體不只有鬥爭的傾向，還經常將對方視爲不完整的人類。心理學家所說的「囊化」(encapsulation) 現象，就是指一個群體自我孤立並逐漸發展出共同心態。內部群體的成員會有某些相同的觀點、價值觀、語言與其他標誌。穿著或談吐「不對」的人，可能幾乎形同隱形人。不帶愧疚地將痛苦加諸於這些人身上，會比較容易。例如一九八〇年代末期，通用的市場佔有率迅速下降，總裁史密斯解雇了三萬名生產線勞工，毫無遺憾。

後來有一名副總裁認爲通用的衰退是因爲高層無能，建議裁減兩成高階主管——大約一百個年收入至少十二萬五千美元的人。「史密斯不答應，」多倫・勒凡 (Doron P. Levin) 在他描述那個時代的《難以妥協的歧異》(*Irreconcilable Differences*) 中寫道：「他相信他有能力救起GM，無須大動干戈。」爲什麼史密斯將解雇一百人視爲大動干戈，而不是三萬人？因爲這一百人是「我們」自己人，同在十四樓內部聖地的熟悉面孔。三萬名生產線勞工則顯然是「他們」外人。

我們

由此可知，內部群體／外部群體想法的自然傾向有多危險。然而，我們仍有充分的理由相信，組成內部群體最主要的原因並不是爲了打敗外部群體。之所以這麼做是因爲像我們這種社會動物都需要有歸屬感。人類這個物種的特色在於「必然的相互依賴」，社會心理學家瑪莉蓮‧布魯爾（Marilynn B. Brewer）說，而群居生活象徵著「我們基本的求生策略」。

我們若想長期繁衍，「就必須樂於依賴他人獲得資訊、幫助與共有的資源。」她寫道，我們自己也必須樂於提供資訊、幫助與資源。無論實驗室的實驗或田野研究都顯示，內部群體的主要功能便是建立這種信任與交流的環境。

對外部群體的怨恨幾乎毫不重要。舉例來說，布魯爾針對東非三十個族群進行研究，基於對當地的刻板印象，我們自然會預期高度的種族緊張情勢。她發現測試對象對自己的內部群體多半有較正面的評價，如值得信賴、服從、友善、誠實。但他們對外部群體的觀點也並不因此而悲觀。事實上，有三分之一的群體在某些項目上，給予至少一個外部群體較高評價。她並未發現任何證據證明外部群體總會引發負面態度的傳統觀念。根據其他研究顯示，一般人大多會將資源導向自己的內部群體。但若有機會較直接地傷害外部群體，他們卻會顯得猶豫。

換句話說，P&G員工之所以愛自己的公司不是因爲有機會打敗高露潔。Lands' End的員工想有傑出表現，不是因爲他們對L. L. Bean厭惡到極點。即使摩根銀行的新頭兒對昔日花旗銀行的老闆懷恨在心，我也敢打賭對敵人畫符下蠱的員工不會因而獲得升遷。其實眞正重要的是他們在自己公司內部建立的關係，以及最後共同獲致的結果。

偶爾振奮士氣以對抗主要敵人也許挺有趣的，但也可能很快就變得荒謬。例如在優雅的飲茶世界裡，Celestial Seasonings 花茶公司對對手 R. C. Bigelow 一直深感怨恨。有一度，Celestial Seasonings 的業務將 Bigelow 的小茶包放在小便斗裡，以提醒自己要瞄準目標。有些業務在某接待中心收到木槌與幾罐包裝精美的 Constant Comment —— Bigelow 最著名的產品，他們二話不說便拿起木槌敲扁茶罐。

這樣或許有激勵作用

但遲早至少會有一兩個人四下環顧，暗想：天啊，這眞的是我工作的公司嗎？

一個群體內部的狀況才是眞正讓人想加入的原因。我認識這些人嗎？（或者應該問，我想認識這些人嗎？）他們懂得欣賞我的能力嗎？他們對待我公平嗎？我欣賞他們的能力嗎？我能向他們學習嗎？我有機會往上爬嗎？他們會保護我嗎？我爲他們留心，他們也會爲我留心嗎？

這些在本質上或許看似人類的問題。但追根究底，其實都指向所有社會動物群體唯一共通的因素，那就是：我們夠不夠信任彼此？

十九世紀末期，大平原區的各個牧場和農場都很喜歡掛一幅畫，是波蘭畫家科瓦斯基維魯茲（Alfred von Kowalski-Wierusz）畫的「二月孤狼」。畫中有一隻狼獨自孤立在深夜的積雪山頂，望著底下溫暖的小木屋內爐火熊熊，牠吐出的氣息在嚴寒中形成一縷藍煙。在這前線的圖像中，孤狼象徵著英雄般的獨行俠，始終置身於舒適的文明之外，不願受其繁文縟節束縛。

儘管神話言之鑿鑿，但事實上孤狼卻通常是失敗者。邊界上的人應該心裡有數，因為在他們密集的陷阱、毒害與射殺之下，狼已面臨絕跡。但即使在未受人類迫害的自然界，孤狼也多半是遭放逐。或是隊群其他成員將牠驅離，或是牠無法在階級制度中找到適當的位置，而自行離去。

我們還是可以將孤狼視爲英雄，視爲勇敢深入未知領域的先驅。但如果在這裡沒有找到隊群或自組隊群，這個英雄可能命不久矣。這不只因爲孤狼錯失了某作家所謂的「狼社群的聊天慰藉」，也因爲牠們無法獵食麋鹿等需要隊群合作才能得手的大獵物。

人類互相依賴的程度並不下於狼群。企業家、通勤族、併購專家、專制老闆——其實就是所有人——偶爾都應該停下來，看看和我們一同工作的人，然後（度過那沉默而絕望的時刻）記取這個教訓：暫時做一隻孤狼無所謂。要是能避開爭吵、嘮叨、無關緊要的頭腦混沌、齜牙咧嘴的醜陋爭鬥場面，確實很好。但野性的呼喚其實是呼喚我們回歸自然社會。呼喚我們回歸隊群、部落、團體。如果我們回應了，可能就會發現自己一生所能獲得的最大快樂，就是與一支好的隊群齊奔。

尾聲　高效猿類的領導術

我們騎著內心的野獸度過一生。你可以打牠，卻無法令牠思考。

——皮蘭德婁

不久前，我偶爾兼職的一家電視製作公司要我到倫敦萊斯特廣場的某公司，幫忙推銷一個紀錄片構想。我們需要七十五萬美元才能開始進行計畫，當時卻只籌到一半。電視臺的委任製作人大多是年輕、膽怯、不敢作承諾。他們隨時都擔心計畫出錯，唯恐因而受監製蔑視。但這次開會我們必須極力爭取到剩餘預算，否則就完了。

委任製作人帶我們進一間小會議室，室內裝飾著形形色色有趣的玩意，展現了該公司頗具創意的本質。其中有隻發條玩具狗在我們之間的桌上大搖大擺地走著，一面汪汪叫一面左顧右盼，似乎興味盎然。我們全都露出會心微笑，分享這必要的童趣時刻。

接著我率先開口說：「如果你們能讓牠撒尿在大家的構想上，牠就能當監製了。」在場每個人都倒抽一口氣。也可以說是嚇得不敢喘氣。這個製作計畫也就這樣泡湯了。所以我得先在此承認，在商場上拿動物做比喻有一定風險，絕對很可能分寸拿捏失當。聽者常將所有動物的譬喻視爲重大侮辱。有時候，mea culpa（是我的錯），那的確是侮辱。

但照鏡子不也一樣？而且有時候坦白承認眼前的事實並不吃虧。（例如，我承認當好人這件事——即使出於策略——仍叫我十分掙扎。）

且舉一個相當受企業人士青睞的動物類比的例子。《紐約時報》的業務部主管「有時碰上特別尖銳的問題，便會互贈布袋小麋鹿。」（引述自《華爾街日報》，可以看出該報對於競爭對手聽從管理大師建議的愚蠢行爲有幾分幸災樂禍。後文還故作憐憫地說，這種玩意讓《時報》「新聞部〔員工〕瑟縮不已」。）

布袋麋鹿的由來是某管理顧問說教時提到了「桌上麋鹿」的故事。但如今亞洲市場如此蓬勃，版本應該改爲「桌上水牛」。這兩個版本很可能都來自於較傳統的「室內大象」的概念，例如戒酒無名會便曾將它納入十二階段計畫的一部分。這幾句話的主旨是說眾人上桌吃飯時，發現桌上有一隻毛茸茸的大野獸，但誰也沒有提起。因爲話題太大太尷尬，他們寧可假裝若無其事，希望它能自動消失。

同樣地，這句話也暗示公司經常迴避麻煩的大議題，不敢大聲討論。（業務經理的手下天天生活在恐懼中，因爲她脾氣暴躁。誰都不想和湯姆共事，因爲他有體臭。採購部門的西爾瑪每到下午兩點過後，總是醉醺醺的。公司沒有方向，因爲八十二歲的創辦人不肯承認自己可能猝死，因此需要一個接班人。）在許多公司，「桌上有隻麋鹿」這句話已成暗號，表示應該停止此刻的話題進入正題。

但無論在哪家公司，容我借用管理顧問的說辭，人性才是桌上眞正的麋鹿。無論我們還有什麼身分，無論我們可能擁有什麼才能，「人類也是動物」這是不爭的事實。說得更精確一點，我們是猿類。

科學作家麥特・雷德利（Matt Ridley）說得好：「黑猩猩有的每根骨頭我都有。黑猩猩大腦中已知的每種化學物質，人類的大腦也都有。沒有任何已知的免疫系統、消化系統、血管系統、淋巴系統或神經系統，是人類有而黑猩猩沒有的，反之亦然。甚至於黑猩猩的每片腦葉我們也都有。」

探索這項關聯進而了解我們與其他靈長類的異同，應該能讓我們更深入生活的每個面相。然而一般人卻堅決抗拒這個觀念。有一次我訪問一名女性關於人類與其他物種的配偶選擇，她頓了一下說：「我想你該不是說人類像動物一樣交配吧。」之後交談中斷了好一會。或許對她而言，結婚是雙胞靈魂的結合，猶如兩道煙柱交纏在一起，背景還有新世紀音樂陪襯。

「動物此舉的天性不正是其一大魅力嗎？」我最後問道，對話也就此草草結束。

承認我們的獸性——例如就性事而言——並不表示排除了愛或理智或甚至靈性。我們絕對能夠同時接受自身的動物特性又感覺到愛，也絕對能夠同時接受自身的動物特性又相信上帝：上帝創造靈長類，上帝覺得很滿意，便又創造出一個支系比其他支系稍微優秀一些，或者你也可以優秀許多。（如果我們非當猿類不可，至少也得是「卓越的」猿類。）

我們甚至能夠在接受自身的動物特性之餘，獲得一種意想不到的性靈慰藉，這主要還得歸功於過去幾十年來，研究人員已經開始對動物的社會生活有了更細緻入微的看法。現在我們知道，在文明的裝飾下，我們人類並不盡然是殺戮猿。我們並非天生註定自私，也並未演化成像芝加哥黑幫那般冷酷。

我們只是社會靈長類動物，不斷地設法和平共處，這份差事可不簡單，因爲我們也和黑猩猩一樣是個好鬥的物種。但由於我們經過長期的合併、合作、妥協與道德演化，因此視自己爲社群一員的歸屬感也可能比我們想像的更容易產生。

那麼假如我們接受這一切，又代表什麼意義呢？了解我們的動物特性之後，我們的行爲應該有何不同？或者套管理學大師的用語，高效猿類有哪些重要策略？

• **想辦法安撫周遭人容易受驚的動物本性**。每個新任務、每張新面孔、每次會議都等於是造訪水洞，每個人內心都在問：我會不會被生吞活剝？聰明的上司會設法向下屬保證他們必能安然離開，也許甚至還能爲他們止渴。不過上司通常都不聰明。

在顧問公司 Booz Allen，有位資深合夥人曾經給一名年輕顧問四天時間，爲花旗準備一個重要報告。「那個顧問一頭栽進一大堆研究當中，」他的同事回憶：「週末泡湯了，原本答應帶孩子去看小聯盟總決賽也食言了。他困在數字堆中，連續四天不眠不休。」

「禮拜一上午，他和資深合夥人前往五十三街總部的董事會議室。資深合夥人手按住門把，臨走進去前用低沉沙啞的聲音對屬下說：『對了，你要是搞砸了，我就割下你的命根子。』說完換上大大的微笑，走進會議室。」

這樣也叫顧問？

就連猴子都知道要讓別人替你賣命，最好的方法就是替他「理毛」，給他安全、舒服與互利的感覺。就連群體動物都知道只要牠們彼此照護，明天也許就不會喪命。

・**你必須自行負擔隨機攻擊行爲的莫大風險**。而且只能用在你永遠不想再共事的人身上。令人難以捉摸也許能將你的損失降到最低，將犧牲者的損失升到最高，迫使他們隨時隨地提高警覺，提防在任何地方都可能發生或根本不會發生的攻擊。正因如此，恐怖主義才會如此有效。但當你利用無法預防的攻擊方式動搖競爭者，對方也可能以牙還牙。總之，無論是對顧客、供應商或雇員都應該完全在預料之中，以促進信任與合作。

・**與群眾合作**。要記住我們是「社會」靈長類動物，只有在群體中才是道地的人類。對大多數人來說，在現代職場根本沒有時間應付太多群體。任何群體成員，你都要給他們三項基本要件：認識彼此的機會、淸楚的目標、工具。這樣就行了，其餘的他們可以自理。

別忘了，群體中的人自然會互相模仿，這是連結的過程中不可或缺的一部分。只要不超過一定程度，也算健康。上司最好能展現開放卻極度果決的個性，給他們一個好的模範。（這種人在企業領導階層和在黑猩猩隊群中同樣罕見，但十分有效。）聰明的管理者還可以引進不同觀點，對抗人類天生集體思考的傾向，如此也有助於保持團隊健康。引進工作風格不同的人或許也能藉由情緒感染，巧妙地改變群體行爲。

・**要有接受階級制度的準備**。若有人說：「這裡完全沒有階級之分。」要識相地帶著恭敬的微笑說：「那眞是太好了。是你的主意嗎？」不過千萬別相信。地位競爭與階級制度是靈長類生活中無可避免的事實。雖然我們心存輕蔑，但這些現象卻也能有效地鼓勵傑出表現以及維護家庭和諧。

在任何情況下，都要知道由誰做主並見機行事。倘若做主的人剛好是你，要記得「餅乾怪獸實驗」，認淸權力可能在不知不覺中扭曲你的看法。還要認淸一點，在大多數情況下，不必要地使用權力是一種軟弱的象徵。

德・瓦爾研究的黑猩猩首領中，有一隻體重中等、全身毛髮直豎，名叫畢永，和網球名將柏格同名。「牠是隻情緒非常高亢又惡劣的雄性，我猜牠在打鬥時耍了卑鄙手段，才能爬上高位。」德・瓦爾說。在群體當中，敵對雄性通常會遵守君子協定，但畢永不然：「牠會攻擊對手的肚子、陰囊、喉嚨等，可能危及生命的部位。」

畢永原本可以極盡下流之能事保住王位，但卻不斷遭受一個旗鼓相當的對手的壓力，這隻雄性名叫蘇哥——蘇格拉底的簡稱——身材更壯碩、社交手腕更好。通常地位低的猩猩會發出噴氣咕嚕聲來承認另一隻猩猩的崇高地位，但畢永的下屬卻時常猶豫著不肯追隨牠。「畢永必須努力爭取牠的噴氣咕嚕聲，」德・瓦爾說：「蘇哥卻得來全不費工夫。」

你寧可當哪種上司呢？

・**分享成功的果實**。傳統的想法認爲要登上高位，就必須當個自私自利的暴君。這是自然法則，至少我們是這麼告訴自己的。但行爲學研究與未經正式公佈的證據顯示，動物世界的首領偶爾也會展現慷慨與體貼的領導風格。

「幾年前，我和我先生到印度訪友時，有隻龐大的雄性恆河獮猴出現在餐廳外面的陽臺。」UCLA研究員雪莉・泰勒（Shelley E. Taylor）寫道：「由於雄性恆河獮猴攻擊性頗強，我們便躲進廚房觀察牠。只見牠一進餐廳便開始尋找食物，瞥見一條切片的長麵包，一手抓起便直奔陽臺，然後爬上樹梢、穿過街道，回到同伴等候的田野。我們看到那群猴子全部坐下，偷麵包的那隻則耐心地打開包裝，一片一片分遞給其他每個成員。身爲雄性首領，牠無疑必須冒此風險，但透過施惠的善舉，牠的領導地位也更形鞏固。」

德・瓦爾描述他的黑猩猩時，也提過類似的行爲：「然而如今強者不再因爲取得了什麼而得勢，而是憑牠們給予了什麼來確立地位。」這點和所謂人類文明社會中，侵吞公司資產、中飽私囊的大主管的所作所爲，當然是恰恰相反。

・**信任，但要檢查數字**。我們想交朋友並影響他人，是天性使然。建立個人聯繫能促進信任與互惠，這是合作中最重要的事。即使公司透過不具人性的網路操作，多少也能慢慢將忠誠觀念灌輸給顧客，使業務蒸蒸日上。

所以要合作。但同時也要提防合作。不妨提醒各位，這個矛盾的動力有很深的自然根源：夜裡，黑猩猩會在樹梢彼此擁抱。日間，牠們會互相理毛。但牠們也會不停地彼此觀察，凡遇到不公平的事便粗聲大吼「哇！」以示抗議。在職場上也是大同小異。你必須建立信任，但有些人接近他人主要是爲了下手方便，這點多少也得提防。你要鼓勵同事與客戶及供應商建立穩固的關係，同時也要留意這些關係可能造成的損失。

偏袒親友是社會靈長類天生會有的風險。華倫・巴菲特（Warren Buffett）曾經巧妙地比喻總裁們將親朋好友拉進董事會，尤其是拉進決定總裁薪水的委員會的作風：「現在的趨勢是讓西班牙長耳獵犬而不是杜賓狗進薪資委員會。」爲了幫助股東發現——比方說——總裁和他女兒負責的公司進行祕密交易，許多國家都規定公司要公佈「關係人交易」或「利益關係人」。美國公開發行公司的相關資料，可上 www.sec.gov 查詢，www.footnoted.org 網站則有助於從曖昧不明的證交會檔案中，發覺內線交易與中飽私囊的情事。該網站也會定期公佈一些刺激的新發現。否則，八卦便是我們最佳的自衛方式。

・**要做正確的事**。道德與公正並不只是在比較進步的商學院所教導的良好觀念，也是我們生物遺傳天性的一部分。黑猩猩和人類一樣，遵循高度發展的社會規條生活。牠們有非常強烈的慾望去懲罰不檢點的個體、去同情遭遇不公的受害者、去建立衝突後的和平，最重要的是牠們會不斷留意如何在社群中維持良好關係。這是道德的根本基礎，可能源自於五百多萬年前，當時仍是黑猩猩與人類的猿類共祖時代。

表現合作、妥協等好的一面，依舊是所有社群中最可能成功的方法，不管是黑猩猩隊群或證券經紀商。使壞，可能暫時看似聰明，但演化造就了人類對騙子的高度警覺，也就是說終究會有人發現你的不良企圖。八卦（與網路）傳言會立刻散佈開來。如果你違背道德規範或有欺騙行爲，這些罪名都將因爲世人的負向偏誤而跟隨你一輩子。

- **要注意非言語的部分**。無論有五萬年或二十五萬年歷史，語言基本上仍是未經適當的β測試便上市的新產品。我們的情緒與神經系統大多早在我們發覺語言的力量之前便已演化，而如今我們的溝通也大多仍屬非言語形式。何況，新舊系統之間有時候也會有相容性的問題。我們嘴巴說一，肢體卻說二。無論是了解他人或了解自己，身體幾乎都是比較可靠的指標。即使前額葉皮質忙著想找好聽的話說（「我覺得和老闆相處愈來愈好了」），身體卻會說出我們眞正的感受（「他眞的恨死我了」）。學著多留意些。

同時還要小心，肢體語言也十分容易操作。例如，大家早就知道說謊的時候要正直視人的眼睛。不過臉部表情，尤其是微表情，比較不像大幅度的肌肉動作那麼容易以意識控制。要學會利用這些表情了解他人的言下之意。

・**衝突可能是健康的**。只要別發生在用餐時。佛羅里達一家小規模的電訊公司創辦人，曾抱怨公司業務部副總裁與執行長經常因雙方交惡而影響工作：「我老是要忙著阻止他們自相殘殺。」他們一個是來自費城、短小的曲棍球員型人物，一個是高大粗壯、「且極爲難纏」的三十多歲女性。他二人的產能都太高，不能解雇。

心理學家薩波斯基的描述中，狒狒也曾在極力追逐瞪羚時發生過類似的不良行爲：

牠們逐漸逼近，瞪羚眼看就死定了。其中一隻心裡卻產生變化……牠對自己說：「我在幹什麼？我一點概念也沒有，卻只是拼命地跑，那傢伙也拼命地緊跟在後，我們大約三個月前才大戰過一回……我最好停下來，趁牠追上我之前給牠來個迎頭痛擊。」於是那隻狒狒突然停住轉身，牠們彼此抱住翻滾在地，就像鬧劇裡的主角，而瞪羚早已不見蹤影，因爲狒狒剛剛解除了抑制。每到緊要關頭牠們總會自己鬧內鬨。

但我們人類不至於如此吧？

我們或許不喜歡緊追在後的傢伙，但多虧有極高度發展的前額葉皮質幫助我們自我克制，薩波斯基說，正是這個大腦區塊「使我們不在婚禮上大聲喧嘩，也不會老實說出對某人廚藝的觀感。」這個區塊讓我們能專注於長期報酬，讓我們能拋棄歧見追求共同目標，也讓我們能忍受遲來的滿足——有時長達數年。

但也不盡然。

那個佛羅里達的總裁試圖與爭吵不休的下屬說理。後來他訴諸於個人羞恥心，寫信到諮詢專欄詢問該如何處理類似問題，然後將公開信丟到相關雙方的桌上，並下令他們找出解決之道。有一陣子，他們規矩了些。但後來有一天，一個冷笑、一個瞪眼或一句詆毀的言詞啓動了大腦的細胞大會。其實誰說了什麼並不重要。古老的動物情緒就這麼爆發了，轉眼間，他們再度彼此迎面痛擊，像鬧劇演員似的翻滾在地。

最後，總裁說：「不許再吵了，否則兩個都走路。」

這個直接的警告直透他們的前額葉皮質。

沒有工作。沒有薪水。獨自在家。忙著寄履歷。於是他們又開始平心靜氣地共事。（至少暫時如此。）

這就是人性。我們將理智的龐大力量加以整頓，努力試圖優雅地駕馭內心裡如波濤洶湧的動物情緒。狂野的衝動不斷地冒出頭來：我們爲了地盤爭吵，彼此爭奪地位，對同事起邪念，以權勢壓人，受到蔑視，心懷怨恨，屈服於恐懼。

事後我們又會重整心情、重新出發。我們畢竟不是一群狒狒。

我們是人，我們知道如何盯著一頭瞪羚不放。

擁擠、隔板與實驗鼠

人類如何在過度擁擠的辦公大樓與隔板牧場裡，適應工作生活？有一個將動物行爲不當地套用於人類的典型例子，其重點便是證明擁擠現象對社會的所謂不利影響。一九六二年，美國國家精神衛生研究院心理學家約翰·凱宏(John B. Calhoun)在《科學人》雜誌(*Scientific American*)發表一篇文章，描述實驗鼠如何在擁擠的狀況下展現「社會病態行爲」，其中包括性侵害、疏忽幼兒、謀殺，甚至於同類相殘。

通俗作家任意地以大鼠推測都市人，並斷言擁擠的都市遲早會使居民產生犯罪與暴力的「行爲淪陷」。一九七三年一部名爲「鼠城」(Ratopolis)的紀錄片，將凱宏對都市衰敗的不幸預測化爲影像，多年來更成了課堂上的教材。

只可惜至今尚無人能針對凱宏由老鼠推測人類的「社會病態行爲」，提出任何可靠的依據。而且，凱宏本身也只在一個過度擁擠的鼠群中驗證過他的都市夢魘，後來再未有過同樣結果。後續的動物研究顯示，凱宏的老鼠實驗「無論對人類或其他靈長類皆不適用。」《科學人》最近一篇文章指出。

事實上，身處擁擠環境的靈長類經常花費極大功夫減少衝突，德·瓦爾、菲利波·奥雷利（Filippo Aureli）與彼得・賈吉（Peter G. Judge）在合著作品中寫道：「他們的反應令人聯想起電梯內的人總是盡量減少大的肢體動作、眼神接觸與大聲談話，以減少摩擦。因此我們將人類與其他靈長類處理暫時親密關係的危機的方式，稱爲電梯效應。」

擁擠的確會造成壓力。但靈長類通常會以增加友善行爲或是退縮來因應。適應方式視物種與情況而異，但友善行爲包括增加社交、互相理毛，與更頻繁地表達安撫或順從。退縮則代表行事低調，避免所有接觸。同樣這兩種方式，也幾乎都能在任何工作場所得見。

例如有個紐約人困惑地說公司裡每個人總喜歡說「對極了！」，即使對乏善可陳的意見也是如此。這是宣示他們迎合、安撫、和平相處的意圖。而矽谷有名顧問則說：「我和一大堆電腦怪胎共事，他們都很內向，不敢與人共事，寧可選擇電腦。有時候工程師會要求我以 e-mail 溝通，不要和他們說話。」

關鍵自然就在於多鼓勵較友善的競爭行爲，不要嚇跑那些忙著擺低姿態的人。辦公室設計也有幫助。成功的方法之一便是利用城市作爲典範，與凱宏的老鼠實驗恰恰相反。廣告公司 TBWA/Chiat/Day 原打算將一間辦公室設計成無地盤的模式，員工沒有特定辦公桌。但人類是地盤動物。就演化心理學的說法，庇護與希望的結合——也就是一個既可藏身又可看見四周忙碌世界的安全之所——似乎最能讓人感到舒服。

該公司在洛杉磯的西岸總部辦公室，大概是以珍．雅各（Jane Jacobs）的格林威治村爲典範進行規劃。員工有自己的「巢」，可以躲在裡頭做事。另外也有一條人造街道，兩旁有路邊咖啡座、酒吧、公園、籃球場，以鼓勵他們多出來與同事碰面，閒聊寒暄幾句。有效嗎？每個巢都擠在一塊，街道忙忙碌碌，員工工作時間長、壓力也大。（他們自稱爲「Chiat全年無休族」。）但他們應付下來了。到目前爲止，自相殘殺仍屬罕見。

附記一件怪事：凱宏和他的老鼠並未就此消失。一九七〇與一九八〇年代，凱宏顯然試圖在過度擁擠的老鼠社群中，創造一個以協力合作爲基礎的文化。他的設計包括有噴水池和機械化的食物漏斗，兩樣都必須由兩隻老鼠分工合作才能運作。這些老鼠學會了不靠暴力處置擁擠的狀況。同時，沒有這種合作文化的老鼠則以退縮來應付擁擠。例如牠們會用紙塞住通道，自我隔絕。

凱宏從未公佈這些結果。但根據《科學週刊》（*Science News*）報導，他那些合作的老鼠後來成爲一本暢銷童書《菲士比太太與實驗鼠》（*Mrs. Frisby and the Rats of NIMH*）的主角（稍後更改拍成電影「鼠譚祕奇」），故事敘述一群社交能力非常進步的老鼠逃離國家精神衛生研究院後，建立了一個以利他行爲爲主的新文明。

國家圖書館出版品預行編目資料

辦公室裡的大猴子/Richard Conniff 著；顏湘如譯.
--初版. --臺北市：大塊文化，2006[民95]
面；　　公分. --(from ；34)
譯自：The Ape in the Corner Office:
Understanding the Workplace Beast in All of Us
ISBN 986-7059-09-3(平裝)

1. 職場成功法　2. 人際關係

494.35　　95005491

LOCUS

LOCUS